U0250610

彩图1　苗木起掘

彩图2　起苗修坨

彩图3　打腰箍

彩图4　土球包装打络

彩图5　土球苗上护板

彩图6　起吊装车

彩图7　起吊箱装

彩图8　支架固定运输

彩图9　将土球与车体固定

彩图10　苗木装车

彩图11　土球苗运输

彩图12　箱装苗装车运输

彩图13　卸苗

彩图14　土球苗卸车

彩图15　箱装苗卸车栽植

彩图17　箱装苗入穴

彩图16　树木入穴

彩图18　拆箱板

彩图19　行道树支撑

彩图20　四角支撑

彩图21　"n"字形支撑

彩图22　"井"字形水平支撑

彩图23　双灌水围堰

彩图24　苗木地上假植

彩图25　苗木半地上假植

彩图26　乔木遮阴（一）

彩图27　乔木遮阴（二）

彩图28　树干涂白

彩图29　大树输营养液

彩图30　绿篱的修剪

彩图31　色块的修剪

彩图32　白蛾周氏啮小蜂

彩图33　害虫诱捕器

彩图34　斑衣蜡蝉4龄若虫

彩图35　日本菟丝子

彩图36　棉铃虫在月季花上危害状

彩图37　葡萄天蛾危害五叶地锦

彩图38　葡萄天蛾老熟幼虫

彩图39　双齿绿刺蛾幼虫

彩图40　红脊长蝽若虫危害接骨木

彩图41　榆三节叶蜂

彩图42 柑橘凤蝶成虫

彩图43 柑橘凤蝶幼虫

彩图44 大蓑蛾危害樱花

彩图45 扁刺蛾幼虫

彩图46 六星黑点豹蠹蛾幼虫

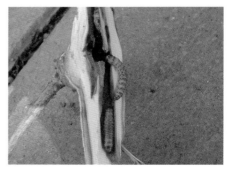

彩图47 小线角木蠹蛾幼虫及蛀道

彩图48　黄刺蛾幼虫

彩图49　杨扇舟蛾老熟幼虫吐丝缀叶

彩图50　榆绿叶甲蛹及新羽化成虫

彩图51　石榴巾夜蛾

彩图52　棉蚜危害石榴果实

彩图53　山里红干腐病

彩图54　樱花流胶病

彩图55　草坪丝核菌病

彩图56　毛白杨皱叶病

彩图57　银杏叶枯病

彩图58　银杏炭疽病

彩图59　白桦灰斑病

彩图60　楸树角斑病

彩图61　桃褐腐病果实危害状

彩图62　华山松干腐病

彩图63　八棱海棠花叶病

彩图64　草绳缠干

彩图65　草绳加薄膜缠干

彩图66　防寒风障骨架

彩图67　乔木防寒风障

彩图68　色块防寒棚骨架

彩图69　色块防寒棚

彩图70　色块防寒风障

"十一五"国家重点图书

园林绿化施工与养护手册
（第二版）

何　芬　　傅新生　　李瑞清　　主编

中国建筑工业出版社

图书在版编目（CIP）数据

园林绿化施工与养护手册 / 何芬，傅新生，李瑞清主编. —2版. —北京：中国建筑工业出版社，2024.1
ISBN 978-7-112-29561-6

Ⅰ. ①园… Ⅱ. ①何… ②傅… ③李… Ⅲ. ①园林—绿化—工程施工—手册②园林—绿化种植—养护—手册 Ⅳ. ①TU986.3-62②S731-62

中国国家版本馆CIP数据核字（2023）第253064号

责任编辑：王晓迪
责任校对：王　烨

园林绿化施工与养护手册（第二版）

何　芬　傅新生　李瑞清　主编

*
中国建筑工业出版社出版、发行（北京海淀三里河路9号）
各地新华书店、建筑书店经销
北京雅盈中佳图文设计公司制版
北京中科印刷有限公司印刷
*
开本：850毫米×1168毫米　1/32　印张：$10^5/_8$　插页：6　字数：239千字
2024年7月第二版　2024年7月第一次印刷
定价：58.00元
ISBN 978-7-112-29561-6
　　　（42300）

编委会

前言

　　园林绿化是城市基本建设的组成部分，是现代化城市的重要标志。园林绿化在维护城市生态、环保、宜居、美化生活、减灾避灾等方面起到重要作用。

　　在国家的重视和人们的迫切需求下，园林绿化步入历史性快速发展时期，在规划设计、植物选择及配置、景观塑造、功能表达、可持续发展诸方面都取得了可喜的成就。但还存在不少不尽人意之处，盲目追求及技术短缺导致的植材浪费、成本提升、景观破碎及短寿，是当前园林绿化亟待解决的技术问题。

　　编著者多来自园林绿化施工第一线，希望与业内同仁们探讨和交流多年来施工中的经验与教训，因此本书以园林施工、养护管理为重点，不仅涵盖了园林绿化施工常规的技术措施，更注重施工中出现的问题，尤其是对容易忽略但损失严重的地方进行阐述，并提供技术支撑。例如针对园林绿化新特点，大量的围海造地的吹填土如何改良、如何绿化；"问题苗木"是如何形成的，应如何补救；针对施工、养护管理中的难点与关键点提出技术措施及分阶段的检查验收标准；施工的工艺流程如何落实；施工现场如何以危害症状查寻病虫；编制绿化养护管理、病虫害发生及防治月历等。本书通俗易懂，可操作性强，希望能为园林规划设计、施工、养护管理等技术人员、相关研究人员、在校学生等提供有益的帮助，亦可用于园林行业培训参考。

　　由于时间仓促，编著者能力有限，我们真诚期望读者提出批评和改进意见。

第一章 进场前的准备工作

一、了解工程概况

（1）工程范围、工程量、工程特点。如绿化总面积，地下排盐，给水，排水，地形构筑质量要求，工程量，换土、改土面积，施工季节等。

（2）工程施工期限。根据施工季节、现场施工条件、施工质量要求等，合理安排施工进度，保质、保量、适时完成施工任务。

（3）设计意图。认真听取设计单位技术交底，了解设计构思对施工质量及绿化景观效果的标准要求。

（4）工程投资及设计预算。便于项目部编制施工预算计划。

（5）施工现场地上、地下情况。了解施工现场地上物的保存、地下管线的埋设情况和施工注意事项等，如建设单位对地上物的处理意见和要求。了解地下管线在施工过程中有无变更，实际情况与地下设计管网图有无出入等。

（6）交叉施工范围、时间。提前与各方协商调整，使施工能够顺利进行。

（7）定点放线的依据。了解并确定施工现场附近的水准点，并测量平面位置导线点的具体位置。如不具备上述条件，则应向设计单位提出，由设计方确定可作为定点放线依据的永久性参照物。

二、图纸会审

入场前必须组织相关专业技术人员认真阅读设计单位提供的全部设计资料，熟悉施工图纸，了解工程特点，确定工程量等。核对图纸及相关数据、内容，对发现的问题做好标记和记录，以便在图纸会审时提出。

（一）审核内容

（1）核对施工图纸目录清单，检查设计图纸是否完备、齐全，有无漏项。

（2）图纸说明是否清楚、完整。施工图纸与说明书内容是否一致，有关规定是否明确，有无相互矛盾和错误之处。

（3）设计图纸中标注的主要尺寸、位置、标高等是否准确无误。

（4）按照苗木表中所列植物品种，根据图中植物标注符号，对苗木数量与栽植面积分区、分块逐一进行核对，核对结果是否与苗木表及图中标注一致。对与图中不符的部分，应列表明示，报告设计单位进一步核实。

（5）植物材料选择是否恰当，环境条件是否适合苗木生长发育；苗木规格是否准确，栽植密度是否合理，能否达到预期的景观效果；栽植位置是否正确，栽植位置与现场地上障碍物及地上、地下管线距离是否符合规范要求；各种管道、架空电线对植物是否有影响；栽植土厚度是否能满足植物生长要求；

栽植苗木、排盐管是否在常年最高水位以上等。

（6）排灌设施是否完善，排盐方案是否可行，设计是否符合施工条件等。

（7）根据现场地形地貌状况、土壤改良方案，计算设计土方量是否准确，相差较大时需向设计单位说明，以便及时得到确认或调整。

（二）意见反馈

对图纸中存在漏项、疑点、错误之处，及施工时间、施工技术、设备等施工中可能遇到的有关问题，需列出汇总清单，以书面形式及时反馈给设计单位及建设单位和监理部门，以便在组织图纸会审时，相关单位对图纸中存在的问题和不足及时作出说明、修正、补充和合理的调整。

三、施工现场勘察

入场前，项目经理应组织工程技术人员、施工队长等亲赴施工现场，对施工现场和周围环境进行细致的现场勘察。了解施工现场的所在位置、现场状况、施工条件及需要建设单位提供和协调的有关事宜，以保证施工顺利进行。

（一）地形地貌及地上物情况

应按施工图纸，向有关单位认真了解施工地段地上物的保留和处理要求。不具备施工条件或有施工难度的，应及时向建设单位提出，协商解决。原有树木需砍伐的，必须向有关单位申请办理移伐手续，获得批准后方可迁移或伐除。

（二）地下管线和隐蔽物埋设情况

（1）了解地下管线和隐蔽物的分布状况。要求建设单位提供相关地下管网竣工图，并对施工现场地下管线、管道、隐蔽物等位置进行查验。不能提供图纸的，应派人了解地下管线埋设位置、走向、深度等，并在图纸上加以标示。同时在施工现场设置明显标识，防止施工时不慎损坏管线或隐蔽物。

（2）查看管沟土壤夯实情况，避免发生因管沟回填土未夯实，苗木栽植后出现土壤沉陷现象等。

（3）核对设计施工图纸中标注的苗木栽植位置，现场情况是否与图纸相符，与栽植发生矛盾时，应向建设单位及设计人员提出，并妥善解决。

（三）原土本底调查

了解施工现场地形地貌状况。按 $500 \sim 1000m^2$ 设点做土壤剖面（深 1.5m），了解土壤类型、土层结构、土质分布；并按地表、$20 \sim 30cm$、$50 \sim 60cm$ 取样（不少于200g），分别测定土壤密度、腐殖质含量、总盐量及 pH。根据专业技术部门测试数据确定土壤改良方案、换土和回填土方量。下雨时或雨刚过后不得采取土样，以免影响数据的准确性。

（四）地下水情况

水质矿化度、pH、全年地下最高水位、年均常水位等。

（五）交通状况

查看施工现场内外交通运输是否通畅，不便于交通运输的能否另辟路线，解决交通运输问题，以保证施工畅通。

（六）水源情况

施工场地有无水源、水源位置、业主单位提供的水源水质、供水压力等。临时水源 pH、矿化度等理化指标是否符合树木生长需求。如水源条件暂时不具备，则应确定其他运水途径及灌水方式。

（七）电源

落实电源所在位置、电压、负荷能力等。是否具备搭设临时线路的条件，能否保证人员及行驶车辆的安全。确定需要增添的相关设备及材料等。

（八）排水设施

排水设施是否建全，绿化排水是否通畅。凡雨水井尚未与市政管网系统相通或未建市政排水管网系统的，是否具备强排条件。

（九）定点放线的依据

确定施工现场附近的水准点，并测量平面位置导线点的具体位置。

（十）确定施工期间临时设施

如宿舍、食堂、库房、厕所、苗木假植地的位置。

四、基准点和地面线复测

（一）设计交桩

进场前，建设单位或设计单位应在监理工程人员在场的情况下，向施工方进行现场交桩，提供基准点的详细资料。

（二）基准点实测

（1）接到交桩资料后，在合同规定的期限内，项目部组织有关工程测量技术人员，对施工区域的各桩点坐标及水准高程进行复测。确认无误后进行交接，并办理交接手续。

（2）设计高程与现场不符的，应提交设计单位及时进行复审。

（3）对已接收的坐标网点和水准点，应进行妥善保护，并在经纬仪手册和水准测量手册上注明其位置、点号和高程，以便施工引测，以此作为平整场地和工程定位的依据。

（三）复测相关资料上报

基准点复测完成后，需将测量人员资质证明、测量仪器鉴定证书、复测原始记录、计算结果、精度评定等书面资料及时上报监理单位审批。

五、编制施工组织设计

施工组织设计是规划和指导施工全过程的综合性文件，是施工单位编制施工作业计划，分部分项编制施工劳动力、植物材料、机械设备等供应计划的主要依据，主要包括施工组织机构、施工技术方案、编制用工计划、编制机械设备及材料供应计划、施工进度计划及保证措施、施工质量保证措施、安全文明施工管理措施等。

（一）施工组织机构

包括项目组织机构及人员构成情况。

（1）建立现场管理体系。组成以项目经理负责，设立办公室、工程部、技术部、质检部、财务部、物资部，管理人员有安全员、施工员、技术员、质检员、资料员、材料员、采购员、库管员等的施工管理组织机构，对项目管理、施工工期、施工质量、施工安全等全面负责。

（2）确定各职能部门及主要管理人员岗位职责。

（3）为加强施工控制，需制订工期目标、工程质量目标、成本目标、文明、安全生产目标等。

（二）施工总平面布置

根据设计图纸，结合现场勘察情况，对施工现场进行整体布置。现场的平面布置要考虑施工区域的划分，施工通道的布置、现场临时水电的布置，办公区、生活区，料区、假植区，临时占用地等的位置。

（三）施工技术方案

施工方案是工程施工组织的重点内容，选择的方案正确与否，直接关系到施工、养护质量目标能否实现，影响到施工质量和经济效益。因此，必须制订出切实可行的施工方案，以方案指导施工，才能保证施工按期、按预定质量目标完成。

施工技术方案包括：主要分项工程的施工方法、施工程序、施工技术措施等，如测量施工方案、排盐工程施工方案、绿化栽植施工技术方案、喷灌施工方案、反季节栽植技术方案、大树移植技术方案、绿化养护施工方案等。各方案具体内容可参考第二章苗木栽植、第三章苗木的养护管理。

（四）阐述本项目施工特点及采取的特殊技术措施

本项是考察施工单位技术素质和施工能力的着力点，应在认真考察施工现场和详读文本的基础上，结合施工要求，从对自然环境、土壤土质、地下水位、绿植品种规格、施工组织等的分析中找出工程组织、技术措施、景观特色诸项的关键点，并有针对性地提出技术、管理预案。

（五）编制用工计划

根据工程任务量、现场施工条件、工程特点、劳动定额、工期要求等，编制各施工阶段的用工计划。确定不同工种用工数量、需用时间，确定劳动力来源和组织形式，合理组织安排劳动力，保证工程有序按时完成。

（六）编制机械设备及材料供应计划

（1）绿化施工任务主要有排盐、排水、地形构筑、苗木修剪、栽植、支撑、浇灌、打药、防寒等。根据施工工程量，在保证工程质量、工程进度的前提下，合理组织有效施工机械，并编制项目主要投入的机械、设备用量清单。注明机械或设备名称、型号、产地、制造年份、规格、数量、额定功率、生产能力、施工的环节、进场日期等。

（2）根据设计苗木品种和数量，进行苗源调查和号苗，按设计要求选备合格苗木并编制苗木进场计划。

（七）施工进度计划及保证措施

对施工进度的控制，是控制施工质量的前提和必要保证。

1. 绘制施工横道图（施工进度计划表）

按照合同约定的施工工期，根据施工条件、施工季节、工程进度目标的需要，绘制工程进度计划横道图或网络图，以此作为编制月、旬、周施工进度计划和控制各分项施工计划的依据。

2. 制订工期目标和保证措施

1）制订组织管理保证措施，人员保证措施，施工机械保证措施，材料、苗木供应保证措施，资金保证措施等。

2）制订雨期、冬期施工预案

（1）在雨期、冬期到来之前集中几天时间，抓紧安排好大树栽植工作。

（2）认真查看天气预报，及时调整苗木调运和栽植计划等。

（3）做好雨井清理工作，雨后保证排水通畅，检查苗木受损情况，及时采取补救措施，为保障工期、保证工程质量提供有利条件。

3. 做好交叉作业协调工作

现场施工往往存在建设单位、电力、通信、热力等单位的交叉施工现象。交叉施工对绿化施工成果的损坏最大，如协调不好，将会造成反复施工，直接影响工程进度和施工质量，同时增加了工程造价。

解决方案：

（1）对施工进度影响较大的交叉施工问题，应提前将要求的施工条件、施工进度安排、交叉施工中需协调的内容、时间要求及有关建议等，上报监理及建设单位，以便及时沟通，提前做出协调解决方案，确保施工顺利进行。

（2）随时掌握各施工单位的工程进度和下一步施工安排，以便与各施工单位直接协调，现场解决交叉施工问题。

4. 制订意外延误工期的赶补措施

对因天气等未能按进度计划完成施工任务的，应及时检查、分析原因，采取有效措施，立即调整日、周工作计划，将延误的时间尽快赶回来。在整个施工过程中，坚持"白天损失晚上补，雨天损失晴天补，本周损失下周补，本月损失下月补""以日保周，以周保月"的施工进度实施方案，确保工程如期完工。

（八）施工质量保证措施

控制好排盐工程质量、栽植土质量、苗木质量、苗木栽植质量和养护质量，是保证绿化施工质量的关键。

1. 做好技术培训和交底工作

1）向管理人员交底

关于施工项目的工程范围、工程量、总工期进度计划、施工计划、施工顺序、主要施工方法、措施等，向项目部全体管理人员进行交底，以便各部门更好地协调配合。

2）对施工人员交底

由于施工人员有不固定性，施工队伍存在级别差异，施工人员技术也存在差异，做好施工技术交底和技术培训工作，是保证施工质量的重要措施之一。施工前或施工过程中，集中施工人员进行现场分项交底，使每个施工人员都了解和掌握各工序中施工的难点、技术要求和操作方法。如排盐、排水工程施工程序和技术要点，栽植槽穴挖掘的标准要求，苗木栽植深度，苗木支撑方向、高度、支撑方法，不同施工时期各类苗木的修剪方法，剪口及伤口的处理，病虫害检查识别方法，农药使用注意事项，喷药技巧，苗木抢救措施及如何保证灌透水技术等。并以此作为施工质量控制标准，使每道工序都能按照质量标准要求进行。

2.把好苗木质量关

指派专人负责，严格执行苗木验收制度。制定冬期施工技术和质量保证措施，预防苗木在起苗、运输、栽植中受冻害。

3.把好施工质量关，建立健全质量监督、检查制度

（1）技术人员每天必须坚守工地，进行技术指导和工程质量检查。若因责任不到位，或未按技术方案施工而出现问题时，应立即停止施工，进行返工。遇到不可预见施工条件下出现的问题时，应立即召集相关人员现场研究，并拿出解决方案。

（2）技术总监或总工每周检查巡视工地一次，随时掌握工程进度、施工质量及存在的问题，及时下发整改通知单，并对整改进度和结果进行督促和检查。

（3）项目部定期组织相关人员对施工及养护工程进行检查，检查工作进度及存在的问题，并对检查项目进行评比和指导，以便掌控工程施工质量和提高养护水平，最终实现优质工程施工目标。

（九）安全文明施工管理措施

1. 安全管理目标

制订"六杜绝""三消灭""二创建"的安全施工管理目标。

"六杜绝"：杜绝触电伤亡事故，杜绝机械伤害事故，杜绝重物坠落打击事故，杜绝人员高空坠落伤亡事故，杜绝农药使用伤亡事故，杜绝树木倒伏砸伤事故。

"三消灭"：消灭违章指挥，消灭违章作业，消灭故意破坏事故。

"二创建"：创建优质工程，创建安全文明施工单位。

2. 安全防护管理体系

（1）项目主要负责人与各专业施工单位负责人签订安全生产责任状，使安全生产责任到人，层层负责。

（2）设置专职或兼职安全员，负责施工人员的安全教育、安全施工检查及事故的抢救和处理工作。

3. 安全检查制度

定期组织施工现场的安全生产检查，检查各种设备、设施使用情况，对施工中存在的不安全因素，提出整改意见，及时消除事故隐患。

4. 文明施工管理措施

（1）对施工人员进行文明施工管理和文明举止等方面的素质教育，做到文明施工。

（2）成立施工清洁队，负责场区内外的卫生清理工作。

（3）加强施工过程中的防尘控制。出现 4 级以上大风天气时，应立即停止回填栽植土、土壤过筛施工等，防止扬尘发生。

（4）减少噪声污染。早 7：00 前，晚 8：00 后，不使用园林机械设备，最大限度地减少施工扰民现象。

六、施工材料准备

（一）栽植土准备

土壤是绿化栽植的基础，但一般土壤不能完全满足植物存活与生长的需求，应结合环境、植物习性、景观特点等进行改良。在绿化工程实施中，栽植土改良应与盐碱地改造、排盐工程措施结合。本节按园林绿化施工的需求，仅就一般绿化用土改良和盐碱土改良分别说明。

1. 栽植土质量标准要求

（1）土壤 pH：6.5 ~ 8.5。

（2）土壤全盐含量：土壤全盐含量小于 0.3%。

（3）土壤密度：松柏类不大于 $1.1g/cm^3$，其他类不大于 $1.4g/cm^3$，花卉类不大于 $1.2g/cm^3$。

（4）土壤性状：土壤疏松不板结，土块易打碎，土壤密实度适宜，渗透系数应不小于 $10^{-4}cm/s$。

（5）土壤有机质含量应不小于 2%。

2. 一般绿化用土改良

依据土壤质地可大致分为沙质土、壤质土、黏质土、碴砾质土、吹填土等类，其类别和特点主要继承自成土母质，又受到耕作、施肥、排灌、平整土地等人为因素的影响，对绿化施工有直接影响。

1）沙质土：易漏水漏肥，抗旱能力弱，保肥性能差，土壤养分、水分流失严重。栽植前应以提高土壤密度为重点，近地取材进行土壤改良。

（1）冬前深耕土地，翻淤压沙，深土淤泥经冬冻春化处理后粉碎。

（2）近地取材添拌25%黏土（15%泥炭、30%河泥等）、10%有机肥等，提升土壤密度至1.2 ~ 1.3g/cm³，改良和配制栽植土。

（3）增施有机肥，适时追肥，并掌握勤浇薄施的原则。

（4）时间允许可先行栽种田菁、草苜蓿、紫花地丁等绿植，秋后深翻压肥。

（5）有条件的地方在有机肥中增施菌肥，提高土壤中微生物的含量及其活性，恢复并创建植物根系和土壤微生物共生的生态体系，可较大幅度提高苗木的成活率和景观效果。

2）黏质土：土壤养分丰富，有机质含量较高，但遇雨或灌溉时，水分在土体中难以下渗而导致排水困难，影响植物根系生长，阻碍了根系对土壤养分的吸收。应以降低土壤密度为重点，利用本地废弃材料进行土壤改良。

（1）在冲积母质中，黏土层的下面有沙土层（腰沙）的，可采用翻沙压淤技术措施。

（2）施用膨化岩石类，如膨化页岩、浮石、硅藻土、珍珠岩、陶粒、煤矸石、岩棉材料等。

（3）近地取材添拌20%河沙（25%沙土、15%炉渣、20%

粉煤灰、25% 建筑废弃土等）、10% 有机肥等，降低土壤密度至 1.2 ～ 1.3g/cm²，改良和配制栽植土。

（4）在施工时注意开沟排水，降低地下水位，避免或减轻沥涝。

3）壤质土：兼有沙土和黏土的优点，是较理想的土壤，但一般绿化用地土壤较贫瘠，土性较生。应以熟化土体、提升肥力为重点进行土壤改良。

（1）深翻晾晒，反复锄划，熟化土壤。

（2）增施以秸秆类绿肥为主的有机肥，有条件的地方在有机肥中较大幅度地添加菌肥。

（3）蓄水保墒，减少水、肥流失。

4）碴砾质土：成分较复杂，由山石风化土、工程废弃土与自然土壤混合而成。该类土质通透性好但漏水失肥，矿物质丰富但有机质缺乏，排水通畅但墒情较差，苗木成活容易但生长不良。应以保水保肥为重点进行土壤改良。

（1）碴砾超过 50% 时，植物生长困难，应掺土或采用换土的方法。

（2）碴砾含量小于 30% 时，可以不经改良，直接栽植耐旱的乔木、灌木类。

（3）大型景观绿地需清除直径 10cm 以上碴砾，精细绿化及草坪、花坛景区需清除直径 2cm 以上碴砾，必要时要过筛。

（4）普遍增施有机肥，适时追施长效复合肥。

3. 盐碱土的改良

盐碱土是盐土和盐化土壤、碱土和碱化土壤的总称。盐碱土不仅危害植物生长，而且养分贫乏（有机质、氮素含量低，有机磷奇缺）、地温低（尤其春季，植物根系极需温度）、土壤微生物稀少且活性差、土壤板结且通透性不良，这些都会阻碍植物正常生长发育，因此综合治理是改良盐碱土的重要途径。

1）盐碱土区划

我国盐碱土分布区依据土壤类型和气候条件分为滨海盐渍区、黄淮海平原盐渍区、荒漠及荒漠草原盐渍区、草原盐渍区四大类型。

2）盐碱土的形成条件

（1）气候：当蒸发量是降水量的3倍以上时土壤易盐碱化，由于强烈的蒸发，潜水中的盐分被带至地表，并在土壤表层聚积形成返盐（碱），经过多年的返盐—淋滤（压盐）—返盐作用，地表土壤盐碱含量不断增高，便形成了盐碱土。

（2）地形地貌：滨海、低海拔平原、河湖沉积、闭流洼地等地区，海水浸蚀，地势低平，排水不畅，径流滞缓，地下水位高，蒸发和植物蒸腾为主要排水方式，导致大量盐碱滞留于土壤内，形成盐碱土。

（3）水文地质条件：首先是受地质条件影响地下水径流滞缓的，垂直蒸发排水造成土壤积盐，形成盐碱土；其次是潜水埋深条件，潜水埋深浅，毛细作用增强，地下潜水通过毛细管被大量蒸发，盐（碱）分被遗留于土壤表层，形成盐碱土；再次是潜水矿化度，潜水的矿化度决定了盐碱土的严重程度，潜水矿化度大于1.5g/L时，土壤多形成中、重度盐碱土。

3）盐碱土的主要成分及分级标准

（1）盐渍化土主要成分及分级标准（表1-1）

盐渍化土主要成分及分级标准（含盐量）　　表 1-1

盐分组成	轻度盐化土	中度盐化土	重度盐化土	盐土
氯化物和苏打	0.1% ~ 0.2%	0.2% ~ 0.4%	0.4% ~ 0.6%	>0.6%
硫酸盐	0.2% ~ 0.3%	0.3% ~ 0.6%	0.6% ~ 1.0%	>1.0%

（2）碱化土碱化程度分级标准（表 1-2）

碱化土碱化程度分级标准（pH）　　表 1-2

碱化程度	轻度碱化土	中度碱化土	强度碱化土	碱土
交换性 Na/%	<5	5 ~ 10	10 ~ 15	>15

4）盐碱土的地表识别

（1）氯化物

①盐卤（$MgCl_2$、$CaCl_2$）：地表呈暗褐色，油泽感（巧克力色泽）的潮湿盐碱土，俗称"黑油碱""卤碱""万年湿"，用舌尖尝发苦。

②食盐（NaCl）：地表有一层厚薄不一的盐结皮或盐壳的盐碱土，人踩上去有破碎的响声，俗称"盐碱"，用舌尖尝有咸味。重度盐碱和滨海盐土地表有盐霜及食盐结晶。

（2）硫酸盐

芒硝（Na_2SO_4）：地表呈白色、蓬松粉末状的盐碱土，人踩上去有松软陷入感，俗称"水碱""白不咸""毛拉碱"。用舌尖尝有一种清凉感。NaCl 与 Na_2SO_4 混合的氯化物－硫酸盐的结壳蓬松盐渍土，俗称"扑腾碱"，人踩上去发出"噗、噗"的声音，用舌尖尝有咸、凉感觉。

（3）碳酸盐

①苏打（Na_2CO_3）：苏打盐碱土地表呈浅黄色盐霜、盐壳，有的盐壳有浅黄褐色的渍印，用舌尖尝味涩咸稍苦。雨后地面水呈黄色，似马尿，俗称"马尿碱"。

②小苏打（$NaHCO_3$）：地表发白、无盐霜，但地表有一层板结的壳，干时有裂缝，极少有植被。雨后可行走。俗称"瓦碱""缸碱""牛皮碱"；另一种地表呈有规律的龟裂纹理，裂隙2cm，结壳十分坚硬的龟裂碱土，称为"白僵土""碱巴拉"。

5）盐碱土对植物的危害

（1）引起植物的生理干旱。盐土中含有过多的可溶性盐类，可提高土壤溶液的渗透压，从而引起植物的生理干旱，使植物根系及种子发芽时不能从土壤中吸收足够的水分，甚至还导致水分从根细胞外渗，使植物萎蔫甚至死亡。

（2）伤害植物组织。土壤含盐量过高，尤其在干旱季节，盐类集聚表土常伤胚轴，其伤害能力以碳酸钠、碳酸钾为最大。在高pH下，氢氧根离子还会直接伤害植物。有的植物体内积聚过多的盐，而使原生质受害，蛋白质的合成受到严重阻碍，从而导致含氮的中间代谢物积聚，造成细胞受害。

（3）影响植物正常吸收营养。由于钠离子的竞争，植物对钾、磷和其他营养元素的吸收减少，磷的转移也会受到抑制，从而影响植物的营养状况。

（4）影响植物的气孔关闭。在高浓度盐类作用下，气孔保卫细胞内的淀粉形成受到阻碍，致使细胞不能关闭，因此植物容易干旱枯萎。

（5）影响植物景观的营造。盐碱环境制约了植物的正常生长，植物的外部形态、色泽均发生了变化，制约了植物美感的展现。

6）盐碱土传统改良方法

对栽植场地经过土壤化验测定，不适宜植物生长的土壤，应在栽植前进行土壤改良或更换客土。

（1）物理改良

①平整地面。留一定坡度，挖排水沟，以便灌水洗盐。

②深耕晒垡。凡质地黏重、透水性差、结构不良的土地，在雨季到来之前进行翻耕，能疏松表土，增强透水性，阻止水盐上升。

③及时松土。松土能保持良好墒情，控制土壤盐分上升。

④抬高地面。采取客土抬高地面，并提高大规格植物栽植面标高。

⑤微区改土、树穴改土。利用微地形栽植常绿、大乔木树种，植树时先将塑料薄膜隔离袋置树穴中，添以客土。也可在树穴内铺隔盐层（粗沙、炉灰渣、锯屑、碎树皮、马粪或麦糠等），然后填以客土。

（2）水利改良

①蓄淡压盐。在盐土周围筑堰存降水，促使土壤脱盐。

②灌水洗盐。降水条件较好的地区，在田内灌水洗盐，可加快土壤脱盐速度。

③地下排盐。地下设隔离层和渗管排盐，分为两种形式，一是用水泥渗漏管或塑料渗漏管，埋地下适宜深度排走溶盐。二是挖暗沟排盐，沟内先铺鹅卵石，然后盖粗砂与石砾，最后填土。

（3）化学改良

国内陆续研制出了一些有机和无机的盐碱土改良肥料，这些肥料主要利用酸碱中和离子吸附与转化盐类的化学反应原理，降低土壤的含盐量和酸碱度，进而改良各种盐碱化土壤，使土壤养分和营养变为可利用状态。而且这些肥料使用简便，按需要量在灌溉土地时灌入土壤中即可。

①对盐碱土增施化学酸性肥料（过磷酸钙、硫酸亚铁等），可使 pH 降低，同时磷素能提高树木的抗性。施入适当的矿物性化肥，提高土壤中氮、磷、钾、铁等元素的含量，有明显的改土效果。

②施用大量有机质，如腐叶土、松针、木屑、树皮、马粪、草炭、醋渣及有机垃圾等。

（4）生物改良

栽植耐盐的绿肥和牧草，如田菁、草木樨、紫花苜蓿等，对盐土改良有积极作用。

7）盐碱土改良的标准

（1）土壤全盐含量小于 0.3%、pH 小于 8.5 时，可用原土进行常规改良后整地施工。

（2）土壤全盐含量为 0.3% ~ 0.5%、pH 小于 8.5 时，应采取更换栽植土，或铺设淋层排盐后，对原土进行常规改良整地施工。

（3）土壤全盐含量大于 0.5%、pH 大于 8.5 时，应实施地下排盐工程措施，更换栽植土或原土进行常规改良后整地施工。

8）目前施工中关注的几种类型的盐碱土改良

（1）滨海盐土、盐滩：该类地区低洼，地表接近地下水位

（海水），含盐总量高达2%以上，地表盐垢、碱斑化。应以实施系统的地下排盐工程、抬高栽植层为重点进行土壤改良。

①清除盐垢、碱斑，平整压实地面，回填建筑工程废弃土，至地下最高水位处。

②按回填土：草炭：盐碱地生物改良剂（或有机肥）：磷石膏（石膏）=10：1：2：1的比例充分混合，改良和配制栽植土。

（2）滨海滩涂、湿地：该类地区地表积水，土壤含盐总量高达5%以上。零星或整体覆盖有代表性的盐生植物群落。绿化工程用土来源于客土、湿地土，挖湖取土抬高地面后施工。应以改善土壤结构，提高土壤的活性、肥力为重点进行改良。

①工程基础的硬化处理，一般将建筑工程废弃土料、砖瓦石料、山石、渣石等抛入原始工地，每立方米投料按15%～20%计。

②湿地土（水下土）普遍土质黏重，阴冷无活性，通透性差、缺少肥力。应晾晒并反复耕锄，提高土壤含氧量。

③按土量：有机肥：盐碱地生物改良剂：磷石膏（石膏）：山皮石 =10：2：1：1：2的比例充分混合，改良和配制栽植土。

（3）含带黏土层的盐碱地：土壤含盐总量在2%左右，地下1.5m以外埋藏的黏土带，对园林绿化施工影响不大，而在地下0.3～1m处的黏土带易被忽视，灌水、雨水下渗困难，沥涝浸泡，导致苗木根系缺氧、生长衰弱甚至死亡。应以破坏黏土带结构为重点进行土壤改良。

①深翻至黏土层，与上层土壤混合搅拌，按混合土：有机

肥（绿肥）：盐碱地生物改良剂：磷石膏（石膏）=10：2：1：1的比例充分混合，改良后配制栽植土。

②常规栽植后，在地表按1~2个/m²打孔（直径0.05~0.06m），深至打穿黏土层，在孔内灌沙，提高土壤的通透性。

（4）围海造地吹填土：从严格意义上讲，吹填土不能称为"土"，它有土壤的成分但没有土壤的结构；它有土壤的形态但没有土壤的性质，更类似于成土母质。在沿海大兴围海造地，创建各类经济区、商贸区、海景商住区、旅游区等大环境下，生态环境恢复与保护、园林绿化景观建设，得到前所未有的重视和发展。围海造地的吹填土改良是在严格开展地下排盐工程基础上进行的，需要改造的吹填土依据质地可大致分为海沙质、淤泥质、黏土质、混合质等。

①海沙质：近海海沙表层黏着以钙、钠为主的多种盐与海水有机质组成的络合体。含盐量3%以上。应以洗盐、创建土壤结构为重点进行改良。

a. 海沙基础结构不稳定，易流失，绿化施工前一定要进行基础硬化处理。一般进行打水泥桩，抛入山石、工程废弃砖瓦石料，强排淋水，使其固化。

b. 海沙上附着的盐分不易淋洗（手触有黏着感），场地淋盐时需覆盖一层酸性物质（糠醛渣、草炭、磷石膏、醋渣等），做畦灌水淋盐。

c. 按海沙：黏土：山皮石：有机质=10：4：2：2的比例充分混合配置为改良栽植土。

②淤泥质：由内河冲积、海水浸蚀、泥沙淤积次生盐碱化而成，有水时泥泞，无水时板结，通透性差，肥力低下，含盐

2%～3%。应以抬高栽植层面、设置良好的给水排水管网为重点进行改良。

a.以最高地下水位为标准，覆土抬高地面（乔木种植层高度为1.2～1.5m，灌木为0.6～0.8m，宿根地被植物为0.4～0.6m）。

b.健全排水系统，顺排（市政管网）、强排（集水井）双配套。

c.按淤泥：沙土：山皮石（渣石、碎石、工程废弃土等）：有机质=10：4：2：2的比例混合配置为改良栽植土。

③黏质土：近海床为深层未熟化黏性土，受海水及海基质浸蚀而盐碱化，含盐3%～5%。应以调整土壤结构为重点进行改良。

a.以最高地下水位为标准，覆土抬高地面至标准要求。

b.按黏质土：沙土（河沙、粉煤灰、碱渣等）：山皮石：有机质=10：5：2：2的比例混合配置为改良栽植土。

④混合土质：沿海滩涂、盐场、滨海湿地基质的混合物。地势低洼，地下水位（海水面）高，土壤结构混乱，成分复杂，含盐量3%左右，治理困难，需因地制宜采取措施。

a.清除地表盐碱皮层，埋入地下水位处（海水层）。添加工程废弃土，固化软基础。

b.建立完善、可靠的排水（排盐）系统。

c.分析其主要成分，参照上述类似吹填土进行改良。

⑤渣土及工程弃土：较好的再生栽植土源，但多数已受海水及盐碱基质浸蚀而次生盐碱化，含盐量2%左右。应以控制次生盐碱化、恢复再生土肥力为重点进行土壤改良。

a.设置防海水侧渗、底返的隔离设施，一般采用垂直防渗膜、底铺淋层阻隔，防渗膜直达淋层，淋层高于最高水位。

b. 清除渣土及工程弃土中的有害杂物、直径 0.05m 以上的固体材料。

c. 按渣土及工程弃土：壤土或黏土（见沙掺黏、见黏掺沙）：盐碱地生物改良剂：有机质 =10 ∶ 3 ∶ 1 ∶ 2 的比例混合配置为改良栽植土。

（5）中、强碱化土：在环渤海盐碱区、华北、西北内陆干旱—半干旱盐碱区、东北草甸荒区等地，不少地方土壤含盐总量处于中、下水平，但碱度却很高（pH 大于 9，甚至大于 15）。在以反复大水压盐、灌溉的环渤海等地区，出现"盐降碱升"现象，给碱化土的改良带来难度。

①成因

a. 土壤中存在过多的易溶性盐类或交换性钠离子。化学成分主要为 $NaCl$、Na_2SO_4、$CaCl_2$、$MgCl_2$、Na_2CO_3、$NaHCO_3$，其中危害最大的是 $NaCl$、Na_2CO_3 和 Na_2SO_4。

b. 土壤、地下水、补给水中含有一定量的碳酸氢钠、碳酸钠时，尤其是 CO_3^{2-}、HCO_3^-（苏打根、小苏打根）的存在，创造了碱土环境。

c. 土壤呈胶体状团粒结构，具较强的吸附能力，利于钠离子置换钙离子被土壤胶体表面所吸附，当交换性 Na^+ 占交换量的 5% ~ 15% 时，土壤轻度碱化；15% ~ 25% 时，土壤中度碱化；25% ~ 35% 时，土壤重度碱化；大于 35% 时，形成碱土。

d. 具重复性、持续性给水状态，随着中性盐（$NaCl$、Na_2SO_4、$CaCl_2$、$MgCl_2$）被淋洗后，碱性盐（Na_2CO_3、$NaHCO_3$）

浓度增大，土壤加速演变为碱土或碱化土。

②碱性土壤的改良

a. 挖渠排水，抬高栽植层，深翻晾晒土壤。

b. 前期可栽植耐盐碱绿植（田菁、苜蓿、紫花地丁、柽柳、紫穗槐等），后期加入糠醛渣等酸性有机物压肥治碱。

c. 按碱性土壤：酸性有机物（糠醛渣、草炭、醋渣等）：无机物（磷石膏、石膏、煤干石等）：有机肥（绿肥、畜肥等）=10：2：1：2 的比例改良和配制栽植土。

d. 有条件的地方可在绿肥内加入 1% ~ 2% 的释酸菌液，以加速碱性土改良。

4. 确定新土源、土方量

1）客土土源

原土测定指标不符合栽植土的标准要求时，可寻找新土源。

（1）按栽植土的质量标准，根据土壤造价、运距等，选择土源地。

（2）对所选客土进行设点取样，对其理化性质进行测定和分析。经有资质的土壤测试中心或实验室进行测试，符合栽植土质量标准要求的，即可确定为土源地。

（3）根据规划要求和现有地形地貌确定土方量。

2）再生土源

绿化施工中往往需要换土，但客土给生态环境造成极大破坏，客观上造成"一面建设生态环境的同时，一面却在严重破坏生态环境"恶性循环的局面。充分利用多种废弃物，通过人工的多项措施和生物作用，缩短形成自然土壤的时间，加速土壤的熟化过程，使其具备自然土壤的基本属性，一方面变废为宝，一方面节约了宝贵的自然土地资源，这是今后绿化用土的重要途径。可利用的废弃物大致有以下几类。

（1）土壤母质类废弃物：海湾泥、河泥、坑泥、工程废弃土、城镇垃圾土等。

（2）有机质类废弃物：各种农作物秸秆、锯屑、碎树皮（枝条）、麦糠、稻糠、壳灰、畜肥、糠醛渣、醋渣、中药渣、腐叶土、有机垃圾等。

（3）无机矿渣类废弃物：工业除尘、废气（二氧化硫、氮氧化物、二氧化碳、工业粉尘等）所产生的废弃物、粉煤灰、碱渣土、风化煤、煤矸石、炉渣、氯化钙渣等。

（4）无机酸类废弃物：硫酸废液、黑矾渣、硫磺渣、脱硫石膏渣、硫酸铝渣、山皮石粉渣等。

依据工程的需要，将上述各类废弃物有机组合，经技术处理后，可代替栽植土使用。例如按海淤泥：河沙：山皮石：粉煤灰：碱渣：有机肥 =10：2：1：2：1：2 的比例混合，经排盐处理后，含盐量从 8‰下降到 3.5‰，pH 降到 8.5，可供绿化施工使用。

（二）苗木准备

首先应对苗源地的立地条件、交通状况、土质情况、植物生长状况、植物检疫情况、当地林业部门的相关制度等进行全面调查。

1. 苗源地选备原则

1）苗源地位置

（1）以与施工现场气候、土壤条件相似地区的苗源为宜。

（2）苗源地应尽量靠近施工场地，尤其是反季节栽植，新梢幼嫩、叶片纤细、质薄的品种，运输途中易失水萎蔫，短期内景观效果不佳；高温季节，较大数量黄杨类、龙柏等苗木的长途运输，常会发生"捂苗"现象。不仅影响苗木成活率，而且降低了观赏效果。因此，高温季节选备苗木时，应尽量在靠近施工现场的周边地区备苗。

2）苗源地土质

应以能起带土球并在运输后不易散坨为标准。距离施工现场较远、沙质太重的圃地苗及河滩地苗易散坨，因此不宜作土球苗的苗源地，此类苗木只在土壤未化冻前可以使用。生长地土质情况不明的，应选1～2株进行试掘，以便决定是否选作工程用苗。

3）草源

草源地应以地势平坦、土壤良好、草种纯正、杂草少、无病虫害、宜挖掘的草地为宜。

4）病虫害发生状况

认真调查圃地苗木病虫害发生状况，凡有检疫病虫害（美国白蛾、松材线虫、杨干象、杨花叶病毒病等）发生，或有蛀干害虫危害（天牛、小蠹、吉丁虫、木蠹蛾、透翅蛾、豹蠹蛾、象鼻虫、沟眶象等），或有干腐病、腐烂病、溃疡病及蚧虫危害严重的圃地苗，一律不作为选备。

5）起掘及运输条件

大规格苗木原生长地，必须具备起吊及运输机械能够操作的现场、道路条件，以方便苗木起掘和运输。

2. 选苗标准及要求

有些施工单位把苗木采购看得非常简单，只靠电话通知进苗，既无苗木质量标准要求，又不派专人实地查看，致使进场苗木质量差，如根幅小、大根劈裂严重、土球小、土球厚度太薄、土球尖削度大、干皮损伤严重、假皮或假土球、病虫危害严重等。此类苗木是造成缓苗期长和苗木栽植后不久便死亡的重要原因。因此，把好苗木关是保证苗木栽植成活的重要环节。

1）共性标准及要求

依据栽植设计、苗木质量、苗木规格、景观效果要求及栽植环境特点等，选定所需苗木。选苗数量可比实际用苗量多2%～5%，以备补苗时使用。选定苗木必须用油漆做好树木朝向标志，以便于栽植时识别苗木朝向和观赏面。

（1）苗木品种必须准确无误。

（2）常绿树、名贵树、大规格乔灌木、反季节栽植苗木、不耐移植苗木及秋植带冠苗木，必须为土球苗。

（3）苗木生长健壮、枝叶繁茂、根系发达、树形美观、丰满均匀、树冠较完整。顶芽、腋芽充实饱满，无徒长，无冻害和梢条现象。

（4）无检疫对象病虫害或基本无病虫害。树木枝干无明显蛀孔、病斑、流胶、畸形、虫瘿、枯黄、枯死枝等，叶部无明显坏死斑、皱缩、卷曲、网幕、非正常变色和落叶等，根部无褐变、腐烂、癌肿等。

（5）嫁接苗木，嫁接时间应在3年以上，嫁接口愈合平整，未嫁接成活的苗木不得选用。

（6）大规格苗木移植是指胸径20cm以上的落叶乔木、胸径15cm以上或高度6m以上的常绿乔木、冠幅3m以上或高度4m以上的灌木、地径5cm以上或树龄超过20年的藤本。但市、区县登记在册的古树名木及重点保护的苗木一律不得用于工程移植。

（7）野生苗、山地苗均应在圃地养护培育3年以上，以利于大规格苗木移植成活并尽早恢复其景观效果。已进入衰老期的大规格苗木不应再行移植。

（8）大规格苗木应是在圃养护3年以上，或提前2年进行断根缩坨处理的苗木。断根处理，可于休眠期以干基径的4～5倍为半径画圆，先从树体两侧垂直向下挖宽60～80cm、深60～120cm的1/4环形沟。遇有2cm以上粗根时，应使用手锯断根，用枝剪将断面剪平，断根处喷施10～20mg/kg生根粉，以利于伤口愈合和发根。回填疏松肥沃的土壤，填满土后踏实。树体高大的，需设支撑防止树木倒伏，随即浇灌一遍透水。第二年用同样的方法对树体未做断根处理的另外两侧进行断根。因工程需要而又不能提前1～2年进行断根处理的，可提前2～3个月，按胸径7倍开沟断根。

（9）选备苗木高度不宜超过10m，且树冠枝条应易捆拢。规格过大，体量超宽、超高，不便运输的苗木，不宜选用，以免造成大枝损伤，失去观赏价值。

（10）草种、花种必须注有产地、采集年份、种子纯度等检验说明。

2）各类苗木质量标准

（1）落叶乔木类

①干径在7cm以上，具3～5个均匀分枝的主枝。具中央领导干的应有完整的顶梢。

②有一定的分枝高度，行道树分枝点高度不低于2.8m，孤

植树及景观树分枝点高度宜为 2.5m。

③主干通直不弯曲，行道树同一品种，树体高度和分枝点高度基本一致。

（2）常绿针叶乔木类

①树冠端正，大枝分布均匀，树干基部分枝点较低，雪松具有地表分枝，景观效果好。塔形及圆锥形树冠的种类，如雪松、云杉、桧柏等中央顶梢不缺损。

②特型树应按设计标准要求选苗，及时提供实物照片，交由设计人员审查确定。

（3）灌木类

①单干型灌木：基径在 3cm 以上，株高 1.2m 以上。具明显主干，侧枝分布均匀。

②丛生型灌木：主枝数不少于 5 个，冠丛丰满，主侧枝分布均匀，主枝平均高度在 1.0m 以上。

③匍匐型灌木：有 3 个以上主枝，主枝长度达到 0.6m 以上。

（4）绿篱、色块用灌木类

①苗龄 3 年以上或高度 50cm 以上，分枝均匀，冠丛丰满。分枝点低，无明显"脱裤"现象。

②苗木高度基本一致，苗高应比修剪后要求高度长 10cm。

（5）藤本类

①具 3 个以上分枝，主蔓直径不小于 0.3cm，长度在 1.0m 以上。

②枝繁叶茂，覆盖效果明显。

（6）竹类

①苗龄为 2 ~ 5 年生带鞭母竹，根鞭健壮。

②大中型散生竹，如黄河竹，应具竹竿 1 ~ 2 个；早园竹等每坨竹竿 3 ~ 4 个。小型竹苗每坨竹竿数在 5 个以上。

③丛生竹，如箬竹每丛竹竿不少于 5 个。

（7）宿根地被类

①植株生长健壮，有 3 ~ 5 个壮芽或分蘖，根茎无腐烂、无损伤。

②球根、块茎饱满光泽，冬储无霉变，栽植当年能开花。

（8）一、二年生花卉

①根系完整、芽饱满、植株健壮，冠径不小于 15cm，分枝不少于 3 个。

②植株不徒长，下部不"脱裤"。

（9）草坪类

①生长健壮，草芯鲜活，颜色纯正，根系发育良好。

②草坪草叶色一致，疏密均匀，无草墩、无斑秃、无病虫害，杂草率不超过 1%。

③草坪植生带，厚度不超过 2mm，种子分布均匀，种粒饱满，发芽率超过 85%。

（10）水生植物类

植株健壮，根、茎、芽、叶发育良好，无腐烂、无损伤、无病虫害。

3. 制订苗木采购计划

根据工期要求、苗木适宜栽植时期、现场施工条件等，制订苗木采购计划。为施工备苗、组织运输提供依据，以确保绿化工期（表 1-3）。

苗木采购计划表 表 1-3

品种	苗源地	进场日期	规格 /cm				计划数量		质量要求
			胸径	高度	冠幅	地径	株数	面积 /m²	

第二章　苗木栽植

栽植技术流程：清障→排水、排盐→地形堆筑→客土回填→土地平整→绿植的定点放线→挖掘栽植槽、穴→苗木起掘、包装、运输→卸苗→苗木验收→栽植修剪→苗木栽植→支撑、灌水→苗木假植。

一、清理施工现场障碍物

入场后，首先应拆除地上建筑物，清除建筑垃圾、杂物、有害物，平整场地。遇有隐蔽物时，应在离地下管线或隐蔽物0.3m时，停止机械作业，改用人工清理。

二、排水、排盐工程

排水、排盐工程是绿化施工的重要基础工作，一般土壤可单独做排水工程，在盐碱地上则将排水并入排盐工程中。

（一）排水工程

面积较大及地下水位较高的绿化用地，在整地前，需设置排水设施，一般多采用暗渠、淋层排水和盲沟排水方式。

1. 盲沟排水

在栽植层下面（一般绿地深1.2～1.5m，运动场地深

0.3～0.4m）每隔15～20m挖一条深0.3m、坡降为0.2%的盲沟，沟底铺厚15～20cm的石屑，上面铺土工布，回填栽植土与地表平，盲沟两端与绿地周边地下排水系统相连。

2. 盲管排水

在施工场地上，每隔15～20m挖一条深1m、宽0.3m的明沟，沟底铺10cm厚的石屑，其上安装DN60 PVC渗水管，管上覆10cm厚的石屑和土工布，回填栽植土。

3. 暗渠排水

在施工场地上，每隔15～20m挖一条深1m、宽0.4m的沟渠，沟底横铺一排砖，两边各竖砌一排砖，竖砖上再横盖一排砖成砖渠，周围用土填埋，轻夯实，回填栽植土。

4. 明渠排水

依据绿化工程的位置、布局、功能，条件允许时可在场地周边或低洼处开挖小型明渠，渠底应低于种植面1.5m，并与河、湖、排水井沟通。

（二）排盐工程

1. 特点

工程排盐（暗管排盐）能快速降低地下水位，排水、排盐效果显著；同时具防涝、防渍、调控地下水位功能；占地少，节省土地，地面不妨碍植物栽植，方便管理。

2. 类型及关键措施

1）中、轻度盐碱地（土壤全盐含量小于0.3%，pH小于8.5），完善排水、排盐系统后施工。其关键措施为：

（1）通过营造微地形、大规格植物高穴位栽植等方式适度抬高栽植层面。

（2）建立畅通的排水系统。

（3）选植适生的耐盐碱植物。

（4）原土按要求改良后整地施工。

2）中、重度盐碱地（土壤全盐含量为 0.3% ~ 0.5%，pH 小于 8.5），实施铺设淋层排盐工程后可绿化施工。其关键措施为：

（1）将地下最高水位处以上土壤整体清除，轻夯实底层，铺设完整、连续、均匀的 15 ~ 20cm 厚淋层（渣石、粗沙、秸秆、棉秆、卵石等），其上覆盖无纺布，并用导管沟通至排盐沟、市政排水井等处。

（2）客土回填至栽植层高程。

（3）也可回填部分原土为工程底土，有条件的可平整土地、做畦、灌水、排盐。其余原土按要求改良为栽植土，按栽植层高程回填。

（4）疏通排水、排盐渠道，形成畅通的管网。

（5）选植适生的耐盐碱植物。

3）盐土、盐滩、滩涂、重度盐碱地（土壤全盐含量大于 0.5%，pH 大于 8.5），应实施系统的地下排盐工程。

技术流程：清除地表土→定点放线→铺设防渗布→挖排盐沟、收水沟、收水井→铺设渗水管、收水管→铺设淋层→回填土壤（客土、原土、原土＋改良栽植土、改良栽植土）。

（1）按设计标高，开槽清除地表土至最高地下水位处，槽底如有淤泥、软土和"弹簧"现象，应用挤石块处理，块石间用沙石填严，处理范围为 100%，深度为 0.5m 以下。

（2）按设计定点放线，打桩准确，标明排盐沟（盲沟）、收水沟、收水井的位置及中心点线。

（3）沿槽壁垂直铺设防侧渗塑料布至槽底，整体不破不裂，接口热封。

（4）排盐沟并列或呈人字形分布，间距依土质、盐碱程度而定，一般为 6 ~ 15m。开挖排盐沟（30cm×30cm）时，从高处挖起（排盐沟不可低于地下水位，如遇侧渗水应及时强排），沟要直，沟底要平整，保持2‰坡降。在排盐沟低处顶端垂直方向设置收水沟。当收水沟底为软土层（淤泥、流沙、施工造成的地基搅动等）时，应采用挤石块处理，块石间用沙石填严，挤石深度不小于搅动深度的70%。沟底宽度为40cm，清理平整，找平夯实。在每50延米处设置一个收水井，井底深至淋层下15cm，井口高于地表10cm，加盖备用强排。

（5）排盐沟内平铺10cm碴石（炉渣、陶粒、粗沙等），保持相应的坡降。

（6）在碴石中心线上铺设直径6 ~ 8cm的双波纹PVC渗水管（盲管），接口处用胶粘牢固，上下两端用无纺布封口，包扎严紧。

（7）渗水管四周用碴石（炉渣、陶粒、粗沙等）填盖，其上厚度不小于15cm，渗水管过路时应在其外套加钢管或水泥管予以保护，保持相应的坡降。

（8）在收水沟内铺设收水管（塑料、混凝土管、砖沟等），保持1‰坡降。盲管与收水管连接要顺畅，接口应严密，可用水泥固定。收水管连接市政排水管网、明沟、收水井。接入收水井的排盐管，入井处的弯曲半径不小于60cm，末端伸出井壁5cm。其管径底部高于水井底部及明沟全年最高水位15cm以上。

在不能自排时必须用泵进行强排。

（9）铺设的淋层（碴石、液态渣、炉渣、粗沙等）应高于地下最高水位，其厚度不得低于 15cm，平整均匀，不得空缺间断。淋层上平铺无纺布，防止上层土壤下漏，阻塞淋层、渗水管网。现场不得进入载重车辆、机械。

（10）淋层无纺布上回填土壤，依不同土壤采取不同处理措施。

①客土：达标客土可直接按设计要求整地绿化。

②原土（盐碱土）：原土做畦灌水排盐，实测原土含盐总量小于 0.3%，pH 小于 8.5 时，可开展绿化施工，如不达标应继续灌水排盐。栽植层原土按土质进行改良后绿化施工。

③原土＋改良栽植土：先回填部分原土为工程底土，做畦灌水排盐，达标后再回填改良栽植土开展绿化施工，在栽植灌水时继续大水排盐。

④改良栽植土：可直接按设计要求整地绿化，在栽植灌水时进行大水排盐。

排盐工程实施中、完成后，应对收水井、排盐管网、栽植土改良，排盐效果等进行全面检测。查看主排盐管是否已与市政排水管网沟通。

3. 灌溉洗盐参考性指数

在重盐碱土区，完成排盐工程后，用大额度水量冲洗盐土，排除盐分是重要的水盐管理技术。因环境、土质不同，洗盐效果有差异，但试验表明：

（1）当土壤含盐量为 0.6%、脱盐层厚 1.0m、设计脱盐后下降至 0.2% 时，需用水 0.5 ~ 0.6m³/m²。

（2）当土壤含盐量为 0.8%、脱盐层厚 1.0m、设计脱盐后下降至 0.3% 时，需用水 0.6 ~ 0.8m³/m²。

4. 绿化、排盐用水标准

绿化、排盐用水标准范围较宽，凡水质矿化度不大于 0.25%、pH 不大于 8.5 的生活污水、处理后的工业废水、浅层地下微咸水、雨水、市政排水、井水、江河水、沟渠水、湖泊水、坑塘水等基本都可用于绿化施工和工程排盐。

5. 接通施工用水

按规划接通施工用水，以便灌水排盐和检测排盐效果。

三、地形堆筑

（一）放线定位

首先对规划施工范围（红线）进行复测，在施工现场建立统一的平面控制网和高程控制网，以此为基础，根据施工内容划分局部进行定位。根据施工区域地下、地上构筑物，进行施工现场坐标方格网的复测、加密和水准高程的重新布置。

根据 1 级桩进行引测，重新布置坐标网点和水准高程网点，将地形、河湖驳岸等高线上的拐点位置标注在施工现场，作为控制桩并做好保护。

（二）自然地形放线

1. 微地形的放线

1）放线方法

先用网格法，确定挖湖堆山的边界线，再将设计地形等高线和方格网的交点标注在地面上，打木桩标明桩号（施工方格网上的编号），用水准仪把已知水准点的高程、施工标高、填土用"＋"、挖土用"－"，标注在木桩上，对于山体复杂或较高的山体，可分层放线设置标高桩。在堆完第一层后，设第二层各点的标高桩，依次进行至坡顶。

2）注意事项

（1）测放线时，应及时复查标高，以免出现差错造成返工。

（2）为避免堆山时土层埋没标桩，故所用木桩长度应大于每层填土的高度。

（3）木桩标示要准确、明显、持久。

2. 挖湖工程的放线

放线方法与自然地形放线基本相同。用网格法确定湖岸线，用边坡样板来控制湖岸边坡坡度。

（三）地形堆筑方法

（1）在划出的地形外围轮廓线上，用竹片或木桩立于微地形平面位置，勾出微地形轮廓线，确定微地形变化识别点。用推土机由下而上分层填筑，分层压实或夯实。地形相对标高较高时，应用轻型推土机推平，再使用碾压机械碾压。每层填方均应达到设计的密实度标准。

（2）斜坡上填土时，先把土坡修整成台阶式，夯实后再向上填方。

（3）每堆筑 1m 高度，对山体坡面边线按图示等高线进行一次修整。

（4）顶部堆土到要求高度时，用水准仪测出等高线，并设立木桩，标明高度。对地形标高进行复测，确定测定标高准确无误后，再根据施工图平面等高线尺寸形状和竖向设计要求，对整个山体自上而下进行精细的修整。

（四）标准要求

（1）按设计要求构筑地形。土壤沉降后，山体的平面位置和地形高程、坡度、平整度均应符合设计要求。考虑地形有沉降现象，堆筑时应比设计值高程高出 5 ~ 10cm。

（2）地形等高线走向基本准确，造型和坡度自然流畅，无明显的洼地和土坎，雨后排水通畅，做到无积水、无严重水土流失。

（3）在大面积填筑土方时，应对填筑土进行分层碾压，每填土 30 ~ 50cm 碾压一次，以增加土壤密实度，防止出现局部坍塌，每层堆筑的土体密实度均应达到 88% 以上。

（4）地形表土层 30cm 达到"平、松、碎、净"和"上虚下实"的质量标准。

（5）山体栽植层填垫厚度必须符合园林绿化栽植规范要求，大乔木栽植土层厚度应保证在 1.5m 以上，以满足植物生长发育要求。

（6）地形外缘应比路缘石、散水、景石、水溪驳岸、挡土墙等的完成面标高低 3 ~ 5cm，有利于排水，使排水时不会造成水质、园路的污染。

（五）注意事项

（1）填土堆山时，不得使用受污染的土壤和材料，如化学污染土、生活垃圾土、易腐蚀物等。凡不合格的土源，严禁进入堆筑场地。

（2）凡山体坡度超过 23.5° 时，应增加碾压次数，防止自然滑坡现象发生。相对标高在 3m 以下的地形，可不进行分层压实。

（3）分层压实工作，应自地形边缘处开始，逐渐向中间进行，防止外缘土在碾压时向外挤出、滑落。

（4）在斜坡上填筑土方时，为防止新填土方滑落，应先将土坡筑成台阶状，然后再填土。

（5）地形堆筑过程中，遇有大雨天气，应及时开挖明沟，将雨水排出。

四、回填客土和改良栽植土

施工流程：倒运栽植土→回填栽植土→栽植土平整。

（一）铺设栽植土

1. 标示绿地完工井的位置

回填栽植土前，绿地内的各种井应设木桩标示，以免回填客土时不慎填埋，给日后管网检查、维修等带来不必要的麻烦。

2. 栽植土厚度

栽植区应按设计要求，全部或局部更换专用栽植土。对局部更换栽植土的，也必须满足园林植物生长所需的最低栽植土层厚度（表2-1）。

园林植物生长必需的最低土壤厚度 表2-1

植被类型	草本花卉	草坪、地被植物	小灌木	大灌木	浅根乔木	深根乔木
土壤厚度 /cm	30	35	45	60	90	150

3. 土壤沉实

栽植土填方较厚的地段，应分层碾压。栽植前灌水令其沉降或进行1～2次镇压。

（二）平整土地

绿化用地必须按照设计标高，边回填边进行土地平整。平整时汇水面应朝向有排水设施的方向。

1. 一般绿地平整

无须堆筑地形的绿化用地，地面平整应保持 0.3% ~ 0.5% 的坡度，以利于排水。地面平整，无积水，坑洼，无有害污染物，无建筑垃圾，无直径大于 5cm 的砖、石块、黏土块，无淤泥，无杂草，无树根。

2. 草坪地平整

1）坡度整理

草坪建植地必须保证一定排水坡度，防止坪地内积水。

（1）建筑物附近的草坪，排水坡度的方向应自房基向外倾斜。

（2）北方地区草坪面积不大于 3000m² 的观赏草坪，可利用地表或地形排水，一般坡降度为 0.2% ~ 0.3%，栽植区域中心部位略高，逐渐向边缘倾斜，便于向四周排水；面积在 3000m² 以上及高质量要求的草坪，除要求做好地表排水外，还需设置永久性地下排水设施，与市政排水系统连接，以确保排水通畅。

（3）运动场草坪、土壤黏重场地及对排水要求较高的草坪，地表排水坡度宜按 0.2% ~ 0.5% 的比降进行整理。

2）土地平整

（1）一般绿地草坪，栽植土厚度及翻地深度应不小于 30cm，结合整地施入基肥，腐熟有机肥施入量为 4 ~ 5kg/m²，复合肥为 50 ~ 150g/m²。将肥料撒施均匀，翻入 10 ~ 15cm 土壤中，灌足底水。将地耙平、耙细。要求坪床平整一致，土壤疏松，无粒径大于 1cm 的土块。无树根、草根、草茎、碎石、瓦块等杂物。

（2）对草坪质量要求较高的大型广场、运动场地等，应先将场地划分成数个小方格，四角打入木桩，用水准仪定好标高，逐格进行平整后，整个坪床再统一找平。土壤进行精整，30 ～ 40cm 栽植土需全部过筛，用细齿耙耕 2 遍后，搂平耙细，再用石磙碾压 1 ～ 2 遍。

（3）对地下管线回填土应先压实，再进行翻耕，做到栽植土下实上松。

3）杂草防除

（1）对于杂草丛生、暂不施工的闲散地段，可使用灭生性除草剂防除杂草，如草甘膦等。此类除草剂对任何植物都有灭杀作用，可抑制杂草萌生或杀死萌生的杂草幼苗。准备施工地段，可提前 30 ～ 40d，将土地平整后灌水，待杂草长至 6 ～ 8cm 时，施用内吸型草甘膦除草剂灭除。

（2）在距施工期限较短、杂草密集、人工拔除有难度的欲建绿地，可施用草甘膦、草铵膦除草剂进行防除，喷药后 1 ～ 3d 即可见效。

（3）在要求矮修剪的狗牙根草坪，为控制秋季杂草，应在覆播前 50 ～ 90d，施一次芽前除草剂如氟草胺等。

3. 花坛、花境栽植地平整

（1）土壤深翻 40 ～ 50cm，耙平，捡出草根、石块等杂物。施腐熟有机肥 5kg/m²，搂平耙细。土面平整，土壤疏松，无粒径大于 1cm 的土块，无石块、杂草等物。平整度与坡度均应符合设计要求。

（2）四面观赏的花坛、植床可整理成扁圆丘状；单面观赏的花坛、植床可整成内高外低的一面坡形式。

五、绿植的定点放线

确定苗木栽植的平面中心位置、栽植范围及栽植点、面的标高。

（一）定点放线基本做法

1. 平板仪定位法

适用于绿化面积较大，地形、地貌较复杂，场区内没有或有较少标志物，且目测基点准确的施工地段。可依据基点将单株位置及成丛成片栽植的范围边线，按设计图纸依次定出。

2. 交会法

适用于绿地面积较小，现场内建筑物或其他标记与设计图相符的绿地。操作时，可选取图纸上已标明的两个固定物体作参照物，如以道路、建筑物、花坛等任意两个固定位置为依据，根据图纸上与栽植植物两点的距离，按比例在现场相交会，该交会点就是栽植点的位置。

3. 网格法

面积较大，且地势较平坦，无明显标志物的绿化用地，多使用坐标方格网法。先在设计图纸上以一定比例画出方格网，把方格网按比例测设到施工现场（一般为 20m×20m），先在图纸上确定苗木所在位置方格网的纵横坐标距离，再按现场放大的比例，确定栽植位置。

4. 边线定位法

以已有道路中心线、路缘石、建筑物、水池等建筑物边线为基准点，用皮尺丈量法和三角形角度交会法，将树木栽植点标注在地面上。

（二）自然式栽植的定点放线

1. 孤植树的定点放线

在已有建筑物或已建道路附近，可用交会法。在开阔草坪及大型广场绿地，应用网格法确定苗木定植点位置。对于要求栽植点位精确的地方，应用经纬仪及水平仪定点。然后用白灰或标桩在场地上标示出中心位置。

2. 树丛、树群、色带及花境的定点放线

可用平板仪，依据基点将单株栽植位置及树丛、树群、花境范围边线，按设计图要求依次推出。也可用网格法确定树丛、树群、色带及花境的栽植范围。

3. 树丛、树群内单株的定点放线

可根据设计要求，用目测法进行定点。

（三）规则式栽植的定点放线

1. 片植或行道树的定点放线

以建筑物、园路、广场等平面位置为依据，用平板仪、测绳或皮尺定点放线，确定每一行树木栽植点的中心连线和每一株树的栽植点。

（1）直线栽植时，可以道路中心线或路缘石为准，从栽植起始点、端点拉出道路中心线或路缘石垂直线，按要求比例尺寸量出两端的栽植中心位置，在两端栽植点拉直线，用白灰按要求株距逐株标明每一株的栽植点。

（2）呈弧线或曲线栽植行道树时，放线应从道路的起始点到终端，分别以道路中心线或路缘石为准，每隔一定距离分别画出与道路垂直的直线。在此直线上，按设计要求的树与道路的距离定点，把这些点连接起来，就成了一条近似道路弧度的弧线或曲线，然后在弧线或曲线上按要求株距定出每一株的栽植点。

2. 绿篱、色块的定点放线

以道路、路缘石、花坛、建筑物或已栽植苗木为参照物，用皮尺按比例量出绿篱或色块外缘线距离，在地面画出栽植沟挖掘线。如绿篱、色块位于路边或紧靠建筑物，则需向外留出设计栽植宽度，在一侧画出边线。

3. 平面花坛的定点放线

一般对于栽植面积较小、图案相对简单的花坛，可将设计图案按比例放大在植床上，划分出不同种类花卉的栽植区域，用白灰撒出轮廓线。面积较大，设计图案形式比较复杂的，可采用方格网法定位放样。用白灰划分出每个品种的栽植轮廓线。

4. 模纹花坛的定点放线

模纹多为对称图形，放线时先将花坛平面分成若干份，再按图纸图样放大在地面上，然后将白灰撒在所划的花纹线上。如为不规则图形，应用方格网法及图中比例尺定点放线，采用加密方格网，方格密度不大于1m×1m。先用皮尺或采用方格网法确定主要控制点位置，放线钢钎布点间距应不大于1m。然后用较粗的钢丝或厚纸板，根据设计图样按比例盘扎或刻制成图案模型，平放于地面轻压出模纹图案线条，然后用白灰线标示。

（四）定点放线标准要求

1. 栽植穴、栽植槽

应符合设计要求，位置准确，标记明显。孤植树应用白灰点明单株栽植中心点位置，钉木桩写明树种名称和树穴规格。

2. 树丛、树群、色带、植篱、花坛、花境

栽植区域范围，轮廓线形状必须符合设计要求，应用白灰标明栽植外缘线，标明品种、数量、苗木规格。

3. 树丛、树群丛内单株苗木

定点放线应采用自然式配置方式，既要避免等距离成排成行栽植，相邻苗木也应避免三株在一条直线上，以防形成机械的几何图形。丛内栽植点分布要保持自然，做到疏密有致。树丛、树群丛内用目测法画出单株或灌丛栽植中心位置，用白灰做好标志。

4. 模纹花坛

花纹图案放线要精细、准确，图案线条要清晰。

5. 行道树、片林

株行距相等，横竖成排成行。行道树栽植点位必须在一条直线或弧线上，遇有地下管线和地上障碍物时，株距可在 1m 范围内调整。

6. 定点放线准确度

其与图纸比例的误差不得大于以下规定：

（1）1∶200 者不得大于 0.2m。

（2）1∶500 者不得大于 0.5m。

（3）1∶1000 者不得大于 1.0m。

（五）定点放线注意事项

（1）在地形上栽植的苗木，且需在做微地形前先行栽植的，特别是大规格苗木，栽植平面位置、栽植标高必须测准，以免

栽植过深或过浅，在地形整理时给调整苗木栽植深度带来一定难度。

（2）定点时，如遇地上及地下障碍物时，应遵照与障碍物距离远近的有关规定调整栽植点。例如乔木中心与电信电缆、给水、雨水、污水管道外缘水平距离不小于1.5m，灌木根颈中心不小于1.0m；乔木距燃气管道外缘水平距离不小于1.2m，灌木不小于1.2m；乔木、灌木中心距热力管道不小于1.5m；乔木中心与电信明线水平距离不小于2m；乔木中心距建筑物外墙水平距离3～4m；乔木中心与高度2m以上围墙水平距离3～4m；乔木中心与道路变压器外缘距离不小于3m，灌木不小于0.75m；乔木中心与电线杆距离不小于2m，灌木不小于1m；乔木中心与道缘外侧不得小于0.75m；乔木树权距380V电线的水平及垂直距离均不小于1m，距3300～10000V电线的水平及垂直距离均不小于3m；乔木距桥梁两侧水平距离不小于8m。

（3）放线定点后，应立即对所标定的植物品种、栽植位置、栽植范围、栽植数量进行认真复核。

（4）及时与建设单位、设计单位、监理单位有关人员联系，对苗木栽植平面位置进行确认，如发现问题或设计方案变更时，应重新放线确认。

六、挖掘栽植槽、穴

栽植槽、穴应在苗木入场前挖好，检测合格后备用。有些施工队伍或因不了解挖掘栽植槽、穴的标准要求，或因监督检查不够，有的树穴呈典型的锅底形，有的小到仅能刚刚放下土球，结果在调整树体垂直度或观赏面时，造成土球散坨，严重影响苗木成活率。特别是在土壤较黏重或板结地段，造成不透水，这是导致植物栽植后干腐病、腐烂病严重和萎蔫死亡的重要原因。树穴过小且成锅底形时，也会导致土球被穴壁卡住，根部不能与土壤接触，土球悬空被活活"吊死"。

（一）栽植槽、穴规格要求

一般栽植槽、穴的深度与宽度应根据苗木根幅、土球、容器（木箱、竹筐、营养钵）的大小、土球厚度、土壤状况而定。

1. 裸根苗

树穴直径应比裸根苗根幅大 20cm，树穴深度为树穴直径的 3/4。

2. 土球苗

树穴直径应比土球直径加大 40 ~ 60cm，树穴深度为穴径的 3/4。土壤较黏重或板结地段，树穴直径还应加大 20%，加深不小于 20cm。

3. 容器苗

容器苗（筐装苗、大型营养钵苗）树穴应挖成圆形。乔灌木容器苗的栽植穴径应大于钵体直径 40 ~ 60cm。

4. 箱装苗

栽植穴应挖成正方形，长度比木箱宽 60 ~ 80cm，深 15 ~ 20cm。

5. 栽植槽

栽植槽应挖成长方形或正方形。

（二）挖掘方法

对于车辆碾压或机械上土造成土壤板结的地段，应先用挖掘机倒行将土壤疏松，栽植地平整后重新定点放线，再挖掘树穴。

1. 人工挖掘

1）挖掘栽植穴

（1）以定点标记为圆心，按规定的尺寸先画一圆圈，然后沿边线外侧垂直向下挖掘，边挖边修直穴壁直至穴底，使树穴上口沿与底边垂直，切忌挖成锅底形。如穴底有建筑垃圾等时，应向下深挖，彻底清除渣土；如穴底为不透水层时，应尽量挖透不透水层。回填栽植土至要求深度，踏实。

（2）在微地形斜坡上挖掘时，应先铲出一个平台，然后在平台上挖掘树穴，穴深应以坡的下沿口为准。

（3）土壤特别黏重坚硬时，树穴之间可挖沟连通，或就近挖盲沟以利排水。

2）挖掘栽植槽

应自栽植线外缘垂直向下挖掘，栽植槽上口与底部尺寸一致，随地形变化槽深保持一致。

3）穴底处理

（1）在重盐碱地区或黏重土壤上栽植时，可在穴底铺10 ~ 15cm 厚的石砾、山皮沙、粗沙等，起隔盐、透气作用。

（2）在栽植穴的中央底部，堆一个高 10 ~ 15cm 的土堆，并踏实。箱装苗穴底堆高 15 ~ 20cm、宽 70 ~ 80cm 的长方形土台，长边与底板方向一致，将土踏实。

（3）栽植槽、穴挖好后应施入底肥，肥料应与栽植土掺拌均匀，其上覆 10cm 栽植土。一般乔木树种每栽植穴施入腐熟有机肥 5 ~ 10kg，特殊苗木每穴施肥 15 ~ 20kg，灌木树种每穴施肥 3kg。草坪、花卉栽植地施肥为 $2kg/m^2$，肥料需撒施均匀，翻入表土 30cm 混合耙平。

2. 挖掘机挖掘

（1）一般栽植面积比较集中的规则式乔木或工期过紧时，多采用挖掘机挖掘树穴。挖掘前必须用白灰标出树穴范围，挖掘时树穴直径、穴深必须达到标准要求。

（2）树穴需进行人工修整，不可将苗木直接栽入穴内。土壤黏重或用机械上土栽植层压实的，是造成苗木栽植后干腐病、腐烂病严重和大量死亡的主要原因。因此必须将穴底向外、向下深挖 20cm，或挖至淋层，使底部土壤疏松通透。

（三）注意事项

（1）挖穴时如发现栽植点标记不清楚，须重新放线标定。

（2）在地下管线走向范围内挖掘树穴时，应避免使用机械作业，以免损坏管线。遇到各种地下管道、构筑物无法操作时，应立即停止作业，请设计人员现场查看，提出调整方案。

（3）在未经自然沉降的新填栽植土和新堆地形上挖穴时，应先在穴点附近适当夯实，穴底也应适当踩实，防止灌水后树木下沉或倾斜。

（4）挖掘栽植槽、穴时，回填客土和改良原生土及原生表层土和底土应分别放置，对于槽穴中不适宜植物栽植要求的土壤，应全部清除，更换达标栽植土。

（5）挖掘时，如遇混凝土、沥青、灰渣、路肩三合灰土等不利于植物生长的杂质物时，应将穴径加大 1～2 倍，至清除杂质为止。混凝土、沥青、灰渣层过厚的，应与设计方协商，适当调整栽植位置。

（6）栽植区域内行车或人为踏实的路面，必须深翻，不可直接在硬土上挖掘栽植槽穴，以免形成积水，导致苗木死亡。

（7）对于地势低洼及地下水位较高处，树穴挖掘过程中出现积水的，应及时与监理协商解决，或抬高地面，或调整栽植位置后再行栽植。

七、苗木起掘、包装、运输

（一）起苗适宜时间

1. 春植苗木

可依据苗木萌芽早晚，根据现场作业面情况，以及先大树后灌木、地被、草坪草的栽植顺序，及时调整起苗的顺序和时间，适时完成起苗工作。

（1）一般苗木宜在春季土壤解冻后树木发芽前进行，华北地区以3月中旬至4月中下旬为好。刺槐、臭椿、花椒、紫叶李、紫叶矮樱、元宝枫等，在芽膨大成球形或刚发芽时为最佳栽植时期。蜡梅待叶芽长大萌发后，已不宜再行移植。

（2）紫薇、柿树、枣树、石榴、花椒、梧桐、木槿等发芽较晚的种类，可于晚春起苗栽植。

（3）竹类在4月上、中旬及雨季栽植，均可提高其成活率。4月底至5月上、中旬为竹笋出土及拔节生长阶段，最好不进行移植。

（4）广玉兰在4月底至5月初起苗栽植。

（5）草卷、草块于4月中旬开始，各生长期均可进行。

2. 秋植苗木

大多数耐寒乡土树种可在秋季进行栽植，如油松、云杉、银杏、杨树、柳树、榆树、槐树、香椿、白蜡、合欢、元宝枫、臭椿、法桐、皂荚、楸树、栾树、枣树、美国红栌、海棠类、紫叶李、金银木等，在 10 月下旬至 11 月下旬，即树木落叶 80% 至土壤封冻前起苗栽植。秋分后是移植牡丹的最佳时期；常夏石竹也可在 9—10 月初栽植；油松、云杉等的最晚起苗时间可延续至 12 月中旬。

3. 不适宜秋植的苗木

耐寒性较差的石楠、广玉兰及柿树、蜀桧等秋植成活率较低，因此不宜秋植。

4. 反季节栽植的苗木

（1）常绿针叶树种生长季节的起苗工作，应在春梢停止生长、新梢针叶伸展长度达到正常针叶长度的 1/2 时进行，也可在秋梢未开始生长前进行。在春梢生长阶段进行移植，常因新梢幼嫩、运输途中失水而导致嫩梢萎蔫干枯，影响苗木生长，破坏景观效果。

（2）常夏石竹喜凉爽气候，夏季处于近休眠状态时不宜起苗，高温高湿常造成根部腐烂导致苗木死亡。

（3）落叶树生长季节起苗，尽量在阴天，或下午 2：00 后开始刨苗，夜间运输。

（二）起掘苗木根幅、土球及草卷、草块规格要求

1. 裸根苗

乔木切留根幅不小于胸径的 8 倍，灌木根幅不小于株高的 1/3。

2. 土球苗

1）土球直径

落叶乔木，土球直径应为其胸径的 8 ~ 10 倍，特大型树土球直径可为其胸径的 6 ~ 7 倍。常绿树，土球直径可按树干基

径的 8 ~ 10 倍或株高的 1/3。灌木土球直径为其株高的 1/3。经提前断根处理的苗木及较长时间假植的苗木，土球直径需比原土球加大 10 ~ 20cm。

2）土球厚度

一般土球厚度应为土球直径的 2/3；浅根性树种土球厚度为土球直径的 3/5；深根性树种土球厚度为土球直径的 4/5；树木根系垂直方向分布较少或土层浅薄的山地苗，土球厚度可适当减小。

3）土球形状

土球应呈苹果形，即底部直径不小于土球直径的 2/3。尖削度较大的锥形土球苗，因大部分须根被切断，栽后往往长势弱，缓苗期长，苗木成活率低。

3. 竹类

散生竹来鞭根幅不小于 30cm，去鞭根幅不小于 40cm，土坨厚度 20 ~ 25cm。

4. 草块、草卷

应规格一致，边缘平直，土层厚薄一致。草卷带土厚度为 2 ~ 2.5cm，草块土层厚度为 2.5 ~ 3cm。

（三）苗木起掘前的准备工作

1. 号苗

严格按照苗木采购计划表中的苗木品种、数量、规格和质量标准，到苗源地逐一进行"号苗"，并做好选苗资料记录。同时确定起苗、到苗的准确时间，这是保证栽植成活率和工程进度的重要举措。

2. 制订苗木调运实施方案

有关苗木起吊、装车、运输、卸苗等工序，须事先做好充分的准备工作，并制订周密的组织实施方案，以保证苗木起掘质量、运输安全和按时顺利进场。

3. 工具、材料、车辆准备

准备好锋利的起苗工具、包装及吊装所需材料，提前联系好起重机和运苗车辆，做到起苗后及时运输。必须选择标定吊重两倍于树体＋容器总重量的起重机，以确保起吊安全。

4. 苗木调运时间及应注意问题

（1）早春气温虽已回升变暖，但夜间运输苗木时应注意苫盖篷布，避免倒春寒给苗木带来伤害。

（2）浇水或雨后即使苗木能够起成土坨，但在吊运过程中极易造成散坨，这是造成苗木栽植后树势衰弱和死亡的主要原因之一。因此，在苗木调运前应注意查看天气预报，及时调整苗木调运和栽植计划，以保证苗木栽植顺利进行。用苗应提前3d 与苗源地联系，以便供苗方提前做好灌水、排水、开穴晾坨等准备工作，确保运输和栽植时不散坨。

（3）根据施工现场条件、天气状况、施工进度、施工力量，做到有计划调苗，防止一天内集中上苗，而后几天上不了苗又无苗可栽的状况出现。现场苗木积压，常导致许多施工单位粗放栽植。苗木当天栽植不完，剩余苗木又未进行临时性假植，苗木存放时间过长严重失水，是造成苗木栽植后树势较弱和死亡的又一个重要原因。

5. 做好标记

对所选苗木，应用系绳、喷漆、挂牌等方式做出明显标记，避免挖错苗。大树起掘前应在阳面做好标志，以便栽植时调整栽植面方向。

6. 提前灌水、排水

1）灌水

圃地土壤过于干旱时，乔、灌木应提前 3 ~ 5d 灌一遍透水。草源地土壤过于干旱时，应提前 1 ~ 2d 灌水，保证草块有一定湿度。竹类提前 2d 灌水，可提高成活率。

2）排水

刚浇过透水及大雨过后，不可立即起苗，以免在起吊或运输过程中造成土球散坨。一般黏重土壤在灌水或大雨过后 2 ~ 3d，待土壤略干时方可起苗。如赶工期急需用苗时，可开沟放水，提前半天挖苗、晾坨，确保在装卸苗木时或运输途中不散坨。若预报有雨，不可进行挖苗、晾坨。

7. 设置支撑

起掘较大规格苗木时，应先设置好支撑再起苗，防止起掘过程中苗木倾斜或倒伏，导致树根劈裂、砸伤枝干、顶梢折损、散坨等。

8. 拢冠

对分枝较低的常绿针叶树、带刺灌木及冠丛较大的乔灌木，应用草绳或麻绳适度捆拢。捆拢时不可过于用力，避免损伤枝干，以便于起苗操作为度。

（四）苗木起掘

1. 标示起掘边线

起苗前应以树干为中心，按大于规定根幅和土球标准要求 3 ~ 5cm 画圆，标示出起掘边线。

2. 去表土

先铲去一层表土（俗称宝盖土），深度以不伤地表根系为度。用铁锨自圆外缘垂直向下挖环状沟，沟宽以便于操作为宜，一般 60 ~ 80cm。

3. 裸根苗的起掘

挖掘时切断侧根，待主要侧根全部切断后，于一侧向内深挖，同时适当摇动树干，试探底部粗根方位，继续清土至露出粗根后，将其切断。当遇有 3cm 以上粗根时，应将四周土掏空后，用手锯断根，要保持切口平滑。禁用铁锨铲根，也不得使用起重机或人工将苗木硬性拔出，以免造成根系劈裂。切断大根后，将苗木轻轻放倒，注意保护护心土。起苗后根部最好沾泥浆保护。

4. 一般土球苗的起掘

（1）起掘前先剪去落叶苗木树干基部的无用枝，并采取护干措施。

（2）垂直下挖，边挖边修坨。向下挖时随即修整土球，待挖至规定的土球厚度时，将土球表面修成干基中心略高、边缘渐低的斜面，肩部修整圆滑，土球四周自上而下修整平滑（彩图 1）。

（3）掏底。土球四周修整完成后，逐渐向内收缩掏挖收底，缩小到土球直径的 2/3 时，在底部修一平底。直径小于50cm 的土球可以掏空，并用硬物支住土球。直径大于 50cm 的土球，土球底部中心应保留一部分，支撑土球以便在坑内打包装（彩图 2）。浅根性树种（合欢、樱花、云杉等）和黏性土，可起掘成扁球形。深根性树种应起掘成上大下小的苹果形。要求土球完整、不偏坨、不散坨。

（4）因起苗方法不当造成土坨散裂的，应立即停止起苗，将原土回填留圃养护。

5. 提前断根苗木起掘

经提前作断根处理的苗木，应"扩坨起树"，土球直径应比原断根处向外扩大 10 ~ 20cm，以避免损伤新生根。

6. 木箱移植苗起掘

1）立支撑

为防止苗木根部土壤松动、树木倒伏并确保施工人员的安全，在苗木起掘前，应先在树干分枝点的下方，用支撑杆将树体支撑牢固。支撑杆应分布均匀，底脚必须在挖掘范围以外。

2）修剪

根据树木种类、耐修剪程度、立地环境条件、景观要求确定修剪量进行粗修剪。剪口应平滑，伤口处涂抹防护剂。

3）开槽

以树干为中心，在预定扩坨尺寸外 5cm 画出正方形槽线。

4）去表土

用平铣铲除上层表土，树干周围应略高一些，至见到有根系分布为止。土坨表面四角要修理平整。

5）断根修坨

自槽线外垂直向下挖宽 60 ~ 80cm、深为壁板高度的沟槽。修坨时需数次用箱板进行核对，保证土坨形状与箱板一致。土坨应修成上下宽度相差 5 ~ 10cm 的倒梯形，土坨四面要规格一致，修得平整，修整后土坨边长应略大于箱板，以保证箱板与土坨靠紧，但最多不得超过 5cm。土坨立面中间部分应稍高于四边。遇到 2cm 以上的粗根时，应将根周围的土削去，用手锯将大根锯断。

7. 竹类苗木起掘

影响竹类苗木栽植成活的关键之一，是苗木起掘的质量。常见施工栽植竹苗土球太小，且土球尖削度大，造成缓苗期长甚至大量死亡。起掘时，以第一层枝伸展方向为长边，挖成椭圆形土球，竹鞭长 30 ~ 40cm，土球厚 20 ~ 30cm。4 月下旬至 5 月初起苗时，注意保护好竹鞭和笋芽，切勿损伤。

8. 草坪卷、草块起掘

草坪卷、草块起掘，应避开全天的高温时间。将选好的草坪用人工或机械切成 30cm×25cm 或 30cm×20cm 的草块，或切成长 100cm、宽 20 ~ 25cm 的草坪卷。切口要上下垂直，然后用平铲在土层厚度 2 ~ 3cm 处起出草块。

（五）苗木包装

1. 土球包装

要求包装整齐、牢固、不松散。

1）宿根花卉及小规格花灌木，土球直径在 30cm 以下土球不易松散的，可用草绳或薄无纺布包裹并扎紧。

2）土球直径 30 ~ 50cm，土质不松散的，可用蒲包、草片包装。将土球用双手抱出，放置在浸湿的蒲包或草片中央，于干基处收紧，用一道湿草绳以干基为起点呈纵向，采用"单股单轴"打络法将包装捆紧，绳间距应小于 8cm。

3）土质易松散及较大的土球，均应在树穴内进行包装。

（1）土球直径为 50 ~ 100cm 的，黏性土可直接用草绳打络包装，壤土和沙性土应先用湿草片、遮阳网、无纺布等包裹土球，并用细绳加以捆拢，再用草绳打络。可采用一道草绳缠一遍的"单股单轴"打络法，即先用湿草绳在树干基部系紧，缠绕 2 ~ 3 道固定。然后沿土球与垂直方向约成 30° 斜角，经土球底部绕树干顺向同一方向，按一定间隔缠绕至满球，将绳端在干基系牢。一般间隔 8 ~ 10cm，土质不好的可适当增加密度。在土球中部，用一根草绳横向密缠几道腰绳加以固定。打络时每道草绳应边缠边用力拉紧，土球"肩部"草绳应稍嵌入土中。

（2）土球直径达 1m 以上的，应用两道草绳"双股双轴"打络法，然后系腰绳 8 ~ 10 道（彩图 3、彩图 4）。

（3）土球直径在 1.5m 以上的，应采用"橘子式"打络法。先用薄无纺布裹住土球，再用双层草绳缠绕，第二层草绳应与第一层于肩沿处整齐交叉相压，再于内腰绳的下部捆十几道腰绳。腰绳的宽度为土球腰宽的 2/3，以 45° 角收底。系腰绳后，从上下两端用草绳呈斜向将纵、横向草绳串联固定，防止腰绳散落。

（4）竹类，土球外层应用塑料布或无纺布扎紧，以免在运输途中土球破散或根系失水。

2. 土球封底

凡在树穴内包装的土球苗，系好腰绳后，在土球一侧挖一弧形浅沟，将苗木向挖沟方向轻轻放倒，用草片、草绳将土球底部封严，用草绳与土球底沿纵向交错绑扎固定，一般在土球底部连接成五角形。

3. 钉护板

胸径 30cm 以上的土球苗，应根据树冠大小、枝条疏密程度及土球重量确定起吊部位，大树的重心必须在起吊部位下方，在树干基部和起吊系绳位置捆扎长 60 ~ 80cm 的草绳，草绳捆扎要均匀、松紧适度，在草绳外侧竖向钉入同样高度、均匀分布的木板保护。

4. 木箱包装

适于胸径 40cm 以上，及沙质土中大树移植。

1）按规定的土坨规格制作箱板

各侧箱板按上下排列顺序分别编号，以确保箱板组装顺利。

2）上箱板

土坨修好后，立即上箱板，以防止土坨散裂。上板时，应先将土坨四角用草片或麻袋片包好，再把箱板围在土坨四面，箱板中线以树干中心线为准，下面必须与土球底对齐，箱板上端应略低于土坨 1 ~ 2cm。四面箱板用木棍顶牢，防止箱板松动。

3）箱板加固

分别在箱板上下口的 15 ~ 20cm 处，各横向设置一道钢丝绳。紧线器应在箱板的中心位置上，钢丝绳与壁板板条间垫圆木棍，两道紧线器需从上向下同时转动将壁板收紧。四角壁板间用铁腰子固定，上下两道铁皮各距箱板上、下口 5cm，每 20cm 左右设置一道。铁腰子用铁钉加固，严禁钉子钉在箱板缝隙上，钉子的上端稍向外倾斜，以增强拉力。每对铁腰子至少有 4 ~ 5 枚铁钉固定，铁腰子钉好后，松下紧线器，卸掉钢丝绳。

4）掏底

掏底前，必须用方木将箱板与坑壁支牢。方木的一头垫木板顶住坑边，另一头顶在箱板的中间带上，确保牢固后再行掏底。沿木箱四周下端继续向下挖 30 ~ 40cm 深，然后用小平头锹向内掏土。掏底时，要两边同时进行。达到一定宽度时上底板。

5）上底板

随掏底随上底板。在底板一端先钉上铁腰子，一侧用木棍，另一侧用千斤顶顶紧，用铁钉将底板与壁板固定。四角用木墩将底板支稳，卸下千斤顶，继续向里掏底，间隔 10 ~ 15cm 再上第二块底板。底部中心应向外微凸出一点，以利于上紧底板。掏底时如遇大树粗根时，应用手锯断根，断口必须在土坨内。掏底过程中，如发现土质松散，应用薄板垫实，有少量底土脱落的，需用蒲包、草片等填实后再上底板。

6）上盖板

土坨上铺一层草片，在上面钉上盖板。树干基部用两块板条（与盖板板条呈垂直方向）将盖板固定。

7）注意事项

（1）掏底时，每次掏空宽度不宜超过单块底板宽度，以免底土散落。

（2）箱体四角下所垫木墩截面必须平整，垫放时木墩接触地面处，必须放置一块大于木墩截面 1 ~ 2 倍的厚土板，确保支垫稳固。

（3）施工人员操作时，必须注意安全，头部和身体不得探进土坨下面，风力达到 4 级以上时，应立即停止操作。

（六）苗木装车、运输

起苗后，应于当天装车运输。做到随起苗，随运输，及时栽植，尽量减少中途滞留时间。乔灌木类起运时间最长不超过 48h。当天不能装车时，应对已起苗木采取保护措施。

1. 苗木运输前的准备工作

（1）选择好运输路线，避开有障碍物的路段。运苗时应由熟悉运输路线的专人押运。在有线路的地段需备好撑举电线用的绝缘工具，如竹竿、木杆等。

（2）苗木装车前，应仔细核对苗木品种、数量、规格，检查苗木质量等，凡不符合上述要求及有检疫对象病虫害和病虫害较严重的，应要求供苗方更换，严禁不合格苗木装车。

2. 苗木装车的要求

（1）苗木装卸现场应由一人统一调度指挥，操作人员必须戴好安全帽，吊运时操作人员不得站立在已经吊起的苗木下方，以确保人身安全。风力达到 4 级以上时，应停止起、吊树作业。

（2）起吊前检查车辆运行是否正常，放置是否稳固。起吊绳索是否捆扎牢固，吊扣是否挂牢，待完全符合操作安全要求时，方可进行起吊。严防起吊时发生起重机或挖掘机侧翻、绳索脱落、断裂或脱钩现象，以免造成人员、苗木伤亡。

（3）苗木应轻拿轻放，装车时要按顺序摆放。

（4）装车时，应做到上不超高、梢不拖地，避免运输途中剐伤行人或发生交通事故。

（5）如遇低温天气时，应采取保温措施，南方苗木应加盖草帘、苫布，以免发生冻害，影响苗木成活率。雨天应加盖苫布，生长季节应用遮阳网保护。

3. 裸根苗的装车、运输

（1）车箱底部应铺垫草帘，苗木装车应按顺序分层装卸，根系放置在车头方向，树冠顺向车尾。苗木要码放整齐、紧凑、稳固，防止运输途中晃动。树梢过长的，应用绳索围拢吊起，防止树梢拖地。绳索围拢处需垫苫布或草帘等软物，避免损伤干皮。

（2）车后箱板和枝干接触部位，应铺垫厚草袋、蒲包等软物，以免损伤干皮。

（3）所有苗木装车后，需用湿草帘盖住根部，车箱用苫布遮盖。全部装车后应用绳索绑扎固定，防止树体摇晃和枝干擦伤。

（4）长途运输时需定时喷水保湿。途中休息及早6:00前不能到达施工现场时，应将车停放在背阴处，防止苗木失水或被灼伤。

4. 土球苗的装车、运输

1）土球苗和筐装苗运输株数应依据实际情况而定。一般土球直径小于30cm的可装2~3层，土球直径40~50cm的可装2层，土球直径大于60cm者只可码放1层。苗木需码紧实，防止土球晃动。

2）高度在150cm以下的土球苗，可将苗木直立放于运输车上。高度150cm以上的苗木必须倾斜放置，用支架将树头架稳。

3）装车时，土球上不得站人和放置重物。

4）装车方法：

（1）人工装车。直径在80cm以下的乔木、一般花灌木土球苗可用人工装车。土球直径40cm以下的苗木，应抱土球装车。土球稍大的，可用麻绳、夹板做好牵引，在桥板上轻轻滑动。

（2）机械装车。土球直径在80cm以上的乔木及大型花灌木，应使用机械装车。选择标定2倍于树木估重的起重机，以确保起吊安全。

①起吊土球直径在 100cm 以下的苗木时，可直接使用吊装带绑缚根颈起吊装车，基干处应包裹麻袋片、草帘或厚无纺布，防止损伤树皮。也可使用 3 ～ 4cm 粗的麻绳，将麻绳双起，在绳长 1.5 ～ 2m 处挽一死扣。将两股绳分开，在土球或竹筐距土球顶面 2/3 处用吊绳拦腰围紧。将两绳头系一道拦腰扣，其松紧度要适当，不可太松，以防吊运时脱扣。将两侧拦腰绳向上聚拢，两侧绳所留长度应当一致，在长约 1.5 ～ 2m 处将一侧的两个绳头系一活扣。用一粗麻绳将两侧吊绳系于树干的 1/3 处，以防止苗木吊运时树体倾倒。树干处需缠草绳或夹垫软物，防止损伤树皮。将吊绳两侧的吊扣套入吊钩上，检查所有环节确实牢固后即可起吊，起吊过程中要轻吊轻放。

②直径在 100cm 以上的土球苗或筐装苗，不可直接用吊绳绑缚根颈处起吊，必须用吊装带，拦住土球进行吊装。防止因树体过重，起吊时拉伤毛细根或造成树皮脱离。

③高度在 5m、胸径在 20cm 及土球直径在 120cm 以上的苗木，必须使用两条可承受 8t 重量的吊装带或钢丝绳起吊。

a. 使用吊装带。将两条吊装带分别自土球顶面 2/3 处反方向各系一根，吊装带要平贴于土球。将吊装带的一头自另一侧吊扣中拽出。用粗麻绳将两根吊装带系于树干 2/3 处，拦腰绳应系紧。将两个吊扣牢固地挂在吊钩上，以起吊后树体直立或倾斜45° 为宜。吊装时在树高 2/3 处系一条长麻绳作牵引绳，便于在吊运过程中人为控制树体移动方向。

b. 起吊土球直径在 150cm 以上的苗木时，需在土球与钢丝绳或吊带间插入 6 ～ 8 块宽 10 ～ 15cm、长 50 ～ 80cm、厚

3 ～ 4cm 的木板，防止钢丝绳或吊带嵌入土球，造成土球破损或散坨（彩图 5）。

c.起吊胸径在 30cm 以上的大树时，必须使用粗钢丝绳。土球用钢丝绳围拢，钢丝绳与土球接触处垫入厚木板，然后将土球固定牢固。钢丝绳之间用 U 形扣连接，用主钩挂住钢丝绳吊扣，副钩挂住树干 2/3 起吊位置护板处吊装带。起吊部位树干处或用麻袋片层层包裹，防止绳索和吊钩损伤干皮。待检查所有环节确实牢固后即可起吊。

（3）吊运过程中吊臂下不得站人，禁止人员穿行，以确保施工人员的安全。

（4）针叶树种应轻装轻放，防止主侧枝和顶梢折损。大型常绿针叶树装车时，车后需安装支架，防止树梢折断。树冠部分应用麻绳围拢。

（5）带冠大乔木装车时，整体需固定牢固，以免行车时树体摇晃，造成散坨。树干处需设立支架，支撑点高度应以树冠可以通过障碍线路、涵洞为准。支架可用钢管或直径为 12 ～ 15cm 的松杆，整体需架设牢固，防止中途因散架、断裂和倒塌而造成土球散坨。支撑点和车后箱板处要加垫厚草片，以防磨损树皮（彩图 6 ～ 彩图 8）。

5.容器苗的装车、运输

1）软包装容器苗

花灌木、宿根花卉等软包装容器苗，装卸车时要轻拿轻放，应抱容器，不可直接提拉茎干，以免容器脱离或损伤茎干。苗木要层层码放整齐、紧密。防止容器松动或容器破损伤害苗木茎叶、根系。

2）筐装苗、植树袋容器苗

装车前需用麻绳将容器与树干捆绑加固，防止吊运过程中树体与容器脱离。一般每车只码放一层。

6. 木箱移植苗的装车、运输

木箱移植苗的吊卸必须使用钢丝绳。

（1）起吊前用直径 3 ~ 4cm 的钢丝绳，在箱体下部 1/3 处用方木和紧线器紧好，将箱体加以固定，以防止起吊时木箱在吊运过程中散体。

（2）用直径 3 ~ 4cm、长 8m 的钢丝绳，在木箱的一侧竖向自箱底兜起，将钢丝绳两头的环状扣套在吊钩上，用起重机将木箱一侧微微吊起，倾斜角度约为 30° 即可。

（3）将两根钢丝绳从箱底固定底板的两木撑中间穿出，然后将箱体放平稳，并撤去兜吊箱体的竖向的钢丝绳。再将自箱体底部穿出的两根钢丝绳，分别用 U 形钩进行固定。将 U 形钩调整至距顶板一侧 20cm 处，将箱体倾斜放倒，在树冠分枝处拴一根麻绳，以备装、卸车时牵引方向。用麻绳将树冠捆拢。

（4）将 U 形钩的位置调整至距箱体外缘 20 ~ 30cm 处，呈对角线摆放。

（5）木箱外侧紧固绳上各系两根麻绳，作牵引绳，用以控制和调整箱体移动方向。

（6）高大落叶乔木，应在树干的起吊位置上裹好麻袋片或草片，用一根吊装带或粗 3cm 的麻绳缠绕，将吊扣套于吊钩上。

（7）将箱体轻轻吊起至车箱前部，放置在距车头大于木箱高度的位置上，以防卸车起吊时撞击车壁而使木箱受损。放稳后，将 U 形钩重新调整至靠近车头同一侧的箱体边缘位置上，用起重机将箱体轻轻翘起，使木箱呈 20°～30° 倾斜放置，箱体下使用钢管特制的支撑架或 10cm 厚、长度适宜的木块支垫牢固。

（8）木箱放稳后，用紧线器或钢丝绳将木箱与车箱刹紧固稳。

（9）树干处用两根直径 15～20cm 的松木杆或钢管交叉固定，做成支架支撑树体，支撑点高度应以树冠可以通过障碍线路、涵洞为准，支撑处需用软物支垫，以免损伤干皮。

（10）木箱移植苗每车只运 1 株，规格较小的可运送 2 株（彩图 9～彩图 12）。

7. 竹类苗木的装车、运输

装运竹类植物时，不得损伤竹竿与竹鞭间的着生点和鞭芽。为保证栽植后的景观效果，装车后应用湿草帘苫盖，运输途中应数次喷水保湿。

8. 草块、草卷的装车、运输

草块、草卷运输应避开高温时间，宜在早 10：00 以前、下午 4：00 以后运输，运输时间最好控制在 12h 以内。草块间用垫层相隔，分层放置。运输和装卸时，应轻装、轻卸，将草块、草卷抱至车上，严防乱扔，以防破碎。

9. 反季节栽植苗木的装车、运输

（1）苗木运输最好选择在阴天，或晴天在下午 4：00 后进行，或早 7：00 前运至施工现场。

（2）大规格苗木，装车后应喷施 500～600 倍液的保湿剂，以提高苗木移植成活率。

（3）短途运输时，树冠应用无纺布或遮阳网罩严，用绳子系牢，保证途中绳索不松散。

（4）远距离运输时，根部需用湿草帘盖好，树冠部分用无纺布、彩条布或遮阳网裹严。中途有专人负责养护，注意喷水保湿，若遮阳网散脱及时重新苫盖，防止暴晒、风干，以免叶片及嫩梢严重失水或被灼伤。

（5）许多运苗车辆虽然也苫盖了，但有的苫盖物途中破损或脱离，有的途中松散，由于苫盖物不停地拍打，造成嫩梢萎蔫、叶片干枯。要避免此类现象发生，苫盖物必须捆拢严紧，绳索或苫盖物松散的，应停车重新拢紧、拴牢。

10. 假植苗的二次装车运输

1）起吊前的准备工作及装车、运输要求

同"（六）苗木装车、运输"部分。

2）土球苗

将原土球外围培植土挖出，撤除支撑物，树冠用草绳捆拢好后方可起运。

3）筐装苗

地上或半地上假植苗土壤过湿时，应提前半天将外侧培植土扒开，穴植的将回填土挖出，提前晾苗，以便于运输，并防止因土壤过湿而造成散坨。新根已长出土球或筐体外的假植苗，必须用湿草帘或麻袋片遮盖，防止新生根风干枯死。

4）经较长时间假植的土球苗和筐装苗

在吊运前应用草绳将整个土球或筐体重新打络固定，防止吊运时苗木脱筐或散坨，以免影响成活率和近期景观效果。

5）箱装假植苗

箱体四周土层需捣实，起吊前封好盖板，树干基部用两根厚6cm、宽12～14cm、长为箱体边长的木板与盖板固定。

八、卸苗

（一）卸苗前的准备工作

1. 材料准备

（1）根据进场苗木规格、土球大小，提前联系好一定吨位的起重机，将推车、吊装带、绳索、草绳、木板等运送到施工现场，保证卸苗工作顺利进行。

（2）应提前备好彩条布、草帘等，以防遇风雨天气无法卸苗时用于苫盖。

2. 目测苗木质量

卸车前，由专人上车检查苗木品种是否准确无误、苗木规格是否符合设计要求、苗木有无严重损伤、土球是否散坨、是否有检疫对象病虫害等。基本符合苗木验收标准时，可以卸车进行单株验收。

3. 喷洒抗蒸腾剂

对于反季节栽植，打药机、喷枪无法打到树冠顶部的高大乔木，进场后可在卸车前喷洒抗蒸腾剂。

（二）卸苗方法

不正确的卸苗方法常会造成土球散坨，枝干、根部损伤，主干顶梢折损，干皮损伤或脱落。将直接影响到苗木质量、景观效果及苗木栽植成活率，同时还会增加养护成本，因此使用正确的卸苗方法、采取必要的技术措施尤为重要。以使用起重机和叉车卸苗为主，人工结合卸苗为辅。

1. 人工卸苗

裸根苗、土球直径在 80cm 以下的乔木、一般花灌木土球苗、草卷、草块、宿根花卉等，可人工卸苗。

（1）草卷、草块卸车时应抱下车，码放在阴凉处，或用遮阳网遮盖。严禁乱扔乱放，以免草卷、草块破碎。高温天气不可码放太高，以免捂苗，同时注意适当喷水，保持草根潮湿。

（2）软包装容器苗卸苗时，应搬容器，不得提拉苗木干茎，以免苗木脱盆或损伤花茎。

（3）裸根苗卸车时，应自上而下一层层顺序卸下，不可从中间抽取，更不得将苗木直接推下车。

（4）土球直径在 40cm 以下的苗木，应抱土球卸苗，不得手提苗木干茎，需轻拿轻放，防止散坨和枝干损伤。

（5）土球直径在 40cm 以上、80cm 以下的苗木，可用厚木板斜搭于车箱外沿，将土球移至板桥上，土球上拦一根径粗 3cm 的麻绳，用于控制苗木下滑速度和运动方向，顺势将苗木慢慢滑至地面。严禁下滑时土球滚落，造成散坨。

2. 机械卸苗

土球直径在 80cm 以上的乔木、地径 7~8cm 以上的花灌木，需用起重机等机械工具卸苗。在道路狭窄和不便操作起重机的地方，可使用挖掘机卸苗。

（1）一般土球直径在 100cm 以下的苗木，可以用绳索绑缚根颈基部直接起吊，绳索松紧要适中，不可系得太松，以免起吊时损伤树木干皮。起吊部位应缠垫透气厚软物。

（2）起吊土球直径 100cm 以上的苗木时，不得使用绳索或吊装带直接绑缚根颈基部起吊。必须用直径为 3 ~ 4cm 的吊绳或吊装带拦吊土球进行吊卸。在树高 2/3 处系一根粗麻绳作牵引绳，以便人为控制树体移动方向（彩图 13 ~ 彩图 15）。

（三）卸苗质量保障措施

1）苗木到场后，应做到随到随卸。不能及时卸车的，应将车停放在阴凉处，并用苫布盖好。

2）卸苗时，不得乱抽、乱扔裸根苗，必须分层、顺序卸苗，以免拉伤树皮、折损枝干等。

3）卸车时严禁踩踏土球和容器，防止土球散坨、容器破损等。对须根稀少及不易移植的树种，如七叶树等，应特别注意防止散坨，以免影响苗木成活率。凡草绳已松散的，应重新打络后方可卸苗。

4）卸苗前，为防止干皮破损或脱落，起吊部位树干处必须用草绳缠干或用草袋、麻袋片、厚无纺布包裹。

5）检查起吊安全性。检查起重机是否支撑稳固。苗木起吊前，认真检查绳索或吊装带是否拴牢，保证不脱套、不脱扣，吊绳、吊装带、钢丝绳不断裂。

6）轻卸。将苗木轻轻垂直落放于绿地或树穴内，严禁将土球蹾散。

九、苗木验收

（一）验收内容

（1）苗木品种、数量是否准确；苗木规格（乔木胸径、冠幅、高度，灌木地径、高度、蓬径、分枝数量，地被植物、高度、分蘖数量等）、土球质量（土球直径、土球厚度、土球形状、土球底部直径）、裸根苗根幅、苗木损伤程度，以及土球包装及土球完整程度等是否符合苗木质量要求。

（2）认真检查苗木是否表现出正常的物候现象，有无检疫对象病虫害、植物检疫证书等。发现有害性杂草时，应立即清除。

（二）验收方法

1. 专人负责

对苗木验收人员进行技术培训，要求由熟悉苗木验收标准的专业技术人员负责苗木验收工作，并认真做好苗木检验和验收记录，填写苗木验收单。验收人员应尽可能固定。

2. 逐株验收

严格按照苗木质量要求，边卸车边逐株认真验收，不合格苗木需单独放置。

3. 填写进场验收记录表和苗木验收单

卸车后，检验员应根据苗木验收实际情况，认真填写进场苗木验收记录表和苗木验收单（表2-2～表2-4）。进场苗木验收单一式两份，交由供苗方签字，一份由工程部存档，一份交财会保存。

4. 报监理单位验收

自检苗木合格后，需报监理单位进行验收，验收合格后方可投入使用。

（三）验收质量控制点

验苗时必须逐株认真检查，并做好验收实录。主要景观树种应与所号苗木的照片进行核对，以确保准确无误。

1. 苗木品种

认真核对苗木品种、变种或变型，必须准确无误。

树种：　　　　　　**苗木验收记录表**　　　　苗木来源：　　　　表2-2

设计标准	胸径：cm		地径：cm	冠幅：m		树高：m		设计数量：株
	（　）年生		高度：m	冠幅：m		条长：m		

序号	地上部分						地下部分						备注
	胸径/cm	冠幅/m	株高/m	失水情况	树形	折损情况	病虫危害	土球形状	土球直径	土球厚度	土球包装	根系状况	土球完整程度

起运时间：　年　月　日　到场时间：　年　月　日　验收员：

进场时间：　　　　　　**进场苗木验收单（工地存档）**　　　　表2-3

种名	数量	苗木规格/cm					病虫害	合格/株	不合格/株	不合格原因及处理意见
		胸径	地径	高度	冠幅	土球				

苗源地：　　　　　　　　　　　　　　　　　　　　验收员：
·················公司财务章·················

进场时间：　　　　　　进场苗木验收单（结算单）　　　　表 2-4

种名	数量	苗木规格 /cm					病虫害	合格 /株	不合格 /株	不合格原因及处理意见
		胸径	地径	高度	冠幅	土球				

苗源地：　　　　　　　　　　　　　　　　　　　验收员：

2. 质量要求

所购苗木规格及景观必须符合选苗、起苗标准，符合设计要求等，不合格苗木一律不得使用。

1）土球苗。土球达到起苗标准，土球基本完整，不偏坨、不散坨、包装不松散。行道树分枝点高度符合设计要求。

（1）对外包装严密的土球苗、吊装时土球与树干晃动的苗木，应作仔细检查，防止混入假土球苗。检查方法：对土球包装严密的，先查看土球形状是否整齐，对土球形状不规则的应用钢钎插入包装内，凡土球较软或可扎透者，应打开包装作进一步查验。

（2）认真检查树干被处理的苗木。

①草绳缠干苗木，应解开草绳检查是否有干皮破损、假皮，

或虫孔、病斑等。

②树干涂白或抹泥的，应检查是否有虫孔、病斑等。

2）容器苗。苗木规格符合要求，容器完整，土坨不松散。

3）裸根苗。根幅达到起苗标准，根系发育良好，颜色正常，无发黑、腐烂、韧皮部与木质部分离（根系已严重失水，后经水坑内泡制而成）、干枯失水现象（多因起苗后放置时间过长，造成根系失水，或长途运输缺少必要保护措施所致）。检查方法：用枝剪剪取粗0.5～1cm的根系先端部分，观察根系含水量和根系皮层及木质部的紧密情况。目测检查有无根头癌肿病、线虫病等。大根不劈裂，带有护心土。

4）绿篱类苗木下部基本不秃裸。

5）树冠呈球形苗木，不偏冠，枝叶茂密。

6）竹类苗木根幅、土球厚度符合起苗标准，根系无严重失水，叶片萎蔫不严重，竹鞭、芽眼保存完好。

7）铺栽用草卷、草块规格一致，边缘平直，土层均匀、紧密、基本不破损，带土厚度符合起苗标准。草芯鲜活，草高适度，杂草率不超过5%。

8）草坪植生带厚度均匀，边缘整齐，无破损和漏洞。种粒饱满，发芽率超过85%。种子分布均匀，每100cm^{2}内种子数不少于100粒；草种纯净度在98%以上，冷季型草种发芽率在85%以上，暖季型在70%以上。

9）宿根及一、二年生花卉，根系完整，下部无明显秃裸，不徒长，不倒伏，花蕾饱满，花茎、花头基本无折损。

10）球根花卉，球根无损伤、腐烂，幼芽饱满。

11）水生植物根、茎、叶发育良好，植株健壮。

12）嫁接苗

对凡经嫁接繁殖的苗木，应认真检查嫁接口，未嫁接成活的苗木一律不得接收。

13）植物检疫

树干无明显病斑、虫孔、流胶、癌肿、干枯、枝条丛生等，无检疫对象病虫害或基本无病虫害。对树干密缠草绳、涂白、抹泥的苗木，应认真检查，严防病虫株混入。

14）机械损伤

苗木无严重的机械损伤，大枝不缺损，常绿针叶树有完好顶梢。认真检查是否有局部脱皮苗、假皮苗，及顶梢损伤后用棍绑缚的常绿针叶树苗。检查方法：重点关注中、大型苗木、珍贵苗木；查看树干有无翘皮、裂皮，有无小铁钉固定痕迹。有问题的苗木应一律退回。

15）物候现象

各种植物在不同时期均有正常的物候现象。休眠期可检查苗木腋芽、顶芽的饱满度，枝干颜色，是否有徒长、抽条、枯死、冻害现象等。生长季节查看是否有非正常落叶现象，正常开花期有无花序、花蕾生成等，特别是牡丹、芍药。依此可检验苗木质量的优劣。

（四）不符合验收标准苗木的处理

1. 苗木退回

对不符合规格要求及景观效果不好的苗木，一律退回。

2. 降低标准使用或改换其他品种

对达不到验收标准且苗源紧张的种类，应及时与设计单位、监理单位和业主方协商，是否可降低标准使用或改换其他品种。

3. 制订苗木后期采购计划

需注明不合格苗木的品种、数量、规格，报与采购人员，及时安排进苗。

十、苗木栽植修剪

苗木在栽植前或栽植后，必须对移植苗木的枝条、根系、叶片、花序、花蕾、果实等进行适当修剪。苗木不可不剪，但也不可修剪过重。苗木栽植后不修剪，特别是反季节栽植的大树不修剪，是造成苗木死亡的主要原因。

（一）修剪目的

（1）通过修剪实现地上和地下部分水分与养分的相对平衡，减少水分蒸发，提高栽植成活率。

（2）通过合理修剪，使其呈理想的树形，提升景观效果。

（3）控制植株生长高度，促进分蘖，使株丛生长丰满。

（4）促进花芽分化，增加开花、结实数量，提高观赏性。控制和延长宿根地被植物及一、二年生花卉的花期。

（5）对树冠较大或枝条伸展过远的浅根性苗木，通过疏枝和回缩修剪，可防止苗木倒伏。

（6）修剪枯死枝、病枝、带虫枝、过密枝，可大大减少病、虫危害和蔓延。

（二）修剪依据

修剪应根据每个树种的自然树形、顶芽的生长势、枝条伸展状况、发枝能力、花芽着生位置、开花时期、景观要求和栽植环境、栽植方式等，进行适当的整形修剪。如樱桃、玉兰不耐修剪，故应轻剪；蜡梅"不缺枝"，其发枝力强，即可适当重剪。修剪量应视起苗时间、移植成活的难易程度、起掘苗木的质量（如土球大小、土球完好程度）、冠幅大小、枝条疏密程度及苗木假植时间长短而定。适宜栽植季节、起苗质量好的，可适当减少修剪量。反季节栽植或起苗质量稍差的，应适当加大修剪量。修剪后以确保定植时能达到设计要求的规格标准为准。

（三）修剪时间

乔木一般在栽植前修剪，如当天栽植量较大时，也可在栽后再修剪，但高大乔木必须在栽前修剪。灌木可在栽植后修剪，色带及绿篱苗木的整剪应在浇灌两遍水后进行。

（四）修剪程序

"一知、二看、三剪、四拿、五保护、六处理"，严格按照以上程序修剪苗木，才能修剪出理想的株形。

一知：修剪人员要对所剪苗木的生长习性、自然树形（开心形、圆球形、拱枝形、伞形等）、花芽着生位置、特型树及主要景观树修剪标准要求等心中有数。

二看：修剪前应绕树 1 ～ 2 圈，观察待剪树大枝分布是否均匀、树冠是否整齐、大枝及小枝的疏密程度。待看清预留枝和待剪枝，确定修剪方式和修剪量后，方可进行修剪。对轮生枝或分枝较多的大树，可在待剪枝上拴绳或布条作标示，以免错剪。

三剪：按操作规范、修剪顺序和质量要求进行合理修剪。

四拿：及时将挂在树上、篱面、球体表面的残枝拿掉，集中清理干净。

五保护：截口必须平滑，剪口直径在 5cm 以上的，必须涂抹保护剂。易感染腐烂病、溃疡病、干腐病的树种，剪口处必须涂抹果腐康或果腐宁或梳理剂或 9281 等，防止腐烂病、干腐病发生。只涂油漆封口或防护剂涂抹不到位，致使栽植后病害迅速扩展，是造成死苗率高的重要原因之一。

六处理：将剪下的病、虫叶及枝条集中销毁，病果深埋，防止病虫蔓延。

（五）修剪顺序

修剪应遵循乔木树种先上后下，先内后外，先剪大枝、后剪小枝的顺序；灌木类由内向外；丛球类、绿篱、色块类，应由外向内进行整剪。

（六）常用修剪方法

1. 截干

指对树干、粗大主枝或骨干枝进行截断的措施。主要用于大树移植、树体衰弱或枝干损伤严重，但萌芽发枝力强的种类。

2. 疏枝

疏枝又称疏剪，是将整个枝条自基部完全剪除。

3. 短截

将枝条剪去一部分，仅保留基部部分枝段的修剪方法。根据枝条的剪留长度，又有轻短截、中短截、重短截、极重短截等之分。

1）轻短截

仅剪去枝梢顶端部分，多用于花灌木、果树类强壮枝的修剪。

2）中短截

剪去枝条长度的 1/3 ~ 1/2，至壮芽处。常用于骨干枝、延长枝的培养。

3）重短截

剪至枝条下部 1/5 ～ 1/4 的半饱满芽处。多用于老树、弱树、老弱枝的更新复壮修剪。

4）极重短截

仅保留枝条基部 2 ～ 3 芽。多见于紫薇、珍珠梅等休眠期的修剪。

4. 去蘖

除去植株根际附近、树干上、剪口处，或嫁接砧木上萌蘖枝的修剪。在枝条未木质化前，可用手自基部掰除。对已木质化的枝条，只能使用枝剪，以免损伤干皮。

5. 抹芽

在萌芽初期，徒手把多余的芽去掉。

6. 摘心

将新梢顶端幼嫩部分摘除。

7. 剪梢

剪去半木质化新梢顶端部分的措施。

休眠期常用的修剪方法，通常是用截干、疏枝、短截等。

生长期常用去蘖、抹芽、摘心、剪梢、疏枝、疏花、疏果、断根、环剥等修剪方法。

（七）修剪质量要求

苗木修剪前，应制订修剪技术方案，按照技术方案进行整剪。应在保证苗木成活的前提下，兼顾景观效果。

（1）修剪后，苗木规格达到设计要求。全冠移植苗木应以疏枝和摘叶为主，不可短截大枝，应注意保持自然、完整的树形。

（2）无病枝、枯死枝、影响冠形整齐的徒长枝、嫁接砧木萌蘖枝。

（3）无劈裂根、劈裂枝，剪口平滑。

（4）落叶树疏剪时，剪口应与枝干平齐，不留橛。枝条短截时，剪口应位于留芽位置上方 0.5cm 处，剪口芽的方向就是未来新枝的伸展方向。

（5）常绿针叶乔木疏剪时，剪口下应留 1 ~ 2cm 的小橛。回缩和短截劈裂枝时，应剪至分生枝处。

（6）正确处理剪口和伤口。

（八）修剪注意事项

（1）有伤流现象树种及地被植物的修剪，如核桃、元宝枫、枫杨、红枫、常绿针叶树、葡萄、火炬花等伤流现象严重的树种及地被植物，应避开伤流期。修剪的最佳时期，核桃在采果后至落叶前；枫杨 6 月中旬是修剪最佳时期；红枫宜在早春修剪，尤其是幼苗期，更不能在冬季剪枝。疏剪时，最好留 3 ~ 5cm 桩；常绿针叶乔木，旺盛生长期应尽量减少修剪量，以免造成伤流，影响生长势；火炬花秋季尽量不剪，以免造成伤流；元宝枫在展叶后修剪。

（2）不耐修剪、愈伤能力较差、发枝能力弱的树种（马褂木、七叶树、梧桐、樱桃等），一般不行重剪，应以抹芽、摘叶为主，可适当疏剪过密小枝。

（3）丁香混合芽顶生，故花前不修剪，花后是修剪的最佳时期，此时伤口易于愈合。

（4）在苗圃中，未按标准树形进行定型培养的苗木，如碧桃、榆叶梅等，定植时不可强行按开心形进行修剪。应在现有树形的基础上，兼顾观赏性进行整形修剪，以后逐渐修剪到位。

（5）修剪大枝时，应先自枝条下部锯开枝条粗度的1/3，再从枝的上部将枝锯断，防止修剪时大枝劈裂，然后修平锯口。修剪银杏大枝时，应避免修剪对口枝。

（6）剪口及伤口的处理，对于剪口和伤口较大及伤口不易愈合的树种，应用利刀削平。易感染腐烂病、溃疡病、干腐病的树种，如合欢、杨树、柳树、悬铃木、楸树、梨树、苹果树、山里红、樱花、海棠花、碧桃、红瑞木等，剪口及伤口应涂防护剂，如杀菌剂、果腐康、梳理剂或石硫合剂原液等，5cm以上剪口处均需用蜡或涂油漆保护，防止水分流失。雪松、白皮松、华山松等常绿针叶树种，剪口及枝干损伤处，需涂愈伤涂膜剂或绿色伤口涂补剂等，防止因伤口流胶导致树势衰弱或死亡。药剂必须涂抹到位，不留白茬。

（九）修剪安全要求

（1）应选有修剪技术经验的工人或经过培训的人员上岗操作。

（2）使用电动机械一定认真阅读说明书，严格遵守使用此机械应注意的事项，按要求操作。

（3）在不同的情况下作业，应配有相应的工具。修剪前，需对所使用工具做认真检查，严禁高空修剪机械设备带病作业。高枝剪要绑扎牢固，防止脱落伤人。各种工具必须锋利、安全可靠。

（4）修剪时一定要注意安全，树梯要制作坚固，不松动。梯子要放稳，支撑牢固后可上树作业。修剪大树时必须佩戴安全帽，系牢安全带后方可上树操作。

（5）患心脏病、高血压或刚喝过酒的人员，一律不允许上树操作。

（6）5级以上大风时，应立即停止作业。

（7）修剪行道树时，必须派专人维护施工现场，注意过往车辆及行人安全，以免树枝或修剪工具掉落砸伤行人或车辆。

（8）在高压线和其他架空线路附近进行修剪作业时，必须遵守有关安全规定，严防触电或损伤线路。

（9）修剪时不准拿着修剪工具随意打逗，以免发生事故。

（十）落叶乔木修剪

1. 修剪基本原则

（1）已经提前作过断根处理及近年移植过的苗木和假植苗，可适当轻剪。

（2）对于实生苗、山苗或多年未曾移植过的苗木，应适当重剪。

（3）对于发枝力弱及不耐修剪的苗木，轻剪，土球散坨苗适当重剪。

（4）容器苗可适当减少修剪量。

2. 正常栽植季节苗木修剪

（1）重点修剪折损枝，剪除病枯枝、交叉枝、过密枝、并生枝、过低的下垂枝、砧木萌蘖枝、树干上的冗枝、影响观赏效果的徒长枝。裸根苗根部修剪，应剪去病虫根、枯死根，劈裂根，过长根适当短截。

（2）全冠移植苗，除上述修剪外，对主枝一般不进行短截，尤其是樱花、樱桃、玉兰主枝不可短截，以疏除内膛过密枝为主，疏枝量1/4～1/3，尽量保留树冠外围枝，保持自然、完整的树形。樱花、樱桃枝条短截或修剪过重，是导致树势衰弱和发病严重的主要原因。

（3）带冠移植苗，可适当短截主、侧枝。欲扩大树冠时，剪口处应留外向芽。一般主枝短截不超过其长度的1/3，其他侧枝重剪1/3 ~ 1/2。金叶榆可在嫁接口上40 ~ 50cm处短截。

（4）浅根性树种，应对树冠过大、枝条过密、伸展过长的苗木（刺槐、红花刺槐、香花槐、合欢等）进行适当的疏枝或短截，防止风折或倒伏。

（5）主轴明显的树种，如杨树等，应尽量保护顶梢。如原中央领导枝在起运过程中受损的，应剪至壮芽或较直立的侧枝处，重新培养代替原中央领导枝。

（6）枝条轮生苗木的修剪，如水杉等，应疏除相邻两轮过密的重叠主枝，剪去冠内的枯死枝、病虫枝、细弱枝等；银杏可疏除轮生大枝中过密及与上、下层较邻近的重叠枝、过密小枝，但避免疏除对口大枝。

（7）嫁接繁殖苗，如金枝槐、金叶槐、金叶榆、金叶垂榆、大叶垂榆、金枝白蜡、龙爪槐、蝴蝶槐、江南槐、苹果树、梨树、柿树等，应及时剪去砧木萌蘖枝。

（8）伞形树冠苗木的修剪如龙爪槐、大叶垂榆、金叶垂榆等，应剪去树冠上部的异型枝、砧木萌蘖枝、冠内重叠枝、交叉枝、下垂枝，适当短截主侧枝，主枝要长于侧枝。修剪后，主侧枝分布均匀。

（9）观果类植物，如果石榴、苹果树、梨树、枣树等，短截或疏枝时，应注意保护好花芽、混合芽和结果枝组，疏去冠丛内直立无用的徒长枝；樱桃应轻剪，修剪量不可过大，以免引起干腐病严重发生。

（10）行道树，凡分枝点以下的枝条，及过低的下垂枝、过密枝、影响树冠整齐的枝条应全部剪除。

（11）银杏、七叶树大枝不得短截。

3. 反季节栽植苗木修剪

（1）疏枝：因苗木已进入生长期，加上气温较高，叶面蒸腾量加大，修剪时一般以短截、疏枝为主，疏叶为辅。应疏去树冠内的过密枝、重叠枝、交叉枝、病枯枝、徒长枝、树干上冗枝、短截折损枝。疏枝时尽量多保留外围大枝。剪枝量应视土球的完好程度、枝条疏密度而定。全冠移植苗一般疏枝量应控制在 30% 左右。

（2）短截：带冠乔木主枝可短截 1/3，侧枝重剪 1/3 ～ 1/2，均截至分生枝或壮芽处。就近假植苗或在圃苗，应适当减少修剪量。

（3）摘叶：全冠移植苗一般摘叶量 1/3 ～ 1/2；带冠乔木摘叶量 1/3；珍贵树种、发枝力弱的苗木如七叶树等，则应以摘叶为主、摘叶量 1/2 ～ 2/3。摘叶时应遵循内稀外密、观赏面适当多保留的原则，以保证一定的观赏效果。摘叶时应使用手剪，仅剪去叶片或复叶的一部分，尽量保留叶柄，以保护腋芽。严禁用手撸拽叶片，以免造成嫩枝和叶片损伤，影响缓苗。

（4）剪梢：新梢细嫩的，如合欢、水杉、栾树等，可剪去嫩梢及复叶的 1/3 ～ 1/2。

（5）疏花、疏蕾、疏果，以利于缓苗和提高苗木栽植成活率。疏除玉兰、果石榴部分花蕾和花。摘除杏树、桃树、石榴、苹果树、柿树、梨树、海棠等大部分的果实。无观赏价值的果实如合欢、玉兰类等应全部剪去。

（十一）落叶灌木修剪

一般多在栽植后修剪。

1. 正常栽植季节苗木修剪

1）修剪基本原则

（1）应本着内疏外密、内高外低的原则进行。

（2）小规格苗木，因其株高较低、分枝数少，故修剪应以整形为主，宜轻剪，仅修剪折损枝、影响冠形整齐的徒长枝；分枝少、枝条徒长、萌蘖力强的丛生类苗木，可重剪，如醉鱼草等，可自二年生枝 5～6 个壮芽处进行短截，促生分枝和根蘖，使灌丛更加丰满。

（3）对于较大型规格的苗木，剪除枯死枝、病虫枝，疏剪过密枝，还应更新修剪老枝，在多年生老枝上开花的除外，如紫荆、贴梗海棠等。

（4）对侧根、须根较少苗木的修剪，如火棘，为提高成活率，可对枝条适当重剪。

2）共性修剪

剪除干基部多余的根蘖及冠丛内过密的细弱枝、病枯枝、影响冠形整齐的徒长枝、嫁接砧木上的萌蘖枝等。折损枝应剪至分生枝或壮芽处。

3）不同类型花灌木的修剪

（1）春季观花类：因此类苗木花芽多在夏梢或二年生枝上，如榆叶梅、紫荆等，一般可剪去秋梢；花芽或混合芽顶生的种类，如丁香等，只可疏枝，不可短截；老枝上开花的，如紫荆、贴梗海棠等，应保护老枝；小枝细密类的，如平枝枸子等，适当疏去重叠枝、过密小枝、交叉枝，短截徒长枝；自然生长枝条较杂乱的，如火棘等，应修剪交叉枝、过密枝、徒长枝。

（2）夏秋观花类：此类苗木花芽着生在当年生小枝的顶端，发芽前一般可重剪，如紫薇、珍珠梅等，可自二年生枝8～10cm处短截；雪山八仙花、圆锥八仙花、金叶莸、诺曼绣线菊等，可自基部15cm处重剪。

（3）观叶植物类：可适当重剪。如金叶风箱果，可自基部5～6个饱满芽处短截。

（4）特殊株形的修剪：对于具拱枝形苗木的修剪，如垂枝连翘、金脉连翘、朝鲜连翘、迎春、木香、野蔷薇等，长枝不行短截；帚桃修剪时，应保持其直立生长的帚形树形，严禁作开心形修剪。可适当疏去内膛细弱枝、过密枝，下部侧枝应尽量保留。

（5）假植苗的修剪：丛生灌木类一般枝条修剪后高度可低于设计要求10～30cm。

2. 反季节栽植苗木修剪

花灌木假植或定植时，可根据设计要求适当短截，促其发生健壮侧枝。修剪高度应根据不同苗木发枝情况、进苗及定植时间而定。

1）剪梢

高温季节栽植的，一般应剪去当年新生嫩梢的1/4～1/3，如醉鱼草、金叶莸、锦带花、天目琼花等。

2）疏枝

疏除嫁接砧木萌蘖枝、病枝、枯死枝，无用的徒长枝、残花枝，灌丛基部细弱、过密的萌蘖枝等。

3）短截

折损枝短截至分生枝处。短截作培养枝的徒长枝，促其发生分枝。

4）疏叶

对叶片较繁密的，应适当疏除部分叶片，如丁香等。

5）疏花、疏蕾

对花蕾、花序较密，开花较大，已显现花序、花蕾的苗木，如牡丹、花石榴等，应适当疏除部分花蕾。对紫薇、珍珠梅等小规格苗木，已显现花序、花蕾的，应全部剪除，以利"发棵"。

6）疏果

已经结果的观果类苗木，如花石榴、火棘等，应及时疏去大部分果实；非观果类植物，如榆叶梅、珍珠梅、文冠果、紫薇、牡丹、丁香、紫荆等，需将果实全部摘除，以利缓苗，提高栽植成活率。

（十二）常绿乔木修剪

1. 常绿针叶乔木修剪

（1）主要修剪折损枝、枯死枝，疏剪过密细弱枝。修剪量应视土球大小、苗源地土壤质地、移植情况、发枝能力、栽植时期而定，一般不得超过10%。

（2）为提高雪松、华山松、云杉、单干白皮松等树种的观赏性，小规格苗木，可对其主干上的并生枝、竞争枝短截至分生枝处。大规格苗木主干竞争枝（5m以上）的处理，应视苗木而定，在去掉一个较弱主干枝而不影响冠形整齐、美观的前提下，可短截弱主干枝至分生枝处。对已形成双头或多头多年生苗木，应维持现有树形，不可强行去除并生枝头，以免造成偏冠，破坏冠形。

（3）分枝层次明显的树种，如雪松、云杉等，整形修剪时，仅对树冠内过于紊乱、层次不清的枝条进行清理，每层间保持适当距离，剔除层间的杂乱枝，使层次更加清晰、美观。但对冠内枝条疏密度适宜、层次分明的不应再行修剪。

（4）注意保留树干基部枝条，除枯死枝外，下部枝条一律不需修剪，但作行道树的松科类树种除外。

2. 常绿阔叶乔木修剪

（1）女贞、广玉兰、石楠等，生长季节的修剪应疏枝和摘叶相结合，广玉兰以摘叶为主。短截折损枝至分生枝及壮芽处，并适当疏除冠丛内过密小枝，摘除树冠内部过密的叶片。摘叶量应视树冠及土球的大小、土球完整程度、枝叶疏密程度而定，一般可达总叶量的 1/2 ~ 2/3。

（2）广玉兰不得重剪，对超过中心主枝顶梢的轮生侧枝，应短截或摘心。

（十三）常绿灌木修剪

1. 剪枝

铺地柏、砂地柏、粗榧、矮紫杉等，除折损枝、枯死枝外一般不修剪，修剪折损枝至分生枝处。砂地柏伸展过高、影响冠形整齐的徒长枝，应短截至适当高度的分生枝处。桂花、枸骨等枝稠密的，应疏去内部过密枝、细弱枝，增加通透性。

2. 疏枝、疏叶

叶片稠密的桂花、枸骨等，可疏去叶片的 1/2 ~ 2/3。疏叶时，树冠外围叶片宜适当多保留。

（十四）竹类修剪

一般不行短截。竹竿折损枝剪口应平滑。断口面需用薄膜包裹，防止积水腐烂。高温季节栽植时，枝叶浓密的可适当疏剪叶片。

（十五）绿篱及色块修剪

1. 修剪时间

作绿篱、色块栽植的，应在浇灌两遍水后进行整形修剪。

2. 修剪要求

（1）新植绿篱、色块修剪后高度，必须达到设计要求。

（2）修剪后，轮廓清晰，线条流畅，边角分明，整齐美观。

（3）剪后及时清理地面、篱面、株丛内的残枝。

（十六）宿根花卉修剪

生长季节栽植时，可根据苗木株高、开花时期、定植时间，适当进行短截和摘心，以促使分枝和分蘖，使冠丛丰满并增加开花量。但不可修剪过晚，以保证定植后能正常开花。

1. 摘心

初夏之前栽植的夏秋观赏花卉，如宿根福禄考、假龙头、费菜、粉八宝景天、荷兰菊等，均应进行摘心，促其发生多数分枝，使株丛矮壮丰满。

2. 短截

如鸢尾花后栽植时，可将叶丛短截 1/3 ~ 1/2；花叶芦竹可将竹竿短截 1/3 ~ 1/2；玉带草 6 月底至 7 月可短截至 10 ~ 15cm 栽植；需长时间假植的，应将花蕾全部剪掉。

3. 修剪残花

栽植时将残花或残花花序轴剪去。

4.摘叶

摘除折损叶片、病叶、枯黄叶片。

（十七）桩景树修剪

正常栽植季节修剪，应按原造型对枝条进行轻剪，并疏除丛内枯死枝、过密枝、细弱枝、徒长枝、干基及树干萌蘖枝等。反季节栽植时，除上述修剪外，还需及时抹去树干上的蘖芽。

十一、苗木栽植

（一）制订苗木栽植施工技术方案

根据苗木生态习性、苗木规格、苗木栽植时期、景观要求等，制定每种植物栽植的标准要求和技术措施，对技术人员、施工队长进行技术交底，使每个施工人员清楚地了解栽植的技术流程、标准要求、难点及具体实施技术措施等。

（二）材料准备

将苗木支撑杆、钢丝、草绳、无纺布、遮阳网、保湿剂、涂白剂、伤口保护剂、生根粉、喷雾器、透气管或树笼，及灌水、修剪、栽植等所需工具、物资，运至施工现场备用。

（三）配苗、散苗

1.核对苗木

苗木到场后，及时核对苗木品种、数量、规格。按图纸的平面栽植位置要求，将苗木散放于定植穴旁或穴内。待检查确定苗木品种、栽植位置准确无误后，随散苗随栽植。

2.裸根苗或直径在 50cm 以下的土球苗

根据图纸要求和景观要求，选苗后人工搬运，直接放置于指定的栽植穴旁。

3. 孤植及丛植中最佳观赏位置的苗木

应挑选冠形丰满、树形景观效果最佳的优质苗木。

4. 行列式栽植

行列式栽植的同一树种，散苗时应按大小分级，尽量避免规格相差较大的苗木栽植在一起，使所配相邻苗木规格（高度、胸径、冠幅、分枝点）大致相近。如行道树株高相差以不超过50cm、胸径差不超过1cm为宜，以便栽植后保持整齐一致。

5. 群植苗木

群植的乔木树种散苗时其外围苗木应挑选株形丰满、有好的观赏面、高度稍矮一些的；里面应选株形较高些的，使其栽植后高低错落、富有层次。

6. 丛植苗木

三面观赏的树丛，高的苗木栽植在后面，矮的栽植在前面。四面观赏的树丛，应将高的苗木栽植在中间，稍矮些的苗木栽植在四周。

7. 绿篱、色块苗木

按苗木高度、冠径大小均匀配置。最外面的一行应选株形稍矮、冠形丰满、下部不秃腿的苗。绿篱、色块苗木也可以随选苗、随栽植。

8. 有特殊要求的景观苗

应按选苗时的编号对号入座，不可有误。

（四）栽植施工质量要求

1. 栽植苗木品种必须准确无误

2. 栽植点平面位置和高程

必须符合设计要求。如因施工要求和运输条件限制，必须在做微地形前即行定植的大规格苗木，栽植点高程必须准确。

3. 苗木栽植要求

1）苗木直立端正，不倾斜。裸根苗根系必须舒展。

2）苗木朝向。一般苗木栽植后与原苗源地朝向一致；孤植苗木、景观树种，栽植时应注意观赏面的朝向，其冠形好的一面应朝向主要观赏面；白杆栽植时，应将原朝向调整180°，以便树形更加匀称美观。

3）栽植深度。苗木栽植不可过深或过浅。过浅苗木易失水死亡，过深则易"闷芽"，常导致苗木迟迟不发芽，或发芽、展叶后抽回死苗。

（1）一般落叶乔、灌木，宿根花卉，一、二年生花卉，栽植深度应保持在土壤下沉后原栽植线与地面平齐。但玉兰栽植深度可略高于原栽植线2～3cm，山茱萸应浅栽10cm。

（2）常绿乔木栽植时，土球顶面宜略高于地面5cm。

（3）竹类栽植时可比原栽植线深3～5cm。

（4）低位嫁接繁殖的苗木，如苹果、榆叶梅、紫叶李、碧桃、山里红、紫叶矮樱等，嫁接口必须在栽植面以上。

（5）灌水不便的干旱地区，可适当深栽。

（6）根茎部位易生不定根的，在排水好的沙壤土或浇水不便的坡地，也可适当深栽5～8cm。

（7）在地下水位较高、低洼地及黏性土壤地区，苗木一律不得深栽。

（8）避免栽深的措施：

①栽植前，新填栽植土或树穴、栽植槽内应灌水令其自然

沉降或踏实后再行栽植。未经自然沉降和夯实的栽植土及树穴、栽植槽等，应计算沉降系数，一般为10%。冬期施工回填土有较大冻土块的，沉降系数一般为12%～15%。

②栽植前必须根据土球大小、厚度，裸根苗的根幅、长度，及时调整树穴规格，以树穴深度与土球厚度和裸根苗的长度一致为准，以确保栽植后苗木栽植面达到标准要求。

③做地形前先行栽植的大树，做地形时尽量参照已栽树木栽植面标高，相差较多的，应挖起重栽。

4）不易腐烂的包装物必须取出，如过密草绳、无纺布、遮阳网等。在黏重土壤中，不易腐烂的包装物常导致苗木烂根甚至死亡。

5）树体高度5m以上及树冠开展的苗木，定位后必须先设立支撑，然后回填栽植土，以免树体倒伏，造成伤亡事件发生。

（五）苗木栽植

凡需使用起重机栽植的大树，应尽量在铺设园路、广场之前完成栽植，以防在作业时损伤路面。

1. 裸根苗栽植

（1）凡起苗后不能及时装车运输或24h内运送不到的，卸苗后根部需浸水12～24h后再行栽植。如冬枣裸根苗，栽植前浸根10h后，再行定植可大大提高成活率。

（2）栽植前，应有专人负责测量裸根苗的根幅，根据所起苗木根系状况，及时调整树穴的穴径及深度，使苗木栽植深度达到标高要求。

（3）为提高观赏性，花灌木丛生苗在进行拼栽时，应注意单株观赏面的朝向和栽后全株的整体效果。

（4）回填栽植土，应采用"三埋、二踩、一提苗"的栽植方法。即先将基肥撒在穴底，将苗木根系舒展地放在土堆上，同时调整好苗木观赏面和垂直度。上面回填表层细土。回填栽植土至一半时，将苗木轻轻上提，使根系向下自然舒展，并使根颈部与地面平齐，然后用脚踩实，继续填土至原栽植线，每填土 20 ~ 30cm 踏实一次。

（5）反季节栽植时，宜于傍晚进行。

2. 土球苗栽植

1）应先踏实栽植穴底部松土，土球底部土壤散落的，应在树穴相应部位堆土，使苗木栽植后树体端正，根系与土壤紧密相接。

2）苗木落穴前调整苗木朝向，当土球苗或容器苗吊至穴底但未落实时，应由 2 ~ 3 人手推土球及容器上沿，调整好朝阳面或观赏面，将树体落入树穴中（彩图 16）。

3）调整垂直度。将苗木稳稳地放置于栽植穴中央的土堆上，先不撤吊装带，如苗木倾斜时，应将苗木重新吊起，调整至树身上下垂直再行栽植。严禁回填栽植土后通过人工拉拽进行调整，以免导致土球散坨。筐装苗也可用松木杆轻轻撬动调整，但不可硬推树干，以免根系与土壤分离。

4）去包装物：

（1）用软容器包装的苗木应脱盆栽植，保证盆土不散坨。

（2）筐装苗应拆掉上面的 4 根竹片，并将筐上部的 1/3 剪开后取出。

（3）栽植袋容器苗，入穴前在袋壁和袋底划数道口子，或入穴后用利刀将栽植袋划破取出。

（4）土球未散坨的，过密、过厚的草绳、草帘、无纺布、遮阳网等包装物应在稳固土球后，全部取出。

（5）土球稍有松裂的，腰箍以下的包装物可不拆除，但下部包装物需剪孔数个，以增加其透水、透气性，以有利于根系向外伸展。

5）散坨苗的栽植。对散坨较严重的苗木，可采用沾泥浆栽植法。将稀释浓度 30×10^{-6} 的生根剂溶液喷洒根部，或将生根粉均匀混入泥浆中，沾泥浆栽植；也可采用坑穴泥浆栽植固根法。在坑穴内倒入生根粉，灌水把黏土搅成糊状，将破损土球放入穴内，回填栽植土。

6）大规格肉质根、常绿针叶树的栽植。为提高大树移植的成活率，大规格肉质根（如银杏、玉兰）、常绿针叶树（如雪松、白皮松）等，在较黏重土上栽植时，树穴内应垂直埋设透气管或树笼。透气管兼用于输送肥液、水分和防治病虫害。胸径 15 ~ 25cm 的落叶乔木和株高 6m 以上的常绿乔木，可设置直径 10cm 的透气管 2 ~ 3 根，胸径大于 25cm 的可设 3 ~ 5 根。将透气管垂直紧贴土球放置，管内可灌或不灌细沙，透气管长度以高出土球 5cm 为宜，上口用薄无纺布封裹；也可将向日葵秆或玉米秆数根绑成把，垂直贴近土球埋入 3 ~ 4 把，以提高土壤的通气性。

7）喷施杀菌剂。栽植较大规格的雪松，及夏季栽植易患枯萎病的树种，如合欢、黄栌等，树穴、苗木土球及树干应喷洒杀菌剂，以减少病害发生。

8）行道树及行列式苗木的栽植。栽植时应间隔20m先栽好"标杆树"，然后以标杆树为栽植的依据，逐株与这些标杆树对齐，以确保苗木栽植后在一条直线上。要求纵向最大误差不得超过半个树身，树干不直的苗木，应弯向行内。

9）回填栽植土。将 1/3 栽植土与有机肥掺拌均匀，沿土球周围均匀撒入底部。填土时，每填入 20 ~ 30cm 均应分层踏实，但不可伤及土球，填满为止。凡栽植时栽植土未踏实的，灌水后苗木易出现树身倾斜甚至倒伏现象。

10）对在做地形前已先行定植的苗木，在做地形时应参照已定植苗木栽植高程，适当调整地形标高和坡度，严防将已栽植苗木深埋。栽植标高相差较大的，应将苗木挖起重新栽植。

11）伤口及折裂枝处理。苗木栽植后，应及时对干皮损伤部位、折裂枝进行处理。

（1）干皮搓起但未脱离的，应在形成层未干时，及时将翘起的树皮粘贴复位，用尼龙绳绑扎固定，使树皮与伤口紧密结合；裂皮较大时，可用 1cm 长铁钉将脱离树皮按原位固定。伤口处喷杀菌剂，或涂抹愈伤涂膜剂、绿色伤口涂补剂等，也可用黄泥糊严，外侧用湿草绳缠紧并裹薄膜保护。约 40d 将外侧包裹物撤除，树皮可基本愈合。

（2）对树皮已与木质部分离的伤口，应将伤皮边缘修剪整齐，可用 5 波美度石硫合剂或果腐康等给伤口消毒。白皮松、华山松、雪松伤口处可涂涂膜剂或绿色伤口涂补剂保护。对于紫叶李大苗，可用硫磺粉和生根剂按 1：1.5 的比例调成糊状，抹在伤口处，涂抹必须到位，然后用无纺布绑扎好。

（3）折裂枝的处理。对折裂程度较轻的大枝，扶正后用两根长度超过折裂部分的硬枝将其固定，如折裂位置在分枝处，要将枝条与骨干枝绑扎固定，折裂处涂湿泥，缠草绳或薄膜保护。折损较严重的大枝，应自折损处短截，或自基部截除。用利刀将锯口削平，及时涂抹保护剂，5cm 以上剪口还应涂抹绿色油漆保护。

3. 箱装苗栽植

1）核对栽植高程

苗木入穴前，应调整穴底土台高度，确保 3 遍水后土球顶面与地面平齐。

2）入穴

将箱装苗吊运至树穴上方时，用牵引绳调整树冠观赏面，近地面时每边由一人推动木箱边缘，按指定方向将木箱稳稳放置于土台上（彩图 17）。

3）撤钢丝绳

待检查苗木观赏面、苗木垂直度及栽植高程准确无误后，即可摘掉钢丝绳，将其慢慢自木箱底部撤出。

4）设支撑

用松木杆设三角支撑，树体高大的应设两层，将树木支撑牢固。

5）拆箱板

拆卸木箱时，应先拆除上部的加固盖板，取出覆盖的草片、蒲包等，再自下而上逐块拆除木箱侧板（彩图 18）。

6）回填栽植土

随拆箱板随填土，以确保土球稳定和完整，边填土边用脚踏实。

7）伤口及折裂枝处理

同土球苗。

4. 竹类苗木栽植

（1）在自然式园林中，讲究"种竹不依行"，即不宜成排成行地栽植。

（2）栽植深度以与原栽植线平齐，或以覆土高出原栽植线3～5cm为宜。

（3）根据景观要求，栽植密度基本一致或疏密有致地进行栽植。竹竿不倾斜。栽植时不损伤竹鞭和笋芽，竹鞭要舒展。

（4）栽植后其上应覆一层细土或铺盖草帘，也可撒木屑保湿，以减少地面水分蒸发。

5. 绿篱及色带苗木栽植

1）栽植密度

以相邻植株枝条刚刚搭上为宜，最外侧一行应适当加大栽植密度。

2）栽植深度

一般绿篱、色块植物栽植深度与原栽植线平齐。9月以后定植的大叶黄杨、金心黄杨、金边黄杨、龙柏等也可比原栽植线深2～3cm。

3）栽植顺序

应在划定的栽植线内，由中心或内侧沿长边线向外依序呈"品"字形退植。微地形及坡地色块应由上向下栽植。不同色彩植物的色块，应由内向外分块栽植。

4）苗木栽植要求

（1）去除包装物，将苗木扶正，观赏性状好的一面朝向外侧。株行距均匀一致，篱缘线及色块外缘线应整齐或呈自然流线形，色块间宜留 5～10cm 间隔，增加色彩的立体感。随填土随踏实，不得露土球，株间土面应平整。最外一行栽植时宜垂直或向外侧倾斜 10°～15°，相邻两行也逐渐减小倾斜度，与内侧苗木自然相接。

（2）栽植面比路缘石、驳岸、建筑物散水等低 2～3cm，防止下雨或灌水后泥水外流，造成路面、水系污染。

（3）栽植宽度超过 200cm 的色块、色带时，中间应留出 20～30cm 作业步道，便于养护时使用。

6. 藤本植物栽植

作栅栏、棚架绿化用的藤本植物栽植后，应将藤蔓呈放射状延伸至支撑物上，再用细绳呈"8"字形进行绑缚固定。作围墙绿化用的五叶地锦，应在墙体一定高度上钉入铁钉，用钢丝连接，将植物蔓茎用尼龙绳与之牵引固定。

7. 一、二年生花卉、宿根花卉栽植

1）适宜栽植时间

最高温度 25℃以下时可全天栽植；当气温高于 25℃时，则应在早 10：00 前，傍晚或阴天时进行。

2）栽植顺序

（1）独立花坛及双面观赏的花境，应由中心部位向外，按内高外低的顺序栽植。

（2）模纹花坛先沿图案的轮廓线栽植，然后栽种里面填充部分。

（3）微地形或坡地的花苗栽植，应沿等高线由上向下依次呈"品"字形退植。

（4）宿根、球根花卉与一、二年生花卉混栽时，应先栽宿根、球根花卉，后栽一、二年生花卉。

（5）几种花卉或同种不同色彩花卉组成的花坛、花带，应分区、分块栽植。

3）栽植密度

栽植密度应符合设计要求，株行距基本均匀。各类苗木栽植密度，详见一、二年生草本花卉栽植与养护（附表1），宿根草本地被植物栽植与养护（附表2），球（块）根、球茎地被植物栽植与养护（附表3）。

4）栽植深度

一般以原栽植线为准。球茎花卉栽植深度应为球茎的1～2倍。块根、块茎、根茎类覆土厚度为3～8cm。

5）栽植质量要求

（1）栽植前应将不同品种、不同规格的花苗分开放置。同一栽植区内所选苗木及栽植高度应基本一致，株行距均匀。高度不同的花苗，应按前矮后高的顺序栽植。

（2）外缘应栽植分枝低、冠形丰满的苗木，好的一面朝向外侧，并适当加大栽植密度。

（3）栽植带花的一、二年生花卉、球根和宿根花卉时，容器苗必须脱盆栽植，脱盆时，勿伤花茎和根系，保证土球尽量不散。花苗应轻拿轻放，不得损伤茎叶及蘖芽。

（4）土球及根系不得外露，栽后根部土壤应逐棵压实，并用手将余土整平。

（5）栽植时注意外缘线要整齐，相临不同花色苗木栽植分界线清晰。花境外缘栽植面应低于路缘石，花坛、花池栽植面应低于花坛、花池 3 ~ 5cm。

（6）用五色草栽植模纹花坛时，栽植密度以不露栽植土为宜。不同色彩品种分界线清晰、自然流畅。

（7）做好施工收尾工作，完工后及时将废弃包装物、残苗、多余栽植土、剩余苗木等，全部清离施工现场，要求现场清洁、无杂物。

8. 草坪及草本地被植物建植

大多数草坪草可行播种、分栽、埋蔓、铺草皮卷建植。麦冬草多行分株栽植；草本地被类如二月兰、紫花地丁等，多采用播种。不适宜播种期的及要求栽后即可体现绿化效果的，应使用容器苗，如蛇莓、连钱草等。

1）播种建植

一般采用撒播和草坪喷浆播种法。面积较小的草坪地应用人工撒播，坡度较大及播种面积大的地块，应采用机械喷播。

（1）适宜播种时期。暖季型草宜在 5—6 月；冷季型草春播宜在 3—4 月，秋播宜在 8—9 月进行。白三叶、二月兰宜在 4—5 月或 8—9 月，崂峪苔草宜在 4—5 月。

（2）播种量。首先测定草种发芽率，应根据种子千粒重、纯净度、发芽率、播种时期确定合理的播种量。要求种子纯净度在 98% 以上，暖季型草发芽率 70% 以上，冷季型草发芽率 85% 以上。一般播种量，剪股颖 7 ~ 8g/m²；结缕草 15 ~ 20g/m²；多年生黑麦草 25 ~ 30g/m²；白三叶 7 ~ 10g/m²；草地早熟禾 15 ~ 18g/m²；高羊茅 30 ~ 35g/m²，与其他草种混播时，所占比例不应低于 70%；异穗苔草（大羊胡子草）、卵穗苔草（羊胡子草）15 ~ 20g/m²。

（3）草种催芽处理。冷季型草一般不用做催芽处理，可以直接播种。发芽比较困难的草种如结缕草等，播种前应做好种子催芽处理，可用 0.5% 烧碱液浸泡 24h，用清水漂洗干净，放入清水浸泡 7 ～ 8h 后，将种子捞出，摊在地上稍晾干后播种，此种方法较简便易行。

（4）整地要求。播种地面平整、坡度平缓、不积水；保证 30cm 表层土疏松，无粒径大于 1cm 以上土块，无石块、杂草、草根、树根，无地下害虫等。整地时，应掺入 25 ～ 30g/m² 复合肥，撒施应均匀。土壤 pH 超过 8.5 的，应加入硫酸亚铁或有机肥加以调节。播种前两天，应在整平的播种地上灌一遍透水，待地面不粘脚时即可播种。

（5）撒播：

①将草种与 2 ～ 3 倍的细沙或土掺拌均匀，倒退着用工艺耙浅划表土，为将种子撒播均匀，应采用双向撒播法，即将种子等分为二，先沿一个方向撒种，然后沿垂直方向撒播另一半，交叉撒播 2 ～ 3 个来回，以确保均匀。撒播后用钉耙耙平，使种子和土壤紧密接触，用石磙碾压。

②也可在撒播均匀的草种上覆一层细土，厚度宜为草种粒径的一倍，一般为 0.5 ～ 1cm，覆土后及时镇压。

③草种撒播后，上面应用草片、薄无纺布或遮阳网加以遮盖，遮盖物接口需压茬 10cm，插入 U 形钩固定，以利种子萌发。待 80% 种子出苗后，于阴天或傍晚揭去覆盖物。

（6）喷播。在坡度超过 30% 的坡面，或建植较大面积草坪时，可采用液压喷播方式。根据天气情况安排施工，选择无风天气，将草种按设计比例混合，利用喷浆机组，将混有草种、肥料、保湿剂、除草剂、颜料、纸浆及水配制成的绿色泥浆物，按从上到下的顺序，直接均匀地喷送到播种地，喷播压茬40～50cm。

2）分栽建植

此种方法可用来建植新草坪，也可用于遭践踏破坏及病虫危害的破损草坪的修补。凡匍匐茎、根状茎较发达或种子繁殖较困难的草种，如野牛草、大羊胡子、崂峪苔草、麦冬等，多采用此法栽植。

（1）整地要求。草坪地应平整，不积水。表层土细致，土壤粒径不大于2cm，无草根、树根、杂草、杂物等。

（2）分栽适宜时期。冷季型草宜在4—9月，暖季型草宜在5—6月。

（3）分栽密度。白三叶、崂峪苔草、麦冬等株行距10cm×10cm穴栽，结缕草15cm行距条栽，匍匐翦股颖株行距20cm×20cm穴栽，野牛草15cm×20cm穴栽，羊胡子草12cm×15cm穴栽，草地早熟禾株行距10cm×10cm穴栽。每穴、条的草量依草的质量和工程要求而定。

（4）建植方法：

①条栽法。在平整好的栽植地上，以一定的行距开挖成深6～8cm的栽植沟，将草根3～4根为一丛，具根状茎或匍匐茎的草种一般具2～4个节，按照一定的株距栽入沟内，覆土、压实。栽植株行距依草种及设计要求的栽植密度而定。

②穴栽法。草坪大面积分栽时，应采用钉桩拉线法，以此作为控制栽植面标高和栽植行距的依据，以提高栽植整齐度。"品"字形穴植，穴深8cm，穴径8～10cm。分栽时理齐草根，每5～7根为一丛。将草根全部植入穴中，不得外露，每穴栽

植后，填入细土与地面平齐并压实。

3）埋蔓建植

具发达匍匐茎的草种，如匍匐剪股颖、野牛草等，都可采用埋蔓法建植草坪。

（1）建植时期：4月下旬至9月下旬。

（2）建植方法：可条植或穴植。将草坪起出，用手抖去根部土，或用水将根部泥土冲洗干净，将茎切成8～9cm长的草段。穴植时，穴深4～5cm，株行距15～20cm。条植行距20cm。穴植或条植时，草茎上的不定根必须埋于土壤中，栽后覆土压实，严禁不定根外露或灌水后苗木倒伏。

4）铺栽建植

铺栽冷季型草块、草卷最晚于11月中旬结束，过晚则不利于越冬。

（1）铺栽方法

①平地铺栽。草卷、草坪块必须按同一方向顺次逐块平铺，地面不平或草块、草卷带土厚度不匀时，应垫土或去土找平后再铺。在已栽植乔、灌木的地块铺栽草块时，应铺栽至预留树穴外。草卷、草块铺栽后，用0.5～1.0t的滚筒进行碾压、踏实，使草块与土壤接触紧密。

②在斜坡铺栽。应沿等高线逐层平铺。在坡度较大的地段，为防止草块下滑，草块底边可用小木楔或竹钉插入土壤加以固定。

（2）铺栽要求

①草卷、草块品种统一，草块间要衔接整齐，不留缝隙、死角，接口处应平整不压边，草块土边不翘起外翻。

②铺栽时及时拔除草块、草卷上的杂草。

③铺栽后草坪卷土面与地被植物栽植面平齐，坪面高度保持一致。

④草坪铺栽平整，外缘线条应平顺自然、流畅，高度一致。树坛、花坛、道路的草边应整齐，树穴外草坪边缘要圆整。

⑤栽植工作完成后，应及时将散留在坪地上的破碎草块集中清走，保证施工现场清洁、无杂物。

5）植生带建植

适用于坡度不大的护坡、护堤草坪建植。

（1）植生带质量要求。植生带必须为在土壤中易于分解的介质，要求每 $100cm^2$ 种子数不少于 100 粒，种子分布均匀，结合紧密。

（2）铺设方法。将植生带平铺在地面上，拉直，遇地面不平整处，应使用木板条将地面刮平后再铺。接边、搭头要按植生带的有效部分搭接紧密。植生带上覆盖细沙土 0.3 ~ 0.5cm，覆土要均匀。

（3）碾压。覆沙后用碾滚压，使植生带和土壤紧密接触。

9. 水生植物栽植

1）湖、池地栽

在湖、池中栽植水生植物，应先将水放净，待土壤略干时进行。栽植后及时灌水，应根据水生植物的类型（浮水、挺水、沉水）灌水并随时调节水位。

2）专用栽植槽或缸盆栽植

在无栽植土壤的池及水溪中栽植的水生植物，如千屈菜、水葱、慈姑、香蒲、菖蒲、荷花、睡莲等，应栽植在专用栽植槽、浮床或缸盆内，根据需求的水深，按图纸的位置架设或摆放在水溪中。栽植基质不得含有污染水质的成分。

3）浮叶植物

如凤眼莲、大漂等，应按设计要求，将新株或植株上的幼芽直接投入浮漂或浮框所圈定的水域范围。

各类水生植物的栽植，详见水生植物栽植与养护（附表4）。

10. 栽植复查

苗木栽植后应及时依据施工图纸认真复查，内容包括苗木品种、规格，栽植位置、高程，苗木垂直度、栽植深度等。确定准确无误后，及时清理施工现场。

（六）苗木支撑、灌水

1. 苗木支撑

大树应在苗木浇灌定根水之前，及时架设支撑固定。

1）支撑高度

三角支撑的支撑点宜在树高的 1/3 ~ 1/2 处，一般常绿针叶树，支撑高度在树体高度的 1/2 ~ 2/3 处，落叶树在树干高度的 1/2 处；四角支撑一般高 120 ~ 150cm；"n"字形支撑高 60 ~ 100cm；扁担桩高度在 100cm 以上。

2）支撑杆设置方向

三角支撑的一根撑杆必须设立在主风方向上位，其他两根均匀分布。行道树的四角支撑，其两根撑杆必须与道路平齐。

3）支撑杆倾斜角度

三角支撑一般倾斜 45° ~ 60°，以 45° 为宜。四角支撑，支撑杆与树干夹角 35° ~ 40°。

4）支撑标准要求

（1）三角、四角支撑及水平支撑的撑杆要粗细一致、整齐美观。

（2）作行列式栽植及片植的同一树种，其撑杆的设置方向、支撑高度、支撑杆倾斜角度应整齐一致，分布均匀。

（3）支撑杆要设置牢固，不偏斜、不吊桩，支撑树干扎缚处应夹垫透气软物。用松木做支撑杆时，必须刮除树皮，以防病虫害发生和蔓延，严禁使用未经处理、带有病虫的木质撑杆。

5）支撑方法

（1）三角支撑。树体高度在5m以上的苗木，应做三角或四角支撑。苗木高度在6～7m以上、树冠较大的，应设两层支撑。支撑杆基部应埋入土中30～40cm，并夯实。也可将撑杆基部直接与楔入地下30～40cm的锚桩固定。绑扎树干处应夹垫透气软物，以防磨损树干。支撑杆与树干用10号钢丝固定（彩图19）。

（2）四角支撑。为保证交通安全和方便行人通行，一般行道树多采用此种支撑方法。胸径在10cm以下的乔木，可用松木杆做成"井"字塔形支架，也可用钢管材料的四角支撑架固定树体。立柱基部应埋入土中20～30cm，并夯实。立柱上下两端分别用横杆与之交叉固定，上端四根紧贴树干，与树干接触处应缠草绳或垫软物保护（彩图20）。

（3）"n"字形支撑。树体不过于高大的，可采用"n"字形支撑。在土球外两侧各埋一根长80～100cm的直立木桩，两木桩间距80cm，再用长1m的横杆与树干、立木桩拴牢固定，树干与横木杆间夹垫衬物（彩图 21）。

（4）"井"字形水平支撑。成片栽植或假植的较大型乔木或竹类，采用水平支撑，可用 3 ~ 5cm 粗的杉木杆或竹竿与树干连接固定，周边用斜撑加固。支撑杆与树干绑扎处必须缠垫软物，支撑应架设牢固，保证撑杆不滑脱，整体稳固、不倾斜（彩图 22）。

2. 修筑灌水围堰

灌水围堰的大小须视栽植品种规格、土质、气候特点等而定。灌水围堰过小，围堰过浅，虽然可以正常灌水，但每次仅能湿润土球的表层，下面的根系层根本吸收不到水，这也是造成缓苗期苗木缺水的主要原因。常导致苗木生长势弱，病害发生，甚至干旱死亡。

1）灌水围堰修筑标准要求

苗木定植后，应在略大于栽植穴直径 15 ~ 20cm 周围，用细土筑成高 15 ~ 20cm 的灌水围堰，围堰应人工踏实或用铁锹拍实，做到不跑水、不漏水。

2）双灌水围堰修筑

大规格土球苗，应按土球与树穴大小做双灌水围堰，外圈要大于穴径，内圈略小于土球，内外围堰内同时灌水（彩图 23）。

3）分段畦式灌水围堰修筑

栽植较密的片植乔、灌木或地被植物，可以分片、分段筑围堰灌水。在地形及坡地上，灌水围堰应沿等高线水平修筑。

3. 灌水、喷水

1）木本植物类

定根水应在定植后 24h 内浇灌一遍透水，3 ~ 5d 内浇灌二遍水，7～10d 内浇灌三遍水。待三水充分渗透后，用细土封堰保墒。以后视天气情况及不同苗木对水分的需求，分别适时开穴补水。对于珍稀树种、不耐移植苗木、未经提前断根处理、非适宜季节栽植的大规格苗木及散坨苗，可将 1000 倍液的生根粉随二遍水一同灌入。

2）草本花卉类

头遍水应灌透，栽植后的 3～4d 内，应于每天早晨或傍晚在苗木根际灌水。灌水时，不得将泥土溅到茎、叶上。植株已倾斜或倒伏的，应及时扶正。三遍水后，花坛或花境上应撒盖厚 2～3cm 的过筛细土。

3）营养体建植草坪

草坪分栽或草块、草卷铺栽，经碾压后，24h 内必须灌一遍水，以水渗透栽植土下 5cm 为宜。5～7d 内，每天早晚各喷水一次，保持土壤湿润直至新叶开始生长。随着草坪新根的生长，应减少喷水的次数，适当增加灌水量，每次灌水以土壤湿润 10cm 为宜。

4）种子建植草坪

草坪播种后应及时喷水，必须保持土壤持续湿润。水要喷成雾状，细密均匀，喷水量以渗透土层 8～10cm 为宜。苗木出齐后（遮盖物揭去前）要适当控水，揭去遮盖物后应及时补水。

5）植生带建植草坪

植生带铺植后，每天喷水 2～3 次，保持表土湿润至苗出齐。水要喷成雾状，以免冲走浮土。

6）水生植物

幼苗生长期，栽植土及盆土既不能缺水，也不可灌水过深，应注意控制好水位，防止幼苗因水位过高，淹没茎叶而死亡。

7）灌水注意事项

（1）灌水时应控制水流速度，水流不可过急，严禁急流冲毁树堰。灌水时不可直冲根系，水管出水口下方应垫放耐冲刷的硬物。微地形上的草坪，灌水应从高处向下漫渗，以保证灌透水。

（2）发现跑漏水时，应及时封堵。穴土沉陷或出现孔洞及根系外露的，应及时回填栽植土，裸露根系应填土埋严、压实。

（3）灌水后出现土壤沉陷，导致树木倾斜时，应扶正，培土踏实。

（4）土球土质过于黏重、土球较大及土球较干的，应采取打孔灌水的方法，确保定根水灌足、灌透。灌水前，应用钢钎在土球顶面打 3 ~ 6 个深 10 ~ 15cm 的孔，然后再灌头遍水。

（5）灌水后如发现树穴透水性差，或有积水时，应采取打孔灌沙措施，即从土球外侧向下打孔，孔越深越好，向孔内灌入粗沙。也可在树穴内取 3 ~ 4 个点，将土球外回填栽植土挖出，深度到土球以下 15 ~ 20cm，向穴内填入粗沙、石屑或陶粒，以利于排水。土球过湿时，可开穴晾坨，防止苗木烂根。

（6）三遍水后，应认真检查土球是否灌透。检查方法：用钢钎或竹棍在土球上扎眼，若下面松软说明已灌透水，若下面坚硬说明水未灌透，未灌透的应及时补灌。

（7）新建草坪灌水后，应注意做好成品保护工作，可设置防护栏，严禁闲杂人员及施工人员随意进入踩踏。

4. 封堰

待三遍水完全渗下后，用细土覆盖树穴。在浇灌不方便的地区或春季干旱且不能完全保证绿化用水时，可用塑料薄膜封盖树穴，覆土保墒。

5. 苗木栽植质量检查评比

苗木栽植过程中或苗木栽植完成后，需组织相关人员对栽植施工质量进行认真检查。对施工中存在的问题提出整改意见，并限期整改。绿化栽植施工质量检查内容及评比标准见附表5，绿化栽植及养护整改通知单见附表6。

十二、苗木假植

（一）现场假植

当天未栽植完的苗木，应在现场不影响施工的背风、背阴处，进行临时性集中假植，多余的苗木应运回苗圃或假植地。

1. 裸根苗

（1）2 ~ 4h 内不能栽植的裸根苗，可分类集中摆放在背阴处，根部喷水后，用湿草帘或湿土盖严。

（2）当天栽不完的，应选择无风、背阴处的潮湿土壤，根部用土埋严。

（3）2d 内栽不完的，则需挖深 30 ~ 40cm 的浅沟，将苗木分类假植。每斜放一行苗木，即用挖出来的土将根部埋严，不得透风。

（4）假植时间在 2d 以上的，应适当灌水保湿。

2. 土球苗

（1）土球较大且当天能栽植完的，可不行假植。但大风或高温天气，土球必须用湿草帘盖严，对草帘和树冠喷水保湿。

（2）1 ~ 2d 内栽不完的，可将苗木直立集中摆放，土球四周培土假植。培土至土球高度的 1/2，苗木可单株立支撑，也可作"井"字形水平支撑，将苗木连接固定。

（3）假植反季节苗木时，应注意叶面喷水。

（4）栽植休眠期苗木时，当天栽植不完的土球苗，必须用草片将土球裹严，防止夜间低温发生冻害。

（二）假植地假植

苗木需作较长时间假植时，应运至苗圃或假植地进行假植。

1. 假植地建置

1）假植地选址

在距施工现场较近处，选择近水源、避风向阳、交通便利、排水系统畅通之地，以利苗木假植运输和缓苗，保证反季节栽植后的景观效果。假植地土壤 pH 不大于 8.5，含盐量不大于 0.3%；灌溉用水水质必须符合要求，pH5.5 ~ 8.0，矿化度在 25g/L 以下。若使用再生水，必须提前检验水质。假植地常年最高水位不高于 1.2 ~ 1.5m。

2）假植区域规划

（1）假植区的规划，应根据苗木品种、规格、生态习性、到场时间、假植时间及是否便于运输等，划分假植区域。主要划分为大规格苗木假植区、抗风及耐寒力稍差苗木假植区、中小型苗木假植区、苗木临时存放区、容器加工区、苗木处理作业区及生活办公区。大规格苗木区需设置在靠近公路一侧，地块走向应与主路齐平，以方便起重机和大型运输车辆施工操作。临时存放及容器加工和苗木处理作业区，需设置在假植场地的入口一侧。

（2）主路及辅路规划。假植地设置的主、辅路，必须方便苗木运输和施工操作。主路的宽度以16t起重机可进入操作为准，一般为4m，辅路为3m。主路及辅路应铺设碎石或炭渣，以便雨后车辆进出。

（3）假植区内应设置排水沟，有利雨季排水通畅，保证场地内不积水。

3）土地平整

（1）根据规划范围用推土机推平、整细。要求假植场地面平整，雨季不积水，无大砖、石块等。

（2）使用非植物栽植地作假植场地时，土壤必须用杀菌剂和杀虫剂进行消毒。

（3）使用废弃建筑拆迁场地时，应铺设5～7cm厚细沙土。

2. 假植方式

（1）裸根苗需采用挖假植沟埋根法进行假植。

（2）土球苗可采用直接树穴假植，或地上、半地上假植，或假植沟假植。在地势低洼或地下水位较高处，应采用地上或半地上假植。

3. 假植前准备工作

（1）苗木假植应提前挖好假植沟及树穴，假植时间在3个月以内即行定植的土球苗，均可带原包装物直接假植；土球直径 120cm 以上的可用无纺布或遮阳网包裹，麻绳打络后假植；散裂坨苗或贵重苗木，可装入竹筐或木箱假植；牡丹、芍药、月季、小檗等装入软容器假植。要求软容器直径需大于土球 8～10cm，竹筐的内径应比土球直径大 15～20cm。

（2）根据苗木使用容器种类、规格和数量，提前进行购置，如竹筐、软塑料盆等。提前将筐底中心用 2 根粗钢丝呈"十"字形交叉与之固定，钢丝延长至筐沿处将整个筐体固定。

（3）将有机肥、草炭土、栽植土、沙壤土、容器、支撑杆、钢丝、木桩、草绳、遮阳网、无纺布、草绳、生根粉、枝剪、杀菌剂、保护剂等运至现场。

（4）木箱制作。购置定做木箱所需的 6cm 厚红松板材。准备好电锯、手锯、枝剪、斧头、钳子、铁钉、厚 1mm、宽 1.5cm 的铁腰子、钢丝、无纺布、保护剂。根据需装箱假植苗木土球的大小、厚度定做木箱。木箱内径应比土球直径大 30cm，深度应比土球厚度高 20cm。先按测定的尺寸分别制作侧面及底面箱板。木箱侧面板横向排列，下口宽度较上口小 10cm，底板及侧面箱板均用两根厚 6cm 的方木条，分别固定在箱板的 1/3 处。四面箱板及箱底板间均每隔 20cm 分别用铁腰子连接，固定牢固。

（5）挖假植沟。选避风向阳处，顺当地风向裸根苗应挖一宽 150～200cm、深 30～50cm 的假植沟。土球苗根据土球大小，挖一条深 120cm、宽度及长度依苗木数量而定的假植沟。

（6）树穴假植。假植前应先确定土球苗假植位置，根据苗木规格挖掘假植穴。采用半地上假植的苗木，树穴挖半个箱体、筐体或土球的深度，直径比箱体宽 40 ~ 50cm，比筐体或土球直径大 20 ~ 30cm。树穴挖好后，应提前将容器置于树穴中，便于及时假植到场苗木。

4. 苗木处理

（1）大规格苗木卸苗后应用湿草帘将土球盖好，待修剪后根据苗木假植时间的长短，决定是否装入容器。

（2）凡包装物松散及稍有破损的土球苗，均应重新包装后再行假植。

（3）散坨苗木，假植前应及时喷施或涂抹 ABT3 生根粉，或在浇灌第二遍水时随水灌入。已发芽、展叶的苗木，全株喷洒 300 ~ 500 倍液的抗蒸腾剂和 800 ~ 1000 倍液的广谱性杀菌剂的混合液，7 ~ 10d 再喷一次。

（4）对运输和起运过程中损伤的枝干及时进行修补和修剪，伤口、剪口处应涂抹保护剂。

5. 上容器

（1）软容器假植。装入软容器的苗木，上盆后，土不可填得太满，应留有一定水口，以利于灌水。

（2）装筐。适用于直径不超过 1m 的土球苗，将竹筐按树冠大小等距离成排摆放，筐底填入肥土，将苗木吊入筐内，将栽植土与有机肥混合后填入筐内，填满并捣实。紧贴苗木基干处，用 4 根竹片呈"井"字形与竹筐固定。筐外用沙土培至与筐沿平齐。

（3）植树袋。适用于土球规格较小的苗木，宜选用口径比土球直径大 15 ~ 20cm 的植树袋。可将植树袋摆放在设定的假植区域内，底部填入适量掺拌基肥的栽植土，将苗木植入袋中，将栽植土压实。

（4）装箱。根据土球的大小、土球厚度装入预先对号定做的木箱，木箱规格不符时，应及时进行调整。箱底及四壁铺一层薄无纺布，底部加入适量肥土至一定高度，以苗木放置后土球高出木箱上沿5～8cm为宜。木箱按箱底木板走向统一摆放，以便于吊运时钢丝绳能顺利自箱底穿入，确保二次吊运时顶板固定方向与底板方向垂直，可防止移植时木箱散体。苗木装入木箱后，四周填土，至一半时将土捣实。填至近箱上沿时，沿缠干草绳缓缓浇水，水渗后再填足土。地上假植时，箱体四周用土培至木箱上沿。

6. 假植

1）裸根苗假植

将树梢向背风方向倾斜摆放一排于假植沟内，根部覆细土埋严，依次一层苗一层土假植。严禁将苗木成排紧密摆放，然后覆土。也不可埋得太深，灌水过多，以免造成苗木霉烂。

2）土球苗假植

各种苗木在其规划区域内均成行列式"品"字形假植。在地势低洼、土壤黏重之地，可采用地上或半地上假植。高大乔木需设立支撑单株或整体固定。

（1）地上假植。将土球苗直接以"品"字形摆放在地面上，整个土球培土埋严（彩图24）。

（2）半地上假植。可挖深度为土球厚度1/3～1/2的浅树穴。将苗木放置于树穴内，填土将整个土球埋严并踏实（彩图25）。

（3）假植沟假植。将土球倾斜放入沟内。用土将土球全部埋严，及时灌透水。

（4）箱装苗多采用地上假植，箱体四周用土培至木箱上沿。

7. 假植养护

1）浇灌定根水

裸根苗假植后灌一次透水，然后用土封严，一般埋土厚度30～40cm，以根系无外露为准，防止漏风。假植期内土壤过干时，应适量灌水。土球苗采用地上或半地上假植后做围堰灌水，水应灌足灌透。

2）搭设风障

早春或秋季进行假植的耐寒性稍差的苗木，应分区或分品种搭建防风障。在不影响苗木运输和卸苗的区域，可在苗木进场前搭设完成，在不便于卸苗的区域，应在苗木假植后进行。

3）搭设遮阳网

展叶后运至假植场地的苗木，应视叶片失水情况，决定是否临时搭设遮阳网。每天定时数次喷水，保持较低光照强度和较高空气湿度，以利于苗木生长势恢复。待缓苗后撤除遮阳设施。耐阴植物玉簪、荚果蕨等装入容器后，放置于树荫下或立即架设遮阳网进行养护。

4）修剪

假植苗一般不行重剪，可修剪折损枝、病枯枝、嫁接砧木萌蘖枝。做1～2年假植的苗木，可定型修剪。地被植物，根据苗木定植时间，适时进行摘心，促生分枝和控制花期。花灌木类、果树类适量疏剪花序、花、果实。

5）注意病虫害防治

加强检查巡视，及时防治病虫危害。

8. 二次移植前准备工作

（1）除宿根花卉外，一般苗木应在二次移植前2d停止灌水，大乔木应在一周前停止灌水。起苗前如遇大雨天气，需及时排水，可提前半天至一天将土球、筐和木箱外所培的土扒开晾坨，以便于运输和防止运输时散坨。

（2）反季节栽植时，假植苗木在二次运输前，应向树冠喷洒抗蒸腾剂。

第三章　苗木的养护管理

　　加强苗木的养护管理，是巩固绿化栽植施工成果的重要举措。常言道："三分种，七分管"，苗木栽植后成活率的高低，能否尽快体现景观效果，在很大程度上取决于养护管理水平。养护工作必须根据苗木的生物学特性，结合栽植地环境条件，制订出一整套全年的养护技术方案，认真按照设计技术方案去做，就会取得良好的效果。养护的主要内容包括灌水、排水、修剪、施肥、病虫害防治、苗木补植、问题苗木的补救、防寒、巡视等。

一、遮阴缓苗

　　1）需行遮阴缓苗种类。高温季节栽植的叶片较大、较薄且不易缓苗和长距离运输的苗木，如雪松、水杉、合欢、紫叶短樱、紫叶李、杏树等，定植后应架设遮阳网保护。

　　2）遮阳网搭设标准要求

　　（1）遮阳材料不可密度太大，也不可过稀，以70%遮阴度的遮阳网为宜。

　　（2）搭设高度应距乔木树冠顶部50cm，灌木30cm，色块、绿篱15cm。边网距乔灌木树冠外缘20cm，色块绿篱10cm。乔灌木边网长度以至分枝点为宜。

（3）支撑杆规格统一，遮阳网搭设整体美观。遮阳网支撑必须牢固，遮阳网与支撑杆连接平整、牢固。支撑杆不倾斜、倒伏，遮阳网不下垂、不破裂、不脱落。缓苗后适时拆除（彩图26、彩图27）。

二、树干涂白

树干涂白可四季实施，重点在早春和秋后。涂白可杀灭病菌、虫卵等，减少和预防病虫害，也可减少或避免日灼、冻害发生。

（一）涂白时间

（1）一般春季在"五一"之前，秋季在11月下旬，对乔灌木类树干进行涂白。如槐树、金枝国槐、金叶国槐、杨树、栾树、垂柳、旱柳、法桐、白蜡、枣树、梧桐、油松、元宝枫、柿树、碧桃、苹果、梨树、杏树、山里红、李树、紫叶李等树种。

（2）对易患腐烂病、干腐病、溃疡病，或病害较严重的乔灌木类，如杨树、柳树、合欢、山里红、杏树、紫叶李、海棠类、碧桃、樱花、苹果树、梨树、樱桃等，应在苗木栽植后，对树干及时涂白或喷涂梳理剂，或喷刷一次3 ~ 5波美度石硫合剂。注意生长季节喷刷时不要碰到桃树、梨树、苹果树、梅花、樱花、樱桃、紫叶李等蔷薇科，及紫荆、合欢等豆科植物的幼嫩组织，以免产生药害。

（二）涂白高度

乔木120cm，灌木至分枝点。

（三）涂白剂配制方法

生石灰 10 份、石硫合剂 2 份、食盐 1 ~ 2 份、黏土 2 份、加水 30 ~ 40 份，再加入少量杀虫剂，搅拌均匀，现配现用。

（四）涂白要求

以药液涂抹后不流失，干后不翘裂、不脱落，树穴无污染为宜。同一树种涂白高度应整齐一致（彩图 28）。

三、缠干保湿

树皮较薄的乔灌木、反季节栽植未提前断根的带冠大乔木、不耐移植苗木，如梧桐、马褂木、女贞、木瓜、紫叶李、紫薇、速生法桐等，栽植后树干需缠干保湿。

1. 缠草绳

一般可缠湿草绳或包扎麻片至主干分枝处（或外层再用塑料薄膜包裹）。树皮薄、胸径在 25cm 以上的全冠移植苗，草绳可缠至主枝的二级分枝处。花灌木可缠至分枝点以上 20cm。注意经常喷水保湿。

2. 缠薄膜

可用农用薄膜自树干基部向上缠至分枝点，但距离广场、道路近的不易采用。树冠较小的孤植树，需在 5 月中旬将薄膜撤除，树冠较大或群植的苗木可在缓苗后再撤除。

3. 封泥浆

不耐移植苗木如木瓜树等，可在缠草绳或草片裹干后，外面涂抹一层泥浆，待泥浆略干时喷雾保湿。

四、喷抗蒸腾剂

1. 初冬和早春喷施

应对耐寒性稍差的边缘树种，如广玉兰、红枫、桂花、石楠等，喷布一次 500 ~ 800 倍液的冬季型抗蒸腾剂，或用 300 倍液抗蒸腾剂涂干，可延长绿色期和提高抗寒能力。

2. 高温季节喷施

对高温季节栽植的大规格苗木，定植后应及时喷施树木抗蒸腾剂，每半月一次，连续 2 次。喷施抗蒸腾剂应避开中午高温时，24h 后方可喷水。

五、喷水保湿

（一）需行喷水保湿的植物种类

早春栽植的雪松、华山松、白皮松、油松、黑松、云杉等常绿针叶树种，及高温季节栽植的苗木，栽后 5 ~ 10d 内，宜每天向树干、树冠喷水 1 ~ 2 次。

（二）喷水时间

宜在早 10:00 前或下午 4:00 后。

（三）喷水量

许多人认为喷水就得大水喷透，喷到树干、枝叶向下流水，甚至树穴积水为止。其实这种喷水方式是错误的。喷水时水量不宜过大，要求雾化程度高，喷到为止。为防止喷水后树穴土壤过湿，喷水时也可在树穴上覆盖塑料布或厚无纺布，防止水大烂根。如因喷水不当造成树穴土壤过湿时，应适时开穴晾坨。

（四）喷水方式

喷水时不可近距离管口直冲树冠，应尽可能将水管举高，让水呈雾状落下，以免对幼嫩枝叶造成伤害，特别是常绿针叶树种新梢伸展时，如云杉、雪松等，不正确的喷水方式常会造成苗木落梢、落叶等。

六、灌水

灌水也是绿地植物养护的重要环节。灌水不足常导致苗木萎蔫，严重缺水时苗木即死亡。但灌水过多或长时间土壤过湿，是造成苗木不生新根或烂根死亡的主要原因。灌水次数和灌水量，应视苗木耐旱能力、不同季节、不同气候条件、不同土质和不同生长发育时期对水的需求而定。

（一）乔灌木类灌水

1. 根据不同苗木生长习性

（1）一般浅根性、花灌木及喜湿润土壤的植物，灌水次数比深根性及耐旱树种要多些，如枫杨、花叶芦竹等应适当保持土壤湿润。耐旱类，如枣树、旱柳、金叶莸、荆条、胡枝子、扁担木、紫花醉鱼木、沙枣、沙棘、砂地柏等，可适当减少灌水次数和灌水量。

（2）牡丹有"喜燥恶湿"的特性，在一般干旱的情况下，可不灌水。全年灌水 8 ~ 10 次。

（3）玉兰类、枫杨、红瑞木、竹类等，缓苗期内表土需保持适当潮湿。

2. 根据不同季节和气候条件

如干旱少雨季节应及时灌水，保证植物正常生长。进入雨季，可减少灌水次数和灌水量，但遇大旱之年，应及时补水。

3. 根据苗木不同发育时期

苗木在萌芽展叶、枝叶旺盛生长时，是其营养生长期，需水量大，应及时灌水，保证土壤水分的充分供应。花芽分化期、果实膨大期，是苗木生殖生长期，也应及时适量灌水。竹类4月的催笋水、5—6月的拔节水、10月的孕笋水必须灌足灌透。

4. 根据不同土质

黏质土保水性强，排水困难，在灌透水后应控制灌水，避免土壤湿度过大导致烂根。沙质土保水性差，水流失严重，每次灌水量可少些，且增多灌水次数。盐碱土要遵循水、盐运行规律，"7、8月地如筛，9、10月又上来，3、4月最厉害"，返盐季节灌水则灌大水、灌透水，小雨过后补灌大水，避免返盐及次生盐渍化。

5. 适时灌水

定植后，应根据苗木需水情况，视天气及土壤干湿程度，适时开穴灌水。一般新栽植乔木类需连续灌水3～5年，灌木类5年，宿根地被类及草坪需年年灌水。

（二）宿根地被，一、二年生花卉类灌水

此类植物根系较浅，生长季节应注意适时适度灌水。灌水时不可用水管直接对着苗根，以免造成苗木倾斜和根系外露。草本花卉茎叶不可溅上泥土。芍药全年的返青水、4月底的花前水、5月中下旬的花后水、11月中旬的封冻水，4次水必须灌足灌透。

（三）草坪灌水

1. 灌水时间及次数

（1）草坪灌水应根据土质、不同生长时期、不同草种而定。

（2）灌水次数。春秋季节气温不高，一般草坪可 10 ~ 15d 浇灌水一次，夏季 7 ~ 10d 浇灌水 1 次，一般情况下不旱不灌，灌则灌透，防止小水勤浇灌、灌而不透的灌水方式。耐旱草种如野牛草等，可一个月浇灌 1 次。重盐碱地区，3—4 月、9—10 月土壤返盐季节，小雨过后，应及时灌大水，防止返盐。

2. 灌水量

正常养护期，以土壤渗透 12 ~ 15cm 为宜。12 月上旬浇灌封冻水必须灌透，土壤渗透应达 20cm。2 月底至 3 月初浇灌返青水，土壤应渗透 15 ~ 20cm。

3. 灌水适宜时间

草坪浇水应在无风天气进行。夏季灌水时间以上午 10：00 前及下午 4：00 后为宜。病虫害易发期，宜在上午没有露水时进行。剪草后 24h 内必须灌一次水。详见草坪养护月历（附表 7）。

（四）灌水注意事项

1）尽量避免在高温、烈日下进行喷灌。

2）灌水一般应掌握见湿见干原则，灌则灌足、灌透，但树穴及坪地内不可积水。盐碱地返盐季节，严禁频繁浇灌小水"斗弄"，应掌握不灌半截水，"灌则必透，小雨必灌"的原则。

3）给补植苗木灌水时不可有遗漏，必须保证灌好三遍水。特别是色带或绿篱植物，往往补植后死苗率较高，其主要原因是一遍水后将补栽苗剪平，分不清哪些是刚补植的苗木，再不注意灌水，缓苗期缺水则造成苗木死亡。解决方法是，苗木浇灌三遍水后再将苗木剪平，确保补植苗不会漏灌。

4）牡丹、桂花开花期，应适当控水，以免提前落花，缩短花期。葡萄果实近成熟期、枣成熟期、石榴果实采摘前 20d 左右，要适当保持土壤干燥，防止裂果发生。景天类、凤仙类、四季海棠及银叶菊等，雨季应适当控制灌水量，以免根茎腐烂，造成苗木死亡。

5）在正常灌水情况下，如发现落叶、新梢或叶片发生萎蔫时，应检查灌水围堰的大小、高度是否符合标准要求，有无跑水、漏水，土球是否灌透，树穴有无积水等。

（1）扒开树穴检查，发现土壤过干时，说明苗木缺水，应及时补灌，且必须灌透。

（2）因灌水过多而造成土壤过湿时，应扒开树穴将土球晾半天至一天后，再回填栽植土并踏实。扒穴晾坨应避开下雨天、大风天，如突遇降雨，树穴应架设木棍，上面用彩条布苫盖，严禁树穴内积水。

（3）因土壤透水性差而造成穴土过湿的，应采取打眼灌沙或增设通气管等措施，以提高通透性。造成部分根系腐烂的，应将烂根剪去，以创面没有腐烂点为准。采取根部喷洒杀菌剂消毒，更换栽植土，同时用 100 倍液的活力素或 300×10^{-6} 生根粉灌根等措施。

6）秋季应适当控制灌水，以免造成枝条徒长，不利于越冬。

7）秋植大苗木，除浇灌封冻水、返青水外，还应在第二年清明前后，浇灌一次生长水，以保证苗木正常生长。

8）草坪地刚灌完水或冬季封冻后，禁止任何人进入踩踏。

9）常见有人每次浇草，在草坪地内栽植的乔灌木类必灌一遍，这是沿海地区盐碱地绿化养护的大忌，对在土壤黏重、盐碱土栽植的苗木极为不利，是导致苗木生长势衰弱、病害发生严重和烂根死亡的重要原因之一。小水常灌，在返盐季节也会把盐碱"斗弄"上来，对苗木造成伤害。对于草坪内栽植的乔灌木类，应遵循不旱不灌水、灌则灌透原则。

七、调整苗木垂直度和栽植深度

（一）调整苗木垂直度

凡树干明显歪斜的植株均需扶正，操作方法如下：

（1）待大雨或浇水后 1 ~ 2d，土球不湿或大风过后开展此项工作。

（2）分别在树干倾斜方向，两侧挖沟，深度以见土球底部为宜。高大乔木应使用粗麻绳，在绳索的一端拴一粗木棍。将拴有木棍一端的绳索套在主干分枝点上的大枝基部，缓缓用力，向偏斜反方向轻轻拉动。待树干或树冠垂直时，在偏斜方向穴底填土并踏实。松开绳索，树干不再偏斜时，边填土，边踏实。土球规格小于 60cm 的，可用木棍轻轻翘动土球，调整树体垂直度。

（3）注意事项：严禁直接推拉树干调整垂直度。在扶正时发现土球有轻微散坨的，扶正后应再浇灌一遍小水。

（二）调整栽植深度

1）苗木栽植过深的表现症状

质量达标的苗木，栽植后在灌水到位的情况下，若迟迟不发芽或发芽展叶后逐渐萎蔫、枝条枯萎，有可能是栽植过深而造成的。

2）检查方法

（1）目测。如常绿针叶树，分枝点在栽植面以下。嫁接苗木，嫁接口在栽植面以下等。

（2）扒穴。用木棍挖去树干下回填土直到露出土球。

3）造成苗木栽植过深的原因

（1）栽植标高测定有误。

（2）栽植时没有考虑新填客土沉降系数，因客土沉降而导致树体下沉。

（3）不管槽穴挖掘的深浅，苗木土球多厚，卸苗前未及时调整栽植穴深度，将苗木直接入穴栽植，这是施工中普遍存在的一种错误的栽植方式。

4）纠正苗木栽植过深的技术措施

苗木栽植过深，往往会造成苗木不发新根并导致"闷芽"现象。在地下水位较高及黏重土壤中常会因烂根而死亡，因此应及时采取相应措施。

（1）对枝条新鲜、土球较完整的苗木，需在穴土略干时，将苗木挖出后对土球重新进行包裹、打络，抬出树穴，抬高栽植面栽植。操作时注意不要损伤土球。

（2）在起重机无法操作的地方及对于土球已部分松散、栽植过深的苗木，可在土球底部挖环状沟，沟内铺设陶粒，紧贴土球垂直埋设透气管，提高土壤通透性。陶粒中间设置排水管，排水管与出水口处保持一定坡度，保证穴底排水通畅。

（3）在地形上栽植过深，且已无法用机械操作的大规格苗木，可以原栽植面为准，通过调整地形坡度来解决。

八、苗木施肥

苗木在生长发育过程中，需要消耗肥力，而适时补肥是保证苗木健壮生长的重要环节。为降低养护成本，不施肥或少施肥，常导致苗木生长势衰弱、易遭受病虫危害和观赏效果差。

（一）叶面追肥

1. 需行叶面追肥的类别

大树移植初期，未经提前断根处理及不耐移植的苗木，生长势较弱的落叶大乔木和常绿阔叶树。进入盛果期的果树类树种，如杏树、樱桃、八棱海棠、石榴、枣树等，多采用叶面追肥。

2. 肥液种类及浓度

（1）乔灌木类喷施磷酸二氢钾、磷酸二铵等，浓度宜为0.1%～0.3%，尿素0.2%～0.5%。牡丹开花前和花芽分化期可叶面喷施0.2%～0.5%的磷酸二氢钾肥液。

（2）果树类营养生长期适量喷施氮肥、钾肥。花后以氮肥为主，磷肥为辅。果实膨大期和花芽分化期，氮肥、磷钾肥混合使用。施入量视树种、树龄、土壤肥力而定。

（3）宿根、地被类一般喷洒磷酸二氢钾的浓度不超过0.2%。

（4）常绿针叶树喷洒0.1%～0.2%硫酸铜。

（5）草坪草叶面追肥尿素的浓度宜在0.3%左右，过磷酸钙浓度为0.3%～0.5%。

3. 追肥时期

喷施追肥一般依据树势可使用单肥或速效复合肥，追肥使用要巧，应在植物需肥前喷施。

（1）果树类追肥应在开花前、花期、花后、壮果期进行。做好花前、花后的追肥，有利于果实发育和提高坐果率。

（2）反季节移植大规格苗木，栽植一个月后即可进行。

（3）未经提前断根处理的大规格苗木，在展叶后追肥。

4. 叶面追肥注意事项

叶面喷施浓度要适宜，不可过大或过小，以免造成叶面灼伤或肥效不佳。喷施宜选择无风的晴天或阴天，在清晨无露水或傍晚时进行，严禁在强光照射时、大风天气、雨前进行。牡丹、芍药花期不追肥。

（二）土壤施肥

1. 施肥时期

基肥为腐熟的厩肥、堆肥、鸡粪、人粪尿、绿肥等迟效性有机肥，过磷酸钙（80~100g/m²）、氯化钾（30~50g/m²）可作基肥与有机肥混合使用。基肥需提前施用，一般多在休眠期或发芽前施入。9月前后正值根系生长的高峰，此时也是果树秋施肥的最佳时期，可将腐熟有机肥和化肥混合施入。

2. 施肥方法

可采用环状施肥、放射状施肥、条沟状施肥、穴施、撒施、水施等。

3. 施肥注意事项

1）不过量施肥，不施用未经腐熟的有机肥，以免植物发生肥害，同时减少地下害虫的危害。

2）施肥范围和深度。应根据肥料的性质、树龄及树木根系分布特点而定。有机肥应埋施在距根系集中分布层稍深、稍远的地方，过近施肥会造成"烧根"。

（1）根据根系水平分布而定。树木根系发达，分布较深远的银杏、油松、核桃等树种，施肥宜深，范围也要大。

（2）根据树木根系垂直分布而定。深根性树种易深施；根系较浅的，如樱花、刺槐、合欢及花灌木类等宜浅施。一般施肥深度 30 ~ 50cm。

（3）根据树龄而定。大树宜深施，幼树应浅施。

3）施肥应与深翻、灌水相结合，施肥后必须及时灌水。

4）树木生长后期应控制灌水和施肥，以免造成枝条徒长，降低抗寒能力。乔灌木类土壤施速效肥，最晚应在 8 月上旬结束。石榴秋施基肥应在 10 月上旬结束，切忌冬季施肥。

5）碱性土不可施用草木灰。

4. 不同类型植物施肥

1）乔木类

绿地内大树及景区内不便采用穴施和沟施的，可采用打孔施肥和树穴透气管灌施。在树冠投影位置，打 4 ~ 6 个深 50 ~ 70cm 的孔，将肥料灌入孔内，然后灌水。

2）花灌木类

施好花前肥和花后肥，以促进花芽健康分化、开出大花、开出标准花。如牡丹，全年要施好"花肥""芽肥""冬肥"三肥，入冬前施用充分腐熟的堆肥或厩肥；在开花前一个月左右时，施一次磷酸二氢钾速效肥；落花后半个月内施一次磷、钾复合肥。也可追施腐熟的有机肥，将动物尸体埋于树体外围，即民间流传的"酒芍药、肉牡丹"。又如月季每年于 3 月底、6 月初、8 月、封冻前各施一次肥。

3）果树类

10月中旬，苹果树、梨树、桃树、杏树等果树，每株应施入40kg的腐熟有机肥、0.5kg的碳酸氢铵混合肥；枣树于秋冬季节，采用环状沟施有机肥30kg/株、磷肥0.5kg/株；栗子、核桃宜在果实采收后至落叶前，结合深翻施入腐熟有机肥；柿树施肥宜于3月或10月，以果实采摘前施入有机、无机混合肥为最好。

4）竹类

3—4月竹笋发育期及秋季，应施好基肥，施肥量10～15kg/亩，施肥后及时灌水。竹类4月笋发育期、5—6月拔节期、7—9月育笋期，每月应结合灌水施一次氮、磷、钾比例为5：2：4的速效复合肥，以满足旺盛时期的生长需要。

5）宿根地被类

花形较大或花期较长的宿根花卉类必须做好施肥工作。如芍药全年需施4次肥。第一次是在萌芽后，施氮、磷、钾复合肥，同时掺入适量麻酱渣，此肥有利于植株和花蕾生长。二次施肥是在花前，以磷、钾肥为主，可促进花蕾生长，延长花期。花后肥施用氮、磷、钾复合肥。越冬肥以厩肥为主。大丽花自7月开始，每30～40d施1次腐熟稀薄有机液肥。

6）草坪类

（1）施肥注意事项

①避免叶面潮湿时撒施。肥应撒施均匀，保持施肥的均一性。

②速效氮肥不宜在烈日下施用，不可过量使用。

③根系分蘖期和越冬前，施用磷肥。

④夏季是冷季型草坪休眠期，施肥后根系不吸收，因此高

温时不宜施肥，尽量不施用氮肥，只有在草坪出现缺绿症时，才可少量施用。避免施肥后造成富养环境，导致提供真菌繁衍环境而引发病害。

⑤施肥后必须及时灌水，冲掉叶片上的化肥，避免烧伤叶片。但不宜灌大水，以免淋灌至土壤深层，从而降低肥效。

（2）施肥时间及施肥量

①低养护管理水平的草坪，每年可施1次肥，暖季型草坪初夏施用，冷季型草坪秋季施入。中等养护管理水平的草坪，冷季型草坪应在春、秋季节各施1次肥，暖季型草坪分别在春、仲夏、初秋，各施1次肥。高养护管理水平的草坪，在快速生长季节，最好每月施肥1次。

②草坪返青前，即2月下旬至3月上旬，结合施肥浇灌返青水。膨化鸡粪施肥量不超过 $250g/m^2$。速效肥以尿素 $10g/m^2$、磷酸二氢铵 $15g/m^2$ 混合施用为宜。生长季节以增施磷、钾肥为主，施肥量 $15 \sim 20g/m^2$，夏季宜施复合肥（$10 \sim 15g/m^2$），晚秋施氮、磷、钾复合肥（$15 \sim 20g/m^2$），或氮肥 $2 \sim 3$ 次，每次 $10 \sim 15g/m^2$。野牛草可于5月、8月各施1次尿素，施肥量 $10g/m^2$。9月中旬暖季型草进行全年最后一次施肥，施肥量为 $15g/m^2$（磷酸二氢铵、尿素可单独施用或混合施用）。冷季型草最后一次施肥时间为10月初，施肥量同暖季型草。早熟禾后期施肥时间为10月中旬至11月中旬。

③冷季型草坪，春季两次施肥及8月、9月两次施肥，一般间隔时间为 $30 \sim 40d$。冷季型草坪应轻施春肥，巧施夏肥，重施秋肥。暖季型草坪最佳施肥时间是早春和仲夏。草坪施肥详见草坪养护月历（附表7）。

7）喜微酸性土壤植物

栽植在土壤 pH 较高地区的喜微酸性土壤植物，如广玉兰、桂花、红枫、红花檵木等，生长期应每月施 1 次 1000 倍的硫酸亚铁溶液。

（三）输营养液

1. 输液对象

对未经提前断根处理的山苗，树高 6m 以上、树龄 50 年以上、胸径 20cm 以上、生长势较弱的大型苗木及散坨苗，均可采取树干输液措施。及时输入营养液，有利于促进生根、发芽和增强树势，加快大树成活和古树名木复壮。

但营养液不是万能剂，目前有些施工单位不分树种，不分析导致树木栽植后迟迟不发芽，或发芽后枝叶干枯及树势衰弱的原因而盲目使用营养液，如曾见因栽植过深迟迟不发芽的白蜡树、紫荆，患干腐病叶片发黄的八棱海棠、樱花，臭椿沟眶象危害严重的千头椿等，虽挂袋输液，但收不到理想的效果。

2. 营养液种类及配制

目前市场上销售的专业用产品很多，如上海丽景、四川国光、名木成森、神润等公司生产的产品等。也可自行配置营养液，配方为磷酸二氢钾：ABT3 号：水 =15：1：50。先将生根粉用酒精溶解，然后加入磷酸二氢钾均匀搅拌，确保无杂质。加水稀释至 800 倍，灌入输液瓶内待用。

3. 树干打孔

（1）使用钻头孔径 5 ~ 6mm 的电钻，在根颈、树干或一级分枝处的上、下方，向下倾斜 45° 打吊注钻孔，钻孔深度至木质部 5 ~ 6cm。

（2）一般胸径 10 ~ 20cm 的钻 2 个孔。胸径 20cm 以上的大树，可钻 2 ~ 3 个孔。各钻孔应避免在同一水平或同一垂直线上。

（3）钻孔时，钻头应沿孔的方向来回操作，以便将木屑带出。清除钻孔内的木屑，将针头细管深入树干孔内底部，向树干孔内输水，将孔内空气完全排出。

4. 输液方法

根据树体胸径大小，确定用药瓶数量。

（1）使用成品型吊袋输液。打开封口盖，将输液管插入营养液袋，拧紧封口，提高液袋使管内空气排出，把针管塞入钻孔内插紧，以营养液不外流为准。将营养液袋固定在树干上。

（2）使用大树吊针原液，稀释前需将原液摇匀，用洁净水按说明要求将原液稀释，打开空吊带出口的盖子，把稀释好的肥液灌入袋中，将吊带固定在树上，用输液管连接输液袋，排出输液管中的空气，另一端插入钻孔。

（3）使用输液插瓶时，应旋下其中一个瓶盖，刺破封口，换上插头，旋紧后将插头紧插在孔内。旋下输液瓶后盖，刺破封口，拧上瓶盖并调节松紧，控制输液速度，以肥液不外溢、24h 输完一瓶为宜（彩图 29）。

（4）自行配制营养液时，可使用医用输液瓶作容器。打孔后，选择与孔径等粗的金银木（空心）枝条，插入孔内 3cm，外露 2cm，插牢固，使枝条与孔间无孔隙。输液管针头携带细管一起拔除后，捅破过滤器中的滤纸，把针头插入金银木髓心处。将输液瓶挂在输液孔上方 1m 以上处，输液速度的快慢根据挂在树干的高度或由调速阀来控制。难生根乔木树种移植后，可同时在所输营养液中，每千克加入 0.1g ABT5 号生根粉。

5. 输液次数

输液次数视树势及缓苗情况而定，一般 2 ~ 4 次。营养液输完后，向瓶内及时灌入洁净水继续输水，每天 1 瓶，至苗木完全恢复长势为止。

6. 输液注意事项

（1）枝干胸径小于 10cm 的乔木树种，尽量不输营养液。

（2）营养液必须用洁净水稀释，且现配现用。

（3）输液孔水平分布要均匀，垂直分布应上下错开。避免输液孔打在同一水平面或同一垂直线上。钻孔深度不得超过主干直径的 2/3，但也不可过浅，过浅则药液无法输入。

（4）输送营养液速度不可过快，以 24 ~ 30h 500mL 为宜，以免造成营养液大量外溢流失。发现营养液流失时，应适当控制营养液流速。

（5）严禁超浓度、超剂量使用营养液。

（6）输液瓶或输液袋尽量挂在树干北侧，高温季节输液时，输液瓶或输液袋应用遮阳网遮盖，避免瓶内液体温度上升，对树体造成不利影响。

（7）易流胶树种，如雪松、华山松、白皮松等，宜3—4月，或 9—10 月使用。

（8）输液期间应加强巡视，液量不足时要及时补充，不能出现空瓶、空袋现象。输液管或通水道堵塞、营养液外渗时，要及时拔掉输液管，把孔内空气用细管注水排出，然后将输液管插好，恢复输液。注意输液管不得脱离输液瓶、输液袋和输液孔。

（9）输液结束后，立即撤除全部输液装置，将插入孔内的枝条取出，向孔内注入 600 倍液多菌灵、甲基托布津等内吸式杀菌剂，选择与孔大小等同的本树种枝条，沾果腐康原液插入孔内，枝端与树皮平齐并用油漆封堵。雪松、白皮松、华山松等苗木的伤口，必须涂抹保护剂。输液瓶等输液装置应注意及时回收，可再次利用。

九、苗木整形修剪

"三分种，七分管"，"七分管，三分剪"，修剪是植物养护的重要环节。通过修剪，可以展现各类植物理想的树形，增加开花量、坐果率并延长花期，提高园艺观赏性，满足不同园林的功能要求。通过修剪调节树势，达到更新复壮效果，使植物更加富有生命力。通过年年正确合理地整形修剪，可以保持植物的最佳观赏状态。

对于苗木修剪依据、修剪程序、修剪顺序、修剪质量要求、修剪注意事项、安全要求等，在苗木栽植修剪里已作详细介绍，在此不再赘述。

（一）生长期修剪

指在苗木自发芽后至落叶前这段时间内修剪。

1. 绿篱及色块类整形修剪

通过修剪，提高绿篱、色块的整齐度和观赏性。提高通透性，减少病虫害发生。

1) 绿篱修剪形式

分为自然式和整形式。整形式绿篱的修剪形式常见的有矩形、梯形、圆顶形，另外还有栏杆式、城墙垛口式等。整形式绿篱应按照设计要求造型进行修剪。采用自然式修剪的绿篱，如侧柏、花椒、贴梗海棠、黄刺玫、木槿等，有高篱、刺篱、花篱。自然式绿篱的修剪，要求适当控制篱高，只需疏去病虫枝、枯死枝、过密枝和影响篱面整齐的枝条。

2）修剪次数

生长较慢的树种，全年可进行 2 ~ 3 次；生长较快的树种可行多次修剪。

3）修剪时间

（1）新栽植苗木修剪，应待二遍水渗下后，按规定的高度及形式及时进行整剪。

（2）进入养护期苗木的整形修剪。4月下旬进行全年绿篱的首次修剪，最后一次修剪应在 9 月底前结束。早春观花类的树种，如黄刺玫、贴梗海棠等，应在花后修剪；夏季观花的种类，如木槿、花石榴等，应在 6 月上旬停止修剪，待盛花后再行修剪。

4）修剪方法

（1）一般整形式绿篱修剪时，根据修剪高度应在绿篱两端设立木桩，水平拉线进行篱面的修剪。先用太平剪或绿篱修剪机将篱壁剪成下宽上窄的斜面或上下宽度相同的立面，再按要求高度将顶部剪平，使之成梯形或矩形。同时剪除篱内的病枯枝、过密枝、细弱枝。

（2）对多年生常绿针叶绿篱，整形修剪后应用枝剪将主枝的剪口回缩至规定高度 5 ~ 10cm 以下，避免大枝剪口外露。

（3）其他整形式绿篱整剪时应保持特定的形体。

（4）对于自然式绿篱，剪去病虫枝、枯死枝，对徒长枝及影响篱冠整齐的枝条进行适当短截或疏剪，并适当控制高度。

5）修剪要求

一般已成形的绿篱、色块，待新梢长至10cm时必须进行整剪，要求精细管理的，新梢长至6cm时应行修剪。绿篱及色带修剪后轮廓清晰，不失形，线条流畅，边角分明，篱面、篱壁平整美观。丛内无枯死枝、过密枝、细弱枝。修剪后及时清理篱面及株丛内的残枝枯叶并清走（彩图30、彩图31）。

2. 花灌木类修剪

1）除蘗

（1）去除根蘗。丛生花灌木类，如珍珠梅、丁香、紫荆、贴梗海棠等，对当年根际发生的细弱、过密、多余的新生萌蘗枝，适时从基部剪除。丛生花石榴保留根际9～12个壮枝，除作更新培养枝外，其他多余根蘗一律清除。但要注意分枝少、枝条下部秃裸的丛生苗木，应适当保留外围健壮的根际萌蘗枝。

（2）去除剪口处萌蘗枝。去冬及早春苗木修剪后剪口处长出的多余萌蘗枝，应及时进行疏剪。如紫薇待新梢长至6～8cm时，及时除去剪口处过密、细弱、无伸展空间的嫩枝，以利于抽生大花序，提高观赏效果。

（3）生长季节，应随时疏去嫁接砧木上的萌蘗枝。如榆叶梅、碧桃等山桃砧木萌蘗枝。

2）抹芽

及时抹去剪口处和枝干基部萌生的多余蘗芽。如牡丹每年早春需除去根际过密、细弱、多余的脚芽，选留生长健壮、分布均匀的脚芽。

3）摘心

（1）促生分枝、扩大冠幅。留作更新枝培养的，及分枝较少的小规格苗木，待新梢长至10cm进行摘心处理，促发更多分生枝，不断扩大冠幅。

（2）促花芽分化。春花植物花芽大部分在6月中旬至7月中旬形成，此类苗木可在花后1～2周内，对花枝新梢进行摘心，如榆叶梅保留2～4片叶，将有利于花芽形成，增加来年开花量。又如花石榴，待新梢长至40cm时，摘去顶端部分，有利于花芽分化和促发分枝，培养开花结果枝组。

4）疏枝

疏除病枯枝、影响树冠整齐和无用的徒长枝。

5）疏花、疏蕾

（1）当年新植苗木，应及时进行疏蕾，尽量减少开花量或不使其开花，以利于缓苗复壮。凡在开花后再行定植的假植苗，也应及时摘除全部花蕾。

（2）开大型花的种类，待现蕾后适时疏去部分瘦小、过密和遭受病虫危害的花蕾，以利于开出优质大花。牡丹还应疏去枝头外侧花蕾，每枝只保留中间一个健壮花蕾。

6）疏果

（1）新栽植的观果类苗木，当年及第二年，应疏去部分或全部幼果，适当控制坐果量，有利于缓苗和增强树势，如贴梗海棠、火棘、郁李等。

（2）牡丹、紫薇、丁香等，无观赏价值的果实应全部剪除。

7）修剪残花，延长花期

夏秋观花及多次开花的种类，如月季、珍珠梅、紫薇、金山绣线菊、金焰绣线菊、柳叶绣线菊、金叶莸、大花醉鱼草等，花后及时剪去残花，促使腋芽快速萌发，形成新的花芽再次开花，可延长花期，提高观赏效果。

3. 落叶乔木类修剪

1）日常修剪

修剪折损枝、病枯枝、影响冠形整齐的徒长枝、行道树过低的下垂枝、树干上的冗枝、树干基部的萌蘖枝、剪口处多余的萌蘖枝、嫁接砧木上的萌蘖枝及蘖芽等。

（1）嫁接苗木的修剪。一般用于作栽培品种的嫁接砧木，如杜梨、君迁子（黑枣）、山桃、山杏、山楂、山荆子（山定子）、山玉兰等，均为野生种，其对环境的适应能力强，比栽培种更具竞争力。对它们视而不见、任其生长的后果是：树下长树，如紫叶稠李树下长出小李子树，过几年发现紫叶稠李被"欺死"了；树上长树，如龙爪槐树冠上长出槐树树冠，随着槐树树冠不断扩大，几年后长成了一棵槐树。这些现象是没有及时剪除砧木萌蘖枝造成的。需及时剪除砧木萌蘖枝的栽培品种有：

①低接品种：如白玉兰、紫叶稠李、美洲稠李、紫叶李、梅花、樱花、海棠果、梨树、苹果树、山里红、柿树、杏树、欧美海棠等，注意及时抹去和剪除根际砧木萌蘖枝。

②高接品种：如龙爪槐、五叶槐（蝴蝶槐、畸叶槐）、毛刺槐（江南槐）、金枝国槐、金叶国槐、金叶榆、垂枝榆、美国白蜡、花叶复叶槭等，树冠嫁接口处的砧木蘖芽及萌蘖枝，应及时抹去或剪除。

（2）伞形树冠苗木类的修剪。如龙爪槐、垂枝榆等，夏季修剪时，应疏去伞形树冠内膛的下垂枝、树冠上部的异形枝、嫁接砧木上的萌蘖枝等。

（3）绿地根蘖苗的修剪。生长季节应及时清除绿地内刺槐、构树、杨树、火炬树、凌霄等植物的根蘖，确保栽植苗木正常生长和园林景观效果。

2）雨季来临前修剪

（1）应及时修剪与架空线路有矛盾的枝条和影响行车及市民通行的过低下垂枝。

（2）蛀干害虫危害严重的大枝干必须锯除，以免造成交通、人员伤亡事故。

（3）在沿海地区及风口处栽植的浅根性树种，如对刺槐、香花槐、高接江南槐等伸展过远及严重偏冠树种的枝条，进行适当疏剪或短截，防止树干风折和树木倒伏。

3）雨后修剪

大雨过后进行全面巡查，抢救倒伏树体，清除和修剪折损枝干，并及时清离现场。

4. 观果类树木修剪

园林果树的修剪与果园果树修剪有很大差异，果园果树修剪的目的完全是为稳产、高产，其年年修枝量大，开花结实多，相对寿命缩短。而在城市绿地中栽植的果树，修剪的目的是以生态、景观为基础，不是追求果实产量，通过修剪既要兼顾观赏树形、花、果实，又要延长果树的寿命，实现景观的持续发展。因此，相比果园果树修枝量要小，宜保持自然树形。由于在城市绿地一般生长空间有限，施肥有一定难度，因此不能像果园中果树那样进行疏果，疏果量应适当加大。

1）抹芽

及时抹去树干基部及树干上的萌芽，及冬剪时剪口处滋生的无用蘖芽等。

2）除蘖

及时疏除柿树、枣树、李树、杏树、桃树、山里红、苹果、樱桃、梨树、八棱海棠、海棠果、果石榴等嫁接口以下的砧木萌蘖枝、根际及剪口处无用的萌蘖枝。

3）摘心

通过摘心可以控制新梢过旺生长，促发二次枝，促进花芽分化和果实发育。如山里红，当5月上中旬冠内心膛枝长至30～40cm时，摘去嫩梢顶端10cm；杏树摘心2～3次，采果后新梢长30cm以上、二次枝长20cm分别进行摘心，最后一次摘心不晚于8月中旬；桃树新梢长至30cm、苹果枝长至6～7片叶时进行摘心，苹果树的摘心不宜过早，应在5月中下旬、7月中旬、9月中旬左右进行；石榴树6月盛花时及时摘心，以利保花保果。

4）疏花、疏果

春季对果树类进行疏花、疏果，有利于提高果实品质，保证每年的观赏效果。

（1）疏花、疏果的基本原则

①当年栽植的苗木，坐果后，应将大部分果实摘除或全部疏除。

②初果树及长势弱的树，应适当控制坐果数量。

③本着分布均匀、疏密有度的原则进行。

④石榴留果应本着早期花果尽量留、中期花果选择留、晚

期花果插空留的原则进行，后期坐的果实应全部疏去。苹果、梨、桃等观赏果树本着开花繁茂、果少而精、分布均匀的原则以早期疏果为主，将大部分幼果用手直接掰除。

⑤弱枝及不留果的枝条上的花大部分疏除。摘除生长过密、瘦小及晚期开花的花及花序和果，叶片少的短枝上不留果。

⑥核果类的最后一次定果，应在核硬时进行。

⑦彻底清除虫果、病果及畸形果等。摘下的病虫果应及时销毁或深埋。

（2）疏花、疏果的适宜时间

观赏果树一般多在花盛开末期进行疏花，显果初期疏果。但时间上有所差异，如杏树、杏梅花后10天进行；木瓜花后一个月开始分次疏果；果石榴自5月上旬至6月中旬盛花期末，需多次进行疏花、疏蕾、疏果；桃树落花两周后开始疏果，一般在5月中旬左右，待桃果长至核桃大小时，再最后疏果一次；苹果树在现蕾至落花期进行疏花。

（3）建议留果间距

依据树种习性、营养水平、观赏要求而定。高养护水平的绿地，建议杏树间隔10～12cm留1个果；李树小果品种10～12cm留1个果，大果品种14～16cm留1个果；杏梅间隔15～18cm留1个果；桃树一般长果枝可留2个果，中、短果枝各留1个果；石榴全株结果稀少时，丛生果可尽量保留，果实较多时，丛生果只保留1个发育好的果；苹果树一般20～25cm留一花序上的单花，疏花时注意保留短果枝上的中心花。

5）疏枝

夏季清除内膛旺长枝、细弱枝、背上枝、无用的徒长枝、病虫枝等。疏枝时，必须清楚了解各种苗木的开花习性，花枝及开花枝组在枝干上的着生位置，以免错剪，导致一、二年内不能开花结实。

5. 桩景树类修剪

为保持桩景树的特有形态，应进行多次整形修剪。适时修剪嫩枝顶梢，及时抹去树基或树干上的蘖芽，剔除丛内过密枝、平行枝、交叉枝、枯死枝，提升桩景树的观赏品位。例如紫薇桩待当年生枝长至10cm时，每个主枝剪口下选留粗壮嫩枝2～4个，其余全部清除。生长季节需注意抹芽，以保证所留枝条健壮生长和花叶繁茂。

6. 常绿针叶树类修剪

除折损枝、病枯枝、主干顶梢的竞争枝外，一般不行修剪。但龙柏每年应进行多次修剪，避免株形松散，保持圆柱状树形。

7. 宿根花卉及一、二年生花卉修剪

1）除蘖

早春待芍药根际蘖芽长至5～6cm时，选留一定数量分布均匀的粗壮蘖芽，培养成主枝，其余细弱及过密的全部从根颈处抹去。

2）摘心

通过摘心可抑制新梢生长，促使株丛增加分蘖和分生侧枝，延长和控制花期。如八宝景天、宿根福禄考、假龙头、堆心菊、天人菊、桔梗、落新妇、大花旋复花等，春季需经1～2次摘心，可有效控制株高和扩大冠幅；对夏秋观花的种类，欲使其

"十一"繁花盛开，需适时进行摘心。如早小菊最晚于7月中旬、北京夏菊7月下旬、荷兰菊8月中旬、一串红8月底作最后一次摘心。

3）摘叶

及时摘除病叶、株丛下部的枯黄叶片。如大丽花雨季必须摘除下垂至地面的叶片，以防止霉烂。

4）疏蕾

菊花、大丽花、芍药等花形较大的苗木，现蕾后应及时除去虫蕾、侧蕾，保留顶端花蕾，以保证开出大花、优质花。

5）剪枝

（1）及时修剪折损枝、病枯枝、枯萎枝。

（2）根据苗木生长高度、开花时期，对花后易倒伏，以及因栽植过密或浇水过量，造成花苗徒长、倒伏或株形松散不整齐的植株，适当进行短截。通过修剪控制株高和株形，防止苗木倒伏。如千叶蓍、费菜、波斯菊、美女樱、银叶菊、彩叶草、玉带草、百脉根等，均可通过剪枝来控制。

（3）大花秋葵、芍药、美人蕉、马蔺、萱草、大丽花、千屈菜、鸢尾、荷兰菊等宿根地被花卉，霜降后剪去地上枯萎部分，并清理干净。

6）修剪残花

"若要多开花，花后剪残花。"花后剪去残花及残花花茎，有利于提高整齐度、提升观赏效果，有的可延长花期。

（1）提升观赏效果。如修剪大丽花、火炬花、芍药等残花，及美人蕉、蛇鞭菊、大花萱草、蜀葵等残花花序轴。

（2）延长花期。花期较长的宿根及一、二年生草花，如鼠尾草、婆婆纳、落新妇、美国薄荷、景天、大花萱草、宿根福禄考、松果菊、波斯菊、大花金鸡菊、黑心菊、天人菊、勋章花、金光菊、石碱花等，花后修剪残花及残花花茎，可再次开花卉延长花期。如鼠尾草、婆婆纳修剪后30d，大丽花60d，美国薄荷8月上旬可再次开花。

8. 模纹花坛植物整形修剪

模纹花坛植物应经常修剪，以保持独特的观赏效果。先修剪花纹线上栽植的植物，要求做到高度一致，面平、外壁平直。模纹中植物色彩变化时应在组团间保留5～10cm的间隔，以凸显模纹图案的立体效果。模纹中间修剪后高度应略高于外缘，以突出图案整体效果。

9. 草坪修剪

适时修剪草坪，对控制杂草开花结实，提高草坪的平整度、密集度、观赏性、使用性，延长草坪寿命，减少病害发生和蔓延是极为重要的。

1）剪草时间、次数

（1）2月底至3月初，地表解冻时，冷季型草应及时进行一次低修剪，留茬高度2～3cm。

（2）4月中旬，暖季型草和冷季型草，当高度超过10～12cm时，进行生长期第一次修剪。野牛草5月行第一次修剪。一般新植草坪草高度长至7～8cm时，可行首次修剪。草地早熟禾高度达5cm以上时，开始修剪。

（3）修剪次数。不同生长时期，草坪修剪次数不同。

①一般绿地草坪。春秋季节可每10d左右修剪1次，夏季为减少病害发生和蔓延，应适当减少修剪次数，一般草高

10 ~ 12cm 进行修剪为宜。野牛草全年修剪不少于 3 次。早熟禾 5 月上旬开始进入抽穗期，应适时进行修剪，控制抽穗扬花，防止结籽。

②护坡草坪。一般可不修剪，在能够及需要进行修剪的地方，全年可修剪 2 ~ 4 次。

③足球场草坪。春秋季节约每周修剪一次，夏季旺盛生长期每周应修剪两次。

④对于特殊地段的草坪。如机场草坪，全年修剪一般不超过 10 次。

⑤切边草。在草坪生长旺盛的季节，外缘草坪草不断向外扩展伸出，蔓延至草坪界线以外（如花坛、花境、树穴内和路缘石以外），对长出草坪界线以外的乱草应进行修剪。自 6 月开始，全年可进行 3 ~ 4 次。

（4）全年最后一次修剪时间。野牛草最后一次修剪不晚于 9 月上旬，暖季型草坪最后一次修剪时间为 10 月中旬，冷季型草坪应在 10 月底前完成。

2）留茬高度

（1）不同生长时期留茬高度。城市绿地草坪，4 月第一次剪草留茬高度为 3 ~ 4cm，适宜生长季节留茬高度为 4 ~ 6cm，不利生长季节留茬高度为 6 ~ 8cm。

（2）不同草种草坪留茬高度。一般绿地草坪，结缕草留茬高度为 1.5 ~ 5cm，早熟禾 3.8 ~ 6.4cm，黑麦草 3.8 ~ 6.4cm，高羊茅 4 ~ 7.6cm，匍匐翦股颖 0.5 ~ 2cm，野牛草 4 ~ 6cm。

（3）不同绿地草坪留茬高度。林下草地 6 ~ 8cm，足球场草坪 2 ~ 4cm，机场草坪 5 ~ 8cm。作跑道的机场草坪，留茬高度应不低于 5cm；道路护坡草坪，在能够修剪的平坦区域，高度可控制在 8 ~ 15cm，在坡度较大及不便修剪的区域，可不行修剪。

3）修剪要求

（1）草坪剪口要齐，无毛茬。修剪后草坪高度一致，外缘线清晰。

（2）使用剪草机剪草时，应直线行走，一行压一行。

（3）剪草机无法操作的角落，应由人工补充修剪，不得有遗漏，不得留死角。

（4）切草边时应使用草坪修边机或工具铲，顺草坪外缘向下斜切，切到草坪草的根部，切边的边缘与草坪边坡角度以 45° 为宜，一般深度为 10 ~ 15cm。边缘线以外的乱草应全部铲除，外缘线条必须平顺、自然、流畅。

4）修剪工具

手推式剪草机适用于庭院、居民区、绿岛、街头绿地等小面积草坪的修剪。中小型绿地多使用自行式剪草机。乘坐式草坪车适用于较大面积草坪的修剪，如足球场草坪、广场草坪的修剪。滚筒式剪草机用于高质量草坪的修剪，如高尔夫球场果岭草坪的修剪。不便于使用大型机械的林间道旁、狭小地段或坡度超过 30° 的坪地、野生草丛等，应用背负式电动割灌机。色块、花境、路缘、墙角等机械无法操作的地方，需用太平剪代替。

5）草坪修剪辅助措施

对于面积较大的观赏草坪及不宜进行机械修剪的边坡草坪，为减少草坪修剪次数，在草坪旺盛生长期，喷洒植物生长调节剂，可抑制草坪生长，控制草坪高度，提高草坪密度。

（1）适宜施用时期

冷季型草应在春季和秋季生长旺盛期各施用1次，暖季型草宜在夏季施用。一般在草坪修剪前6~7d，选在晴天、无风时施用。

（2）生长调节剂使用方法

有喷施法和土施法两种。

①喷施法。适宜采用叶面喷施法的生长调节剂有矮壮素、嘧啶醇、丁酰肼等。

②土施法。适于土施的生长调节剂有矮化磷、多效唑、烯效唑。

③可以叶面喷施，也可以根施的如矮壮素、嘧啶醇等。

（3）注意事项

①生长调节剂不可加大使用浓度，以免对植物产生药害，如落叶、畸形、根叶停止生长等。

②在施用前应先选一小块坪地作施用试验，根据试验效果确定所使用生长调节剂的种类、浓度等。

③新建草坪未成坪前不得使用。

④植物生长调节剂对坪草的矮化效果是明显的，但不可连续重复使用，以免造成草坪提前退化。植物生长调节剂的使用，见草坪养护月历（附表7）。

（二）休眠期修剪（冬季修剪）

秋季苗木落叶后至翌春发芽前的修剪，耐寒类植物如白蜡、槐树等，可在冬季至发芽前进行。耐寒性差的树种，如紫荆、棣棠等，应在春季发芽前进行。发芽较晚的紫薇、枣树等，可在 4 月中、下旬进行。

1. 花灌木类修剪

1）修剪原则

应按各树种的标准树形，本着内高外低、内稀外密、去直留斜、去老扶新的原则进行修剪。修剪的程序，应由基到梢、由内向外。

2）共性修剪

（1）除蘖

注意剪除嫁接砧木上的萌蘖枝（如月季、碧桃、海棠花、紫叶矮樱、榆叶梅等），以及丛生灌木类（如丁香、珍珠梅、紫荆、花石榴等）根际多余的萌蘖枝。丛生紫薇可保留 6 ~ 8 个生长健壮的枝条，其余细弱枝一律疏除。花石榴保留基部健壮主枝 9 ~ 12 个。单干灌木类，如花石榴、紫薇等根际的萌蘖枝，应全部疏除。

（2）疏枝

疏除冠丛内的病虫枝、枯死枝、细弱枝、交叉枝、过密枝、徒长枝及影响冠形整齐的枝条。留作更新用的大规格苗木的徒长枝，应适当短截，促其分生侧枝。

（3）剪梢

剪去枝条上的枯死梢，如紫荆、棣棠等耐寒性稍差的树种，春季常出现梢条现象，发芽前剪去枝梢干枯部分。

（4）更新修剪衰老枝

①对开花量稀少的衰老枝，应行逐年更新修剪，将衰老枝自基部剪除，如棣棠 2 ~ 3 年生，锦带花、海仙花、猬实 3 年生，溲疏 6 ~ 7 年生，木槿、丁香、玫瑰、花石榴 8 年生以上

部分老枝等，以保证枝条不断更新，增加开花量。但对多年生老枝上开花的紫荆、贴梗海棠、太平花等，应注意培养和保留老枝。

②培养更新枝。对开花量少的衰老枝，应逐年选留部分健壮根蘗或徒长枝，进行短截或摘心培养。如月季10年生以上老枝细弱且开花少，应适时进行更新修剪，自扦插苗基部徒长枝2~4芽处短截，促其早生分枝，并逐步将老枝齐地面剪除。

③对多年生老株及株形松散不整齐的植株，应及时进行更新修剪。如大花醉鱼草，发芽前剪去株高的2/3；金山绣线菊、金焰绣线菊、金叶莸、红瑞木等，可自地上10cm处短截；雪山八仙花、圆锥绣球等，应自基部15cm处短截。

④对于放任不剪、树冠伸展过大、叶幕层及开花部位上移、枝干下部严重秃裸的丛生灌木类，如紫薇、蜡梅、贴梗海棠、珍珠梅等，必须疏去根际过密、细弱及衰老枝的萌蘗枝，注意适当保留和培养外围健壮萌蘗枝，对所留枝条进行回缩重剪。

3）春花类的修剪

休眠期应轻剪秋梢，如榆叶梅等，保留花芽集中的夏季生成枝段，提高花期观赏性。但顶生混合芽的种类，如丁香，不可短截秋梢，否则当年不会开花。拱形、匍匐形及蔓生的种类，如垂枝连翘、金脉连翘、朝鲜连翘、迎春、木香、野蔷薇等，其长枝一般不行短截，应保持其特有树形和保证春季开花量。

4）夏秋观花类的修剪

早春发芽前一般应适当重剪，如紫薇、珍珠梅、八仙花类等。7—9月开花的雪山八仙花、圆锥八仙花，发芽前可自基部15cm处重剪。柳叶绣线菊可自二年生枝2~3个壮芽处短截，促发健壮枝。

5）冬季观花类的修剪

如蜡梅类，冬季疏去主枝上过密的细弱枝，主枝短截1/3，剪去保留侧枝的枝梢。疏去根际和冠内无用的徒长枝。

6）观干类的修剪

分枝少或株型松散的植株，春季自基部10cm处重剪，促发健壮枝条，如棣棠、红瑞木等。

2.落叶乔木类修剪

1）共性修剪

修剪病枯枝、折损枝、树干上的冗枝、过低的下垂枝、影响冠形整齐的徒长枝、树干基部的萌蘖枝、嫁接砧木的萌蘖枝等。

2）行道树修剪

（1）与高架线距离在1m以内、下垂高度2.5m以下及遮挡交通信号灯的枝条，一律剪除。

（2）栽植多年且树冠严重偏斜的，应通过修剪大枝来调整树冠重心，防止风雨时树体倒伏。

3）截干苗木修剪

对前一年行截干栽植的苗木，应根据不同树种，分别选留健壮主、侧枝，多余枝均应疏除。对第一、二年长出的新生枝进行短截，促其树冠尽快形成。

4）伞形树冠类苗木修剪（龙爪槐、垂枝榆、垂枝桑等）

（1）去除树冠上的病枯枝、过密枝、高出冠顶的异型枝、嫁接砧木上的萌蘖枝、内膛的下垂枝。对重叠枝、交叉枝、平行枝，进行选择性修剪，所留主枝尽量分布均匀。

（2）短截主、侧枝，每个主枝上的侧枝安排要错落相间，其长度不得超过所属主枝。短截时，主枝注意剪口芽的方向，应选拱形枝最高点上方芽为剪口芽，在芽前 1cm 处行短截。

（3）对因病虫危害或枝干损伤而造成偏冠的，修剪时应选空膛方向拱形枝的斜上方侧芽为剪口芽，以利于新枝延伸填补空间，形成丰满圆整的伞形树冠。

3. 常绿针叶树修剪

保持常绿针叶树特有的观赏形态，剪去枯死枝、折损枝、病枝，与主干顶梢竞争的新生徒长枝，应短剪至分生侧枝处，切不可自主干处疏除。修剪时，剪口下留橛 2 ~ 3cm 并涂抹保护剂，防流胶造成树势衰弱。

（三）修剪注意事项

1. 绿篱、色块

（1）修剪时，年内应逐次提高修剪高度，每次提高 1 ~ 2cm，翌年首次修剪时，再剪至设计要求高度。

（2）修剪时，应彻底清除色块及绿篱上的藤本植物和菟丝子。

（3）进入夏季，大叶黄杨、金叶女贞修剪后，应及时喷洒杀菌剂，预防金叶女贞褐斑病、黄杨褐斑病、角斑病、炭疽病等发生。几种杀菌剂应交替使用。

2. 草坪

（1）剪草前检查剪草机各部件运行是否正常，刀片是否锋利。校正刀片，使草坪修剪达到要求高度。

（2）作业前应彻底清除地表石块等硬物，以免剪草时损伤刀具。严禁在草坪作业面上加油，以免对草坪造成损伤。

（3）剪草时不可留茬过低，注意保护根茎生长点和中间层生长点不受损伤。修剪间隔时间过长、坪草过高时，不可通过一次修剪就达到要求高度，每次修剪应掌握1/3原则，即被剪去的部分控制在地上自然高度的1/3以内，通过多次修剪，逐渐达到要求高度。一次修剪过重，常导致坪草长势衰弱，不易缓苗。

（4）剪草必须选择晴天，避开中午高温时间，在草叶相对干燥时进行。夏季高温季节是草坪病害高发期，有露水、下雨或雨后草叶未干及傍晚时均不得剪草，防止病害传播蔓延。

（5）草坪病害易发生月份，剪草后应及时打一遍杀菌剂，几种杀菌剂交替使用，可大大减少病害发生和蔓延。剪草应先剪无病害区，在病区作业后，应及时给剪草机的刀片消毒，防止病害进一步扩展蔓延。

（6）剪草后必须及时清除坪地内的草屑、枯草，24h内灌一遍水。

（7）同一块草坪地，应避免在同一地点、同一方向多次重复修剪，以免产生"纹理"和"层痕"现象。中心大草坪则应采用在一定方向上来回修剪的操作方式。修剪时行间要稍有重叠，以免漏剪。

（8）在坡度超过15°时，严禁使用宽幅剪草机作业，以保证施工人员和机械的安全。在草坪坡度30°以下的斜坡作业时，可使用手扶式剪草机，沿地形水平线来回横向修剪，避免顺斜坡上下剪草。狭窄地段或坡度超过 30° 时，应使用背负式电动割灌机或太平剪作业。在坡度低于 15°，使用坐式剪草机时，应顺斜坡上下纵向作业。

（9）使用机械剪草时，不得损伤其他苗木的茎、干。在靠近花境、色块、乔灌木的地方，应使用太平剪补充修剪，不留死角。

3. 乔灌木类

（1）疏枝剪口与枝条平齐，不留橛。

（2）剪口必须涂抹保护剂，保护剂涂抹要到位，不留白茬。

（3）有伤流现象的树种，如核桃树、元宝枫、枫杨、红枫等，伤流期不得剪枝。

十、苗木补植

定期调查苗木的发芽、生长及病虫害发生情况，认真做好调查记录，发现问题应及时分析原因，采取积极的补救措施。对病虫危害、人为破坏、机械损伤、灾害性天气等造成枯死、损坏、丢失的苗木，应尽快落实苗源，确保补植工作顺利进行。

（一）草坪修补、补播

对施工破坏、人为践踏、病虫危害、施肥浓度过大、恶性杂草侵害、除草剂使用不当等造成的地表明显裸露、局部枯死或斑秃，面积直径达 10cm 以上者，应随时修补。斑秃率达 10% 以上时，应集中修补或补播。对生长势较差、杂草丛生、已失去观赏价值的草坪，应彻底清除，重新进行播种和补栽。

1. 清除残留枯草

将斑秃草坪切块起出，并清理干净。去土的厚度要和草坪卷的土层厚度一致。清除斑秃地残草时，应将边缘切整齐。

2. 土壤消毒

对由病害或地下害虫造成的斑秃地块草坪，必须给土壤消毒、杀虫后再进行补植、补播。土壤消毒可喷施辛硫磷或杀菌剂。

3. 土地整理

人为踩踏和车辆碾压硬实地块，土壤必须翻耙疏松、平整后再进行补植、补播。

4. 草坪补植、补播

应选用原草种，新补草块要与草坪紧密相接，尽量减小缝隙，修补后草坪平整、美观。暖季型草种补播工作应在7月底前后完成。冷季型草种、二月兰补播工作，应在10月中旬左右结束。

（二）乔、灌木类补植

对病虫害严重、失去观赏价值、已枯死及损坏严重的苗木，应及时拔除，挖好树穴适时补植。

1. 品种要求

补植苗木的品种、规格，应与原栽植苗木相同。

2. 栽植要求

补植苗木的栽植，必须符合苗木栽植的各项要求。

3. 土壤消毒

因患根头癌肿病（樱花、桃树、紫叶李、海棠类、刺槐、香椿、杨树等）、黄萎病、枯萎病（合欢、黄栌、丁香、紫荆、红枫等）、立枯病（小叶黄杨、小叶女贞、水蜡等）、根腐病

（雪松、白皮松、柳树等）、白（紫）纹羽病（杨树、柳树、白蜡、国槐、悬铃木等）等土传病害而死亡的苗木，补植前树穴或栽植槽必须更换栽植土，或给土壤消毒后方可进行补植，补植苗木根部或土球可喷施杀菌剂保护。补植养护中密切关注土传病害是否再发生，并做好防治预案。

4. 支撑、灌水

（1）大型乔灌木，补植后先用支撑将树体支撑牢固，支撑必须符合要求。

（2）补植苗木必须灌好三遍水，不可漏灌。为防止苗木漏灌，应给补植苗木品种，补植时间，补植位置，一、二、三遍水的浇灌时间列表，并及时填写。绿篱补植后最好先不修剪，待二、三遍水后再剪，以免漏灌造成苗木死亡。

（三）花坛、花境苗木补植

花坛、花境内人为踩踏、折损或死亡的苗木应随时拔除，及时进行补栽。自播繁殖的一、二年生花卉，地面裸露处需撒种补播，出苗密度较大时，应适时进行间苗，防止花苗倒伏。

十一、苗木更新复壮

（一）苗木分栽

有些丛生灌木、宿根地被植物及水生植物，由于不断分蘖，导致生长空间减少，根部拥挤影响正常生长发育，多年后会逐渐衰老，并出现退化现象，表现为植物拥挤、花量减少、花冠变小、病虫害发生严重或部分苗木死亡等，故应对出现退化现象的植物及时进行更新分栽复壮。如常夏石竹，株丛 2～3 年即衰老退化，开花不良；落新妇 3～4 年生株丛老根即已木质化或部分枯死；菊花第二年会出现株形不整齐、开花不好等现象；红花酢浆草5~6年，分蘖能力逐渐衰弱，大部分鳞茎老化，长势衰弱。因此，对生长过密、长势不旺的多年生丛生灌木及宿根地被植物，需要适时分栽，通过分株进行更新复壮。草本地被及水生植物的更新分栽，详见一、二年生草本花卉栽植与养护（附表1），宿根草本地被植物栽植与养护（附表2），球（块）根、球茎地被植物栽植与养护（附表3），水生植物栽植与养护（附表4）。

（二）苗木间伐

对于多年生老竹进行更新，可在晚秋或冬季去除6~7年生以上老竹。

（三）苗木截干

萌芽及发枝力强的衰老树，可采用截干方法进行更新复壮，如白蜡、柳树等。但有些地方对蛀干害虫严重、长势衰弱的大树进行截干处理，这种养护措施是欠妥的。对此类苗木或采取树干注药、根灌、熏杀等综合防治措施，或拔掉重新栽植。但对危害部位在五叉股或以上的，是可采用的一种补救措施。

十二、中耕除草

（一）清除杂草

1. 杂草类型

1）单子叶杂草

芦苇、狗尾草、狗牙根、虎尾草、牛筋草、马唐、蟋蟀草、白茅、稗草、莎草、三棱草、香附子等。

2）双子叶杂草

· 毛地黄、车前子、蒲公英、马齿苋、地肤、曼陀罗、苍耳、破铜钱草、益母草、葎草、酢浆草、三叶草、节节草、苦荬菜、荠菜、苋菜、刺儿菜、委陵菜、酸模、黄花蒿、茵陈蒿、艾蒿、蒺藜、旋复花、野西瓜苗、野葡萄苗、野西红柿苗等。

3）寄生性杂草

菟丝子、金铃子等是一类不易根除的寄生性杂草，必须在侵染初期及时喷药防治，控制其蔓延。

2. 清除原则

应坚持除早、除小、除净的原则。重点是清除绿地内双子叶植物，有些杂草是病虫越冬寄主或中间寄主。如早熟禾是飞虱、叶蝉的越冬寄主；狗牙根是锈菌的寄主；独行菜、附地菜、篱打碗花等，是传播有害生物的转主寄主。这些杂草常成为草坪病害的初侵染源，应注意及时拔除。

（1）对生长迅速、蔓延能力强、扩张力强的单子叶杂草，如芦苇、牛筋草、马唐等必须及时连根拔除。

（2）一般单子叶杂草，应通过及时修剪，避免结籽来控制其蔓延。

（3）发现有害性杂草、寄生性杂草侵入时，必须立即连根彻底清除，防止其快速扩展蔓延，危害其他植物。

3. 除杂草次数

（1）一年生杂草6、7、8月是旺盛生长期，也是主要危害时期，需每月清除杂草3次。非旺盛生长期，可每月清除杂草1~2次。

（2）5—8月由于气温高、湿度大，适应各类多年生杂草生长，故应每月清除杂草3次。多年生杂草必须连根拔除。

（3）重点观赏草坪，需随时拔除双子叶杂草，防止杂草蔓延。

4.清除方法

可采用人工拔除或机械修剪除草、化学防治（施用除草剂）等方法。

1）人工拔除

如坪地内双子叶杂草、绿地内杂草及构树、杨树、火炬树、凌霄、刺槐等滋生的根蘖苗，或臭椿、榆树等自然播种幼苗，数量不多时可人工连根拔除。

2）人工拔除或化学防治

菟丝子侵染初期可人工拔除，也可使用生物农药鲁保1号菌剂，500～800g/亩，加水100kg、洗衣粉50～100g，混合均匀后喷雾，5～7d喷施1次，连续2～3次。也可用48%甲草胺乳油250mL/亩，兑水25kg喷杀。三叶草上菟丝子危害严重时，先用镰刀将其砍断，再涂抹或喷洒鲁保1号菌剂，除治效果更好。

3）化学防治

在草坪草生长期不可使用灭生性除草剂，以免对绿地植物造成伤害，应使用选择性除草剂，如阔叶净、阔必治、麦草畏等。灭生性除草剂如草铵膦、星道静等，对所有植物都有灭杀效果，无除草选择性，只可在建坪前使用，施用半月后可栽植苗木或建植草坪。

（1）禾本科草坪内阔叶杂草的防除。麦草畏等是防治阔叶杂草的除草剂，能杀死双子叶杂草，如坪地内的委陵菜、地肤、蒲公英、藜、酸模、车前草、田旋花等，但对禾本科草坪安全。按需求将除草溶液稀释后，均匀地喷洒到植物体表面，3～5d即可见效。一般阔叶杂草2～3叶期防除效果最佳。

（2）禾本科草坪内的禾本科杂草的防除。如消禾草坪除草剂，可杀死高羊茅、早熟禾、黑麦草、马尼拉坪草中的狗牙根、狗尾草、牛筋草、画眉草、稗草、马唐等禾本科杂草，但对栽植草种安全。杂草3～7叶期使用效果最佳，除草剂用量80～90g/亩，7～9叶期用量90～100g/亩。将每亩地用药量兑水30kg后均匀喷洒，要求雾化程度高，做到不漏喷、不重喷。喷施后10～15d杂草死亡，但对已木质化的其他杂草不宜使用。又如草坪灵4号，可防除草坪中的稗草、画眉草、牛筋草、星星草等。

（3）阔叶草坪内禾本科杂草的防除。一般可选用吡氟禾草灵、吡氟氯草灵、烯禾定等除草剂。对于白三叶坪地中的禾本科杂草早熟禾、稗草等，可使用禾草克、甲禾灵等，其对白三叶等双子叶草坪安全。

（4）草坪中主要是单子叶杂草时，可用对草坪安全、对周围花木无影响的消禾。

（5）当黑麦草、高羊茅、早熟禾、结缕草等坪地内既有单子叶杂草又有双子叶杂草时，可安全使用消禾、杂草净、消杀防除，除治藜（灰灰菜）、狗尾草、马齿苋等杂草。

（6）冷季型草坪中的阔叶杂草，可用阔叶净、消禾等，适用草坪有早熟禾、黑麦草、结缕草、高羊茅。

（7）成熟草坪，阔叶杂草可施用百草敌或溴苯胺，百草敌施用量 0.2 ~ 0.6kg/ 亩，溴苯胺 0.3 ~ 0.6kg/ 亩，一年施用 2 次，可基本得到控制。早熟禾、黑麦草草坪中的禾本科杂草，施用恶草灵颗粒剂防除。

4）使用除草剂注意事项

（1）新植苗坪，一般以建植 4 周后，草坪草已具备足够的抗药性时施用除草剂为宜。

（2）新播草坪，在坪草修剪 2 ~ 3 次后方可施用。

（3）成形草坪修剪后，不能立即使用除草剂，必须在剪草 3d 后方可使用。

（4）麦草畏等是除禾草外，对双子叶植物均能产生伤害作用的除草剂，一旦喷施到植物体上，会造成药害，因此在喷施时应注意周边植物，避免产生次生药害。

（5）有些对坪草敏感的除草剂，如剪股颖和高羊茅对恶草灵敏感，剪股颖、狗牙根对环草隆敏感，早熟禾对地散磷敏感，故不能用于茎叶处理施用。

（6）避免在同一块草坪上长期单一地使用同一种除草剂，以避免杂草对除草剂产生抗性。使用时，可交替使用或混合使用除草剂。

（7）使用除草剂前一天需给草坪地灌水，墒情好才能保证除草效果，干旱时使用效果不佳。

（二）锄地松土

为防止土壤板结，以利于土壤抗旱保墒，在灌水或大雨过后，待地表稍干时，对绿地、树穴适时进行锄划松土。锄划松土在土壤黏重、盐碱地区尤为重要，可以提高土壤的透气性并有效防止返盐、控碱。

1. 松土次数

（1）花坛、花境每月松土 1 次。易板结的土壤，夏季须每月松土 2 次。

（2）树穴内应经常锄划松土，保持每月 2 次以上，是克服土壤干旱、土壤过湿的有效措施，每次灌水后、雨后，均应适时锄划松土。

（3）盐碱地、黏重土壤，灌水或大雨后，应及时锄划松土，保持不板结、平整疏松的地表，这是盐碱地、黏重土壤绿化养护的重要措施之一。

2. 松土深度

牡丹、芍药花谚有"春天锄一犁，夏天划破皮"之说。即指春天中耕宜深，夏天锄地要浅。一般 3 月下旬深锄松土至 10 ~ 15cm，4 月上旬应根据土壤干湿情况，进行深锄或浅锄。花谢后，锄地深度以 12 ~ 15cm 为宜。进入夏季，土壤干旱时，应 15 ~ 20d 松土 1 次，松土深度 2 ~ 5cm。8 月是中耕锄草的关键时期，宜浅锄、细锄。

1）花坛、花境

松土深度以 3 ~ 5cm 为宜。

2）绿地、树穴

松土深度以 5 ~ 10cm 为宜。

3）花灌木、宿根地被植物

松土深度以 3 ~ 10cm 为宜。

（三）松土注意事项

松土时，应距干茎一定距离，株行中间宜深锄，近苗木处宜浅锄，松土时切勿伤及苗木根系、干皮和嫩芽。

十三、病虫害防治

养护工作中，病虫害防治是重点内容之一。要做好病虫害防治工作，首先要能够识别病虫形态，了解病虫危害症状、病虫发生规律和农药的使用等。只有对症下药，及时控制病虫害的发生和蔓延，才能将其掌握在可控范围之内。因此，要求技术人员必须认真地对绿地植物病虫发生情况进行经常性巡视检查，掌握目测识别病虫危害症状的方法，以便能及时发现并采取相应的防治措施。

（一）病虫危害症状

1. 枝干

1）树干及枝条上有羽化孔、蛀食的孔洞

疑似天牛类、木蠹蛾类、豹蠹蛾、杨干象、吉丁虫、螟蛾、透翅蛾、象虫等危害。

（1）羽化孔圆形。疑似臭椿沟眶象、沟眶象、杨十斑吉丁、青杨脊虎天牛、桑粒肩天牛、柏肤小蠹、青杨天牛、光肩星天牛、云斑锦天牛等危害。

（2）羽化孔椭圆形。疑似吉丁虫、松青桐吉丁、杨锦纹截尾吉丁等危害。

（3）羽化孔扁圆形。疑似白蜡窄吉丁虫、六星吉丁虫、梨金缘吉丁等危害。

（4）羽化孔卵圆形。疑似绿窄吉丁等危害。

（5）羽化孔半圆形。疑似双条杉天牛、花曲柳窄吉丁、花椒窄吉丁等危害。

2）枝干上有虫瘿

疑似楸蠹野螟、柳梢瘿蚊、白杨透翅蛾、青杨天牛、菊瘿蚊等危害。

3）枝干腐烂

干腐病、腐烂病、溃疡病、病毒病等。

4）树干流胶

流胶病，雪松枯梢病，或有多毛小蠹虫、臭椿沟眶象、吉丁虫、病毒病危害等。

5）枝条干枯

灰霉病、枝枯病、轮纹病、蚧虫、双条杉天牛、榆木蠹蛾、云杉小卷蛾、立木腐朽病、紫荆枯萎病、大叶黄杨疫霉根腐病、疫病、葡萄虎天蛾、花椒窄吉丁、草履蚧、蚱蝉危害等。

6）枝呈簇生状

枣疯病、柿疯病、泡桐丛枝病等。

7）枝条枯梢

小线角木蠹蛾、双齿长蠹、梨小食心虫、枣豹蠹蛾、白粉病、六星黑点豹蠹蛾等。

8）枝干有瘤状物

癌肿病、增生等。

9）全株枯死

枯萎病、立枯病、根腐病、腐烂病、白（紫）纹羽病、流胶病、蛀干害虫等。

2. 叶片、嫩梢

1）嫩梢、叶片结网

疑似美国白蛾、长毛斑蛾、合欢巢蛾、黄褐天幕毛虫、女贞尺蛾、山楂绢粉蝶、苹果巢蛾、杨扇舟蛾等。

2）叶片

（1）嫩叶粘连。疑似棉褐带卷叶蛾、黄色卷蛾、黑星麦蛾、巢蛾等。

（2）叶片卷成筒状。疑似棉大卷叶螟、枣瘿蚊等。

（3）缀叶成苞。疑似柳丽细蛾、梨星毛虫、苹果小卷叶蛾、枣黏虫等。

（4）叶卷曲、皱缩。疑似茎叶病、桑萎缩病、蚜虫危害等。

（5）叶片残缺有缺刻。疑似石榴巾夜蛾、黄刺蛾、扁刺蛾、长毛斑蛾、柳雪毒蛾、榆毒蛾、大蓑蛾、绿尾大蚕蛾、樗蚕、银纹夜蛾、霜天蛾、葡萄天蛾、褐边绿刺蛾、臭椿皮蛾、玫瑰三节叶蜂、切叶蜂、叶蜂、黄杨绢野螟、棉铃虫、大造桥虫、尺蛾、木橑尺蛾、黏虫、枸杞负泥虫、柳蓝叶甲、舟形毛虫、蜗牛等。

（6）叶片仅剩中脉和叶柄。疑似黄褐天幕毛虫、葡萄天蛾、葡萄虎蛾、夜蛾等。

（7）叶片仅剩表皮和叶脉。疑似舟形毛虫等。

（8）叶片有穿孔。疑似真菌性穿孔病、细菌性穿孔病、病毒病、葡萄黑豆病等。

（9）叶片有孔洞。疑似蜗牛、榆黄叶甲等。

（10）叶片破裂。疑似桃潜叶蛾、真菌性穿孔病等。

（11）叶片具网状斑、条块。疑似柳细蛾、柳蓝叶甲、榆绿叶甲、二十八星瓢虫等。

（12）叶片呈透明网状。疑似苹掌舟蛾、榆掌舟蛾、角斑古毒蛾、木橑尺蛾、梨叶斑蛾、榆绿叶甲、柳蓝叶甲等。

（13）叶片出现弯曲条状潜道。疑似潜叶蛾、美洲斑潜蝇、南美斑潜蝇等。

（14）叶片有病斑。疑似褐斑病、圆斑病、角斑病、条斑病、红斑病、黑斑病、灰斑病、炭疽病、轮纹病、穿孔病、毛毡病等。

（15）叶变色。疑似黄萎病、花叶病、病毒病、黄叶病、圆斑病、杏疔病、枸杞霉斑病等。

（16）早期落叶。疑似松落针病、柿圆斑病、褐斑病、木虱、柿角斑病、锈病、葡萄霜霉病、葡萄灰霉病、腐霉病、叶枯病等。

（17）叶片有霉状物。疑似白粉病、灰霉病、黑霉病、霜霉病、煤污病等。

（18）叶片干枯。疑似叶枯病、霜霉病等。

（19）叶缘枯斑。疑似焦边病、叶枯病等。

（20）叶片皱缩畸形。疑似蓟马、蚜虫、病毒病、叶肿病、类菌质体、皱叶病危害等。

3. 花蕾、花冠、果实

1）花蕾、花冠有孔洞或残缺不全

疑似棉铃虫、苹毛金龟、白星花金龟、四纹丽金龟、小青花金龟、无斑孤金龟等。

2）果实

（1）果实有蛀孔。疑似梨小食心虫、桃小食心虫、桃蛀螟、杏仁蜂等。

（2）果实有干疤。疑似苹小食心虫、杏细菌性穿孔病等。

（3）果实龟裂。疑似梨黑星病、梨圆蚧、葡萄黑豆病等。

（4）果实皱缩畸形。疑似茶翅蝽、麻皮蝽、康氏粉蚧、袋果病等。

（5）果实干缩。疑似梨大食心虫、葡萄白腐病、缩果病、枸杞霉斑病、葡萄黑腐病、葡萄房枯病、葡萄酸腐病、葡萄白腐病、核桃黑斑病等。

（6）果实有病斑。疑似桃疮痂病、锈果病、苹果褐斑病、梨褐斑病、锈果病、梨黑星病、柿黑星病、梨炭疽病、苹果炭疽病、枣炭疽病、花椒炭疽病等。

（7）果实腐烂。疑似石榴干腐病、褐腐病、轮纹病、黄粉蚜、疫腐病、炭疽病、石榴青霉病、杏灰霉病、杏果软腐病等。

（8）果实提前脱落。疑似杏仁蜂、白小食心虫、杏象甲、柿蒂虫、圆斑病、霜霉病、枸杞瘿螨病等。

4. 草坪草

（1）坏死斑。疑似镰刀菌枯萎病、褐斑病、币斑病、铜斑病、锈病、腐霉枯萎病、白粉病、霜霉病、夏季斑枯病、细菌性萎蔫病等。

（2）草坪缺苗断垄。疑似蝼蛄、蛴螬危害等。

（二）病虫害防治方法

详见华北地区园林露地植物病虫害防治月历附表8（彩图32～彩图63）。

（三）农药的正确使用

1. 合理使用农药

使用农药时，只有对症用药、适时用药、适量用药、交叉用药、合理地混合用药，才能提高药效，减少浪费，避免药害发生，达到经济、安全、有效防治的目的。

1) 对症用药

每种药剂都有一定的防治范围和防治对象，在防治某一种虫害或病害时，只有对症下药、适时使用最有效的农药，才能起到良好的防治效果和提高农药使用功效。如：

（1）吡虫啉是一种高效内吸性广谱型杀虫剂，对防治刺吸式害虫、食叶害虫有效，但对防治红蜘蛛、线虫却无效。来福灵对螨类害虫也无防治效果。

（2）溴氰菊酯对蚜虫、刺蛾、天蛾、夜蛾、尺蛾等幼虫有较大的杀伤力，但对防治螨类却无效。

（3）百菌清、多菌灵、甲基托布津等广谱性杀菌剂，只对真菌性穿孔病有防治作用，对细菌性穿孔病却无效。链霉素、土霉素、青霉素类，才是防治细菌性穿孔病的有效药剂。

（4）甲基托布津对防治锈病、白粉病、炭疽病、菌核病有效，但对防治桑萎缩病、霜霉病无效。土霉素才是防治桑萎缩病的有效农药。

（5）敌敌畏是防治蚜虫、蚧虫、钻蛀害虫、食叶害虫的有效药剂，但当螨虫发生时，喷施敌敌畏不仅无效，反而会刺激螨类增殖。

（6）瑞毒霉素对防治腐霉菌、霜霉菌、疫霉菌引起的病害有效，但对防治其他真菌和细菌性病害无效。

（7）杀菌剂中的铜制剂对霜霉病有效，但对防治白粉病无效；杀菌剂中的硫制剂对白粉病有效，但对防治霜霉病效果不佳。

（8）尼索朗对防治幼、若螨有效，但对防治成螨无效。对瘿螨防治效果较差。

2）适时用药

用药时期是病虫害防治的关键。常听有些人说也打药了，但是不管用。因为有些病虫危害有一定的潜伏期，当时并不表现出受害症状，但当表现出症状时打药已无防治效果。因此，只有根据病虫害发生规律，抓住预防和防治的关键时期，适时用药，才能收到良好的防治效果。如：

（1）桃树花芽露红或白时，正值桃蚜越冬卵孵化为若虫，此时是全年预防蚜虫最有效的关键时期，一次用药（水量要大，淋洗式），往往可控制全年危害。

（2）4月中、下旬为桃潜叶蛾第一代幼虫孵化期，桃、杏落花后开始喷药，每月1次，连续3～4次，可杀死叶内幼虫，控制虫害。

（3）疙瘩桃是瘿螨危害所致，待5月上旬出现虫果后再喷药为时已晚。落花后是喷药预防的关键时期，7d后再喷一次，可控制虫害。

（4）桃、杏树疮痂病又称黑星病，因果实受病菌侵染后，须经60d左右才表现症状，但待发现病果后再喷药，已无防治效果。所以必须在5—6月该病初侵染期喷药防治。

（5）李实蜂蛀食幼果，常导致大量落果。但必须在李树"花铃铛期"、落花后7～10d，分别进行防治才有效。

（6）3月上旬越冬的球坚蚧若虫（灰色树虱子）开始分散活动，此时是防治球坚蚧的最佳施药时期。

（7）5月下旬为桑盾蚧卵孵化期，是喷药防治桑盾蚧的最佳时期。

（8）梨轮纹病在梨树展叶后开始侵染，果实接近成熟时发病，因此梨树落花后 7 ~ 10d 至 8 月中下旬，是防治轮纹烂果病的关键时期。

（9）杏树落花后，在病菌侵入寄主之前施药，是预防杏疗病（红肿病）的关键时期。

（10）茶翅蝽（臭大姐）越冬成虫 5 月中下旬开始活动，6 月中旬以后被害果实才表现出危害症状，表现为果实畸形、受害部位果肉木栓化等。因此，5 月中下旬是防治茶翅蝽的关键时期。

（11）柿树角斑病越冬病菌，于 6—7 月开始侵染，潜育期 28 ~ 38d，8 月上旬开始表现病症，造成落果。待 8 月发现大量落果时，喷药为时已晚。6 月下旬、7 月上旬是以药物防治柿树角斑病的关键时期，过早、过晚都不好。6—7 月柿树圆斑病越冬子囊果成熟，子囊孢子随风传播，从气孔侵入，9 月上旬开始表现症状，待 10 月上旬开始大量落叶时，已无药可治。6 月中旬是喷药防治圆斑病的关键时期。

（12）除草剂对长至 3 ~ 5 片叶的杂草根除效果较好，待长至 5 片叶以上时，用药效果不佳，故应在杂草 5 片叶以前使用除草剂。

3）交叉用药

在防治某一种虫害或病害时，不要长时间使用同一种药剂，以免产生抗药性。为避免害虫和病菌产生抗药性，在防治时可交替使用不同类型的农药。

（1）如多菌灵、百菌清、甲基托布津等杀菌剂，长期单一使用，病菌会产生抗药性，使防治效果大大降低。但将多菌灵和甲基托布津等杀菌剂交替使用，防治效果会更好。

（2）防治草坪锈病、白粉病时，可交替喷施粉锈宁、多菌灵和甲基托布津。

4）混合用药

将两种或两种以上药剂合理复配、混合使用，可同时防治几种病、虫，扩大防治对象，提高药效，减少施药次数，降低防治成本。如：

（1）浏阳毒素（多活菌素）是高效、低毒杀虫、杀螨剂，在螨虫、叶蝉、蓟马、地下害虫同时发生时，可与杀虫剂恶虫威（高卫士）可湿性粉混合使用。当大造桥虫、杨小舟蛾、尺蛾同时发生时，可与杀虫净乳油混合使用。

（2）当腐霉病或疫病与螨类、白粉病同时发生时，瑞毒霉素可与杀菌剂、杀螨剂混合使用。

（3）多菌灵可与杀虫剂、杀螨剂现配混合使用。

（4）粉锈宁可与多种杀虫剂、杀菌剂、除草剂混合使用。

（5）仙生是用于防治白粉病、锈病、叶斑病、霜霉病等的药剂，可与杀虫剂、杀螨剂等非碱性农药混合使用。

（6）Bt乳剂（苏云金杆菌乳剂）是防治多种鳞翅目食叶害虫的细菌性微生物药剂，用于防治刺蛾、天蛾、尺蛾、夜蛾等，当螨类同时发生时，可与杀螨剂混合使用。

（7）炭疽福美可湿性粉剂，可与一般杀菌剂混合使用。

（8）尼索朗乳油是低毒杀螨剂，可与石硫合剂或波尔多液混合使用。

（9）农抗120水剂（抗霉菌素120）可与其他杀菌剂、杀虫剂混合使用。

5）综合用药

（1）高效吡虫啉、猛斗（啶虫脒），对防治蚜虫有特效，也兼治食心虫、蚧壳虫、卷叶蛾。当以上害虫同时发生时，可喷施其中一种即可。

（2）防治桃球坚蚧使用的药剂，乐斯本乳油、锐煞，对蚜虫、食心虫、卷叶蛾有兼治作用。

2. 不能混合使用的药剂

（1）碱性药剂不能与酸性药剂混合使用。

（2）石硫合剂不能与波尔多液混合使用。

（3）白僵菌制剂严禁与杀真菌药剂混合使用。

（4）线虫必克不能与其他杀菌剂混合使用。

（5）多菌灵、炭疽福美、福美双、代森锰锌不能与铜制剂混合使用。

（6）蚧螨灵、除虫菊乳油，不能与含硫杀虫剂、杀菌剂（如波尔多液、石硫合剂等）混合使用。

（7）速克灵不宜与有机磷药剂混合使用。

（8）Bt乳剂（苏云金杆菌）不能与内吸性有机磷杀虫剂，如马拉硫磷、辛硫磷混合使用。严禁与杀菌剂，如甲基立枯磷等混合使用。也不能在30℃以上高温和烈日下使用。

（9）菌毒清（灭菌灵、菌必清）不可与其他农药混合使用。

（10）克菌宝不能与多菌灵、甲基托布津、石硫合剂混合使用。

（11）福美双、代森锌、代森锰锌、甲基托布津、炭疽福美不能与铜制剂混合使用。

（12）石硫合剂、波尔多液不能与忌碱农药混合使用。

（13）融杀蚧螨不能与酸性药剂混合使用。

（14）速克灵、氧化乐果、乐斯本、杀螟松、吡虫啉（蚜虱净）、苦参碱、除虫脲、灭幼脲、辛硫磷、代森锌、代森锰锌（大生、百利安）、福美双、炭疽福美、螨克、多菌灵、百菌清（达科宁）、叶蝉散（灭捕威）、速扑杀乳油、哒螨铜、印楝素（绿晶）、溴氰菊酯、杀灭菊酯（速灭杀丁）、甲氰菊酯（灭扫利）、阿维菌素（齐螨素）、多氧霉素（保利霉素）、多抗霉素（宝丽安）、链霉素、农抗 120 水剂（抗霉菌素 120）、武夷霉素乳剂（B010）、杀虫净（哒嗪硫磷）等，不能与碱性农药混合使用。

（15）百菌清、恶虫威（高卫士）等不能与强碱性药剂混合使用。

（16）百可得不能与强碱、强酸性农药（如波尔多液等）混合使用。

3. 不能连续使用的农药

（1）一般植物在喷洒波尔多液 15d 后，方可施用石硫合剂。苹果树、梨树、葡萄等则需在喷施波尔多液 30d 后，方可施用石硫合剂。也可在喷石硫合剂间隔 15 ~ 20d 时，再喷洒波尔多液。

（2）喷施波尔多液 20d 后，可喷洒代森锌。

（3）施用有机磷杀虫剂 15d 后，方可施用敌稗。或施用敌稗 15d 后，方可施用有机磷杀虫剂。

（4）施用松脂合剂 15 ~ 20d 后，方可喷施波尔多液或石硫合剂。喷施波尔多液 7 ~ 10d，方可施用松脂合剂。

（5）霸螨灵施用 14d 后可以与其他杀螨剂交替使用。

4. 年内或植物一生中限用的农药

（1）每种植物，全年使用甲霜灵不能超过 3 次。

（2）嘧菌酯（阿米西达）植物一生限用 4 ~ 5 次。

（3）阿波罗（螨死净）、霸螨灵悬浮剂，一年最好只使用 1 次。

（4）多抗霉素（宝丽安）一年中植物可使用 2 ~ 3 次。

5. 正确的施药方法

（1）在叶背潜伏、危害的害虫。如刺吸害虫螨类，常在叶背刺吸。食叶害虫葡萄虎蛾等，白天潜伏在叶背。故喷药防治此类害虫时，叶背应为施药重点部位。

（2）绿篱植物施药。如对于食叶害虫黄杨绢野螟，因枝叶密集，喷药时不能仅在外围一喷而过，而应将喷嘴伸入株丛内逐株喷施；该虫有吐丝下垂习性，故株丛内地面也应喷到，才能彻底杀死害虫。

（3）虫孔插入毒签或注入药液防治。必须将蛀口木屑清理干净，自枝干最上部蛀孔注入药液，注药后用泥封堵蛀孔，才能取得更好的防治效果。

（4）用于土壤埋施的农药铁灭克、呋喃丹颗粒剂等，是难降解、缓释性药剂，使用时不可将其配制成药液直接灌根，必须埋入土壤中使用。农药必须埋施在根系吸引范围内，施药后要及时灌水，灌水深度至埋药部位，才能起到一定的防治效果。

（5）树干涂药熏蒸防治害虫。涂药后必须用薄膜将涂药部位缠严，一周后撤掉薄膜。

（6）有些病虫一次用药仅可起减少危害作用，但不能彻底控制其危害，因此需连续用药，方能提升防治效果。如草坪病害、干腐病、白粉病、桧锈病、炭疽病、红斑病、黑斑病、腐霉病、霜霉病、叶斑病、病毒病、菟丝子、松梢螟、沟眶象、吉丁虫、麦岩螨、蓟马等的防治。

6. 安全用药

由于施工人员对农药性质和使用方法不够了解，因而在使用时往往会造成一定的伤害。为保证安全使用农药，应注意以下几点。

1）在果树、中草药上不得使用和限制使用农药

防治病虫害时，果树类必须选用安全、低毒、无公害农药，以保证可食性食物的食用安全性。

（1）禁止和停止使用如 1605、1059、克百威、涕灭消、磷胺、对硫磷、甲基硫环磷、久效磷、氯唑磷、治螟磷、百草枯等剧毒、高毒农药。

（2）严禁在果园使用高毒农药。果树结果期不得使用速扑杀乳油，以确保食用安全。

2）果实收获前最晚施药时期

防治果树类病虫害，应尽量提前在病菌初侵染期、害虫幼龄期及幼果期进行。临近果实收获期时应停止用药，减少残留农药。

（1）克螨特在可食性植物采摘前 30d，必须停止使用。

（2）果实收获前一周，应停止使用辛硫磷。

（3）果实成熟前 15d，不得使用代森锰锌。

3）幼果期不宜使用的农药

苹果树落花后 20d 之内，喷施百可得会造成"锈果"。

4）喷施有毒农药注意事项

（1）喷施对眼睛有刺激作用的农药时，如克螨特、苦参碱、三氟氯氰菊酯等，喷药时应配戴眼镜，以防溅入眼内造成

伤害。

（2）喷施药剂时，操作人员必须佩戴口罩、胶皮手套，穿胶鞋。

（3）喷药过程中，操作人员严禁吸烟、喝水、进食、喝酒等。

（4）喷洒药剂时，应注意风向，工作人员需站在上风头。连续工作时间不得超过 4 ~ 6h。

（5）喷药后，工作人员应立即脱去衣服、胶鞋，用肥皂洗净双手、面部和裸露皮肤，衣服应在清水中冲洗干净，以确保生命安全。如出现头痛、头昏、发烧、恶心、呕吐等症状时，应及时通知他人，送医院治疗。

（6）药瓶不可随手丢弃，药液不可随处乱倒，严禁倒入树穴、草坪、水溪、湖泊中。剩余农药应交回库房，交由专人保管。使用后的空药瓶必须深埋。

（7）打药工具应及时清洗，清洗液应倒入污水井内。

（四）对植物产生药害的农药及产生药害后的抢救措施

农药使用不当、施药浓度过大或使用某些苗木较为敏感的农药时，均会出现不同的药害现象。表现为急性药害和慢性药害，轻者造成叶片枯焦、早落，重者会导致植物死亡。

1. 产生药害的症状

（1）叶片边缘焦灼、卷曲，叶片出现叶斑、褪色、白化、畸形、枯萎、落叶等。

（2）花序、花蕾、花瓣发生枯焦、落花、落蕾等。

（3）枝干局部萎蔫、黑皮、坏死。药害严重时，整株植物都有可能枯死。

2. 产生药害的原因

1）使用浓度过量的药剂

喷施药剂必须按照规定的使用浓度或用量，准确配制和使用，若超过了一定浓度就会对植物产生药害作用。

（1）桃、梅等果树，喷施浓度过高的百菌清，便会出现药害。

（2）马拉硫磷在高浓度使用时，对梨树、苹果树、樱桃等易产生药害作用。

2）使用在某一生长时期禁用的农药

（1）蚧螨灵在植物开花期使用易产生药害。

（2）石硫合剂可在休眠期使用，但对桃树、李树、梨树、梅花、樱花、樱桃、紫叶李、紫荆、合欢及葡萄幼嫩组织有伤害，故在生长期应慎用。

（3）百可得是一种触杀保护性杀菌剂，但在苹果落花后20d内防治轮纹病使用常导致"锈果"发生。

（4）威百敏（菌克毒克）在植物生长期不能使用。

（5）铜制剂对柿树幼叶产生药害，因此幼叶生长期应慎用。

3）使用植物敏感的农药

（1）75%百菌清可湿性粉剂对梨树、苹果树、桃树、柿树易产生药害。

（2）桃树、梅花、李树、杏树生长期对波尔多液敏感。石灰、硫酸铜之比倍量式时，在低温条件下对梨、杏、柿树产生药害。等量式时在高温条件下，对葡萄会产生药害。枣树幼果期（7月）对铜离子敏感，故此期不宜使用波尔多液。

（3）桃树、李树、葡萄等，生长期叶片对石硫合剂敏感，在高温时使用药害严重，应慎用。

（4）敌敌畏、石硫合剂，在樱花、紫叶稠李、榆叶梅、杏树、桃树、杏梅、美人梅、山里红、大山樱等蔷薇科植物的生长期使用，会产生药害。一旦误用，轻则落叶，重则整株死亡。鸡冠花和月季对敌敌畏敏感。

（5）螨克、克螨特，在桃、梨树生长期使用，易产生药害。

（6）核果类树种，不宜使用阿特拉津。

（7）猕猴桃嫩叶期对敌敌畏、敌百虫、乐果极为敏感，易发生药害。

（8）菊酯类杀虫剂，易引起梅花叶片提前脱落。

（9）火炬树茎叶对敌敌畏、敌百虫敏感，易发生药害。

（10）十字花科植物对杀螟松、菊杀乳油较为敏感，易发生药害，应慎用。

（11）百可得对月季、玫瑰、野蔷薇等产生药害，应避免使用。

4）在不适宜的气候下使用

（1）阴雨天喷洒波尔多液易产生药害。

（2）有些农药不能在高温时使用，如蚧螨灵在开花期、35℃以上高温时使用易产生药害。Bt乳剂不能在30℃以上高温和烈日下使用。石硫合剂在30℃以上时不宜使用。

3. 减轻药害的急救措施

发现错施农药或初表现出药害症状时，应立即采取抢救措施。

1）喷水冲洗

（1）对因喷洒内吸性农药造成药害的，应立即喷水冲洗掉残存在受害植株叶片和枝条上的药液，尽量降低植物表面和内部的药剂浓度，以最大限度地减少对植物的危害。

（2）对防治钻蛀性害虫（如吉丁虫、天牛、木蠹蛾等）时，因用药浓度过高而产生药害的，应用清水对注药孔进行反复清洗。

2）灌水

因土壤施药而引起药害的，如呋喃丹颗粒剂、辛硫磷等药剂施用过量等，可及时对土壤进行大水浸灌。大水浸灌后要及时排水，连续2～3次，可以洗去土壤中残留的农药。

3）喷洒药液

（1）喷洒石硫合剂产生药害的，在喷水冲洗后，叶面可喷洒400～500倍米醋液。

（2）因药害造成叶片白化的，叶部喷洒50%腐殖酸钠3000倍液，药后3～5d叶片能逐渐转绿。

（3）因药液使用不当发生药害的，应喷水冲洗叶片后，喷洒200倍硼砂液1～2次。

（4）叶片喷洒波尔多液产生药害时，立即喷洒0.5%～1%的石灰水。

采取以上措施，可不同程度地减轻农药对植物造成的伤害。

4）叶面追肥

发生药害的植物，长势衰弱。为使其尽快萌发新叶，恢复生长势，应在叶面追施0.2%～0.3%的磷酸二氢钾溶液，每5～7d喷施一次，连续2～3次，对降低药害造成的损失有显著的作用。

十四、苗木防寒

北方地区有些耐寒性稍差的植物，在栽植后 1 ~ 3 年内，需采取一定的防寒措施，如雪松、龙柏、女贞、石楠、红枫、梧桐、大叶黄杨、石榴、牡丹、玉兰、月季、丝兰、花叶芦竹等。个别耐寒性差的种类如葡萄、美人蕉等，则需年年防寒越冬。秋植苗木也要防寒。防寒不及时、防寒措施不到位、防寒设施撤得过早等，都会导致苗木遭受冻害甚至死亡。

（一）准备工作

1. 制订防寒计划

根据定植地环境条件、苗木栽植时期、苗木抗寒能力等，制订各类苗木的具体防寒措施，作出物资购置计划。

2. 物资准备

及时采购所需物资，如松木杆、竹竿、竹片、木桩、草绳（直径 1.5 ~ 2cm）、草片、无纺布、塑料薄膜、缝包机、压膜线、铁钉、铁锤、钢丝（10 号、12 号、14 号）、钳子、手锯、水车、水管、涂白剂、防冻保水剂、塑料桶、打药机、板刷等。

（二）防寒措施

1. 缠干

（1）秋植苗木，及耐寒性稍差且树皮薄的苗木，如梧桐、石榴、玉兰、女贞、马褂木、桂花、石楠等，栽植当年及 2 ~ 3 年，在上冻前应用草绳、无纺布或防寒棉毡条缠干保护（彩图 64）。

（2）不耐寒桩景树如榔榆等，树干全部用草绳加保温膜缠干，桩景树云片的上下两面，应用保温膜包裹。

（3）苗源为江西及以南的高接紫薇，需缠至当年生枝条10cm处，草绳外面还应缠一层保温膜，以确保苗木安全越冬（彩图65）。

2. 浇灌封冻水

适时浇灌封冻水，是提高苗木抗寒能力，保证新植苗木安全越冬，防止早春干旱的重要措施。封冻水必须灌足、灌透。

1）浇灌封冻水时间

冻水不宜灌得过早，应在日平均气温3℃，土壤"夜冻日化"时进行。京津地区多自11月中旬开始，11月下旬至12月初完成，草坪浇灌冻水应于12月5日前结束。如草坪面积大，因浇灌冻水过早而出现干旱现象时，应在土壤封冻前再及时补灌一水。对于铺栽及播种较晚的草坪，根系较浅。当冬季表层干土层达到5cm的坪地，应于1月中、下旬，选温暖天气的中午适时补灌一水，以补充土壤水分的不足。

2）保证措施

为保证封冻水能够灌透，乔木开穴直径不小于100～120cm，灌木不小于80cm。灌水围堰高15～20cm；对有地形起伏的坡顶和坡度较大的斜坡绿地，应自坡顶连续多次进行小水浇灌，直至灌透为止。

3）保护措施

草坪地浇灌冻水后，应严加防护，防止游人及养护人员随意踩踏。

3. 覆地膜

秋植的大规格苗木、耐寒性较差（女贞、玉兰、石楠）及12月上旬栽植的苗木，待灌冻水后树穴土面略干时，用稍大于土球的薄膜覆盖，然后培土防寒。

4. 培土

需培土越冬植物。

（1）边缘植物及耐寒性稍差的种类，如大叶黄杨球、金边黄杨球、金心黄杨球、龟甲冬青球、广玉兰、石楠、南天竹、花叶芦竹等。

（2）新栽植牡丹、芍药、雪松、玉兰类、石榴、紫薇、杏梅、桩景树、梧桐、马褂木等，及8月以后定植的大乔木、宿根地被植物，浇灌冻水后必须培土防寒。

5. 喷防冻保护剂

对耐寒性差的树种，除采取上述措施外，对树冠可喷施防冻保湿剂，如女贞、石楠等。先用水将低钠羟甲基纤维素浸泡24h，24h后用木棍搅拌均匀备用。选无风或风力较小的晴天，将原液取出稀释成500倍液喷施，保湿剂应现配现用。

6. 搭设风障、防寒棚

当年栽植较晚的大叶黄杨、雪松等，应设防寒棚防寒越冬；耐寒性稍差及边缘树种，如新植的雪松、红枫、桂花、石楠、广玉兰、南天竹、大叶黄杨、金边黄杨、金心黄杨等，一般植后3年需设风障防寒越冬。12月上旬栽植的油松、白皮松、黑松、龙柏、云杉等，当年也需搭设风障；在离建筑物较近的背风向阳处，耐寒性较差的边缘树种，如石楠、广玉兰、桂花、南天竹等，可不设风障。

1）物资准备

松木杆、竹竿、木桩、无纺布或彩条布、铁锤、铁锹、钳子、钢丝、折梯、壁纸刀等。

2）设置方向及高度

风障应在迎主风方向三面搭设，距乔木树种 0.5m，距灌木 0.2m，风障高度一般应高于树冠 15 ～ 20cm。

3）搭设方法

（1）一般乔木树种。风障立柱直径 7 ～ 8cm，长度视植株高度而定，每隔 1.5 ～ 2m 设置 1 根，填埋深度不少于 40cm，填埋时应分层夯实。也可将立柱直接与楔入地下的锚桩固定。沿立柱基部每隔 1m 横向绑扎 1 根粗度为 5 ～ 6cm 的竹竿，并用钢丝与立柱固定牢固。两立柱间交叉绑缚两根直径 4 ～ 5cm、长 4 ～ 6m 的竹竿，并分别与横杆和立柱绑扎固定。风障骨架架设后，在外侧用无纺布围裹，将无纺布拉紧，用麻绳或尼龙草绳与立柱、横向竹竿固定，下部留有 25 ～ 30cm 宽无纺布，用土压实。迎风面，在每隔 1 根立柱 2/3 高处拴 1 根 10 号钢丝，钢丝的另一头与木桩系牢，呈 60° 角斜向楔入土中，深 30cm。长度较大的风障，对应一侧每隔 1 根立柱，用 1 根深埋 40 ～ 50cm 的长竹竿，呈 60° 角与立柱绑牢，撑杆与对面的斜拉钢丝交错排布（彩图 66、彩图 67）。

（2）色块及绿篱植物。新栽植的耐寒性稍差的植物，可在小区内迎主风方向设三面风障。分车带绿篱需设四面风障，当年栽植的应搭建防寒棚。风障应距苗木 10 ～ 15cm，立柱使用方木桩或松木桩，木桩顶高出枝梢 15 ～ 20cm，间隔 1.2 ～ 1.5m 设置 1 根，木桩两端用粗竹竿横向连接固定。色块及绿篱宽度不大的，可用竹竿或竹片与对应两侧木桩水平横向绑扎固定。色块及绿篱宽度较大的，需在内侧加设木桩支撑，中心木桩要高于外侧。用竹竿或木条将所有木桩连接，然后围裹无纺布，用麻绳或尼龙草绳将无纺布与竹竿、立柱固定。顶面无纺布接口应缝制牢固，上面用压条或压膜线固定牢固，接近地面处的无纺布用竹竿缚牢并压实（彩图 68 ~ 彩图 70 ）。

（3）球类植物。可用两头削尖的竹条，交叉插于球体四侧，弓顶距冠顶 15cm，侧面距植株 10cm，竹条插入土中 12 ~ 15cm，或用钢丝与斜埋入土中的锚桩固定，然后覆无纺布。

（4）常绿树种。广玉兰、桂花等，需设防寒棚，阳面的上侧可留一窗口。石楠设三面风障。11 月栽苗的雪松，风口处应设防寒棚，在迎风面的内侧，需加设一层草帘。

（5）边缘性植物。南天竹应设四面风障，红花檵木、芭蕉等风障内填满干枯树叶。

7. 移入室内

耐寒性差的桩景树、南方植物，应移入温室越冬，球（块）根类宿根花卉，如美人蕉、芭蕉等，应于霜降后掘出，贮藏在 5 ~ 10℃的冷窖中越冬。耐寒性差的水生植物，如睡莲、雨久花、梭鱼草、大漂、水生美人蕉、凤眼莲、荇菜等，霜降前应移入冷室内越冬。球（块）根、球茎植物，水生植物越冬养护，详见球（块）根、球茎地被植物栽植与养护（附表 3）、水生植物栽植与养护（附表 4）。

（三）标准要求

1. 封冻水灌水量

持水深度以乔木不低于 60cm，灌木不低于 40cm，草坪不低于 15 ~ 20cm，宿根地被植物不低于 20cm 为宜。

2. 缠干

应自树干基部向上无间隙缠紧、缠牢，一般乔木树种可缠至干高 2m 或至分枝点，个别树种如桂花、红枫等，当年栽植的应缠至主枝长度的1/2。广玉兰、桂花等，除用草绳缠干保护外，还应搭设风障。

3. 培土厚度

乔木40cm，灌木20cm，宿根地被覆土厚度10cm。红枫、桂花、红花檵木球等耐寒性差的树种，覆膜后再行培土。

4. 架设风障

（1）风障应架设牢固、整齐、美观，支撑杆整齐、一致，风障上部不露树梢，下部紧贴地面。

（2）风障、防寒棚架设过程中，应认真检查每一道工序，质检不合格的，不得进行下一道工序。风障骨架应架设牢固，以人为晃动基本无动感为准。无纺布接口需压边缝制牢固，不开缝。无纺布与支撑杆缝制固定。接近地面处的无纺布用竹竿缚牢并用土压实。有些秋植耐寒性差的植物，在风障迎风面内侧还需夹垫一层草帘保护。

十五、撤除防寒设施

防寒设施不可撤得过早，以免发生倒春寒对植物产生伤害。春季应根据树木抗寒能力和天气状况，适时拆除防寒设施。

1. 扒开覆土、培土

3月中旬开始，陆续扒开宿根地被的覆土和树穴培土，做好灌水围堰，准备结合春季施肥，浇灌返青水。

2. 撤除树干包裹物

（1）易发生干腐病、溃疡病、腐烂病、流胶病，需喷洒石硫合剂的缠干越冬苗木，应在撤除树干包裹物后，及时喷洒杀菌剂。

（2）缠有两层包裹物的，如新植高干紫薇、女贞、广玉兰等，应分次分层撤除。4月中旬，先撤去缠干外层的塑料薄膜，待芽膨大时再将草绳全部撤除。

（3）树干直接缠薄膜防寒的，最晚应于4月底前全部撤除。

3. 拆除风障、防寒棚

风障应于3月中下旬至4月上旬陆续拆除。绿篱、色块防寒棚拆除工作，可在3月中下旬晴天进行。先拆除棚顶和南侧棚布，在气温基本稳定、苗木开始萌芽时再将其全部拆除。雪松应于4月上、中旬，芽萌动后展叶前撤除风障。拆除的防寒材料应分类打捆，及时运回，以备日后使用。

4. 撤除地膜

覆地膜越冬的苗木，应于早春在土球南侧打2~3个孔，以后每周增加打孔数量，4月初在气温基本稳定、树木萌芽后将覆膜全部撤除。

十六、修整草坪地

（一）草坪疏草

草坪草的潜层根系非常发达，尤其是有根茎或匍匐茎的草种，常形成致密的根网，如草地早熟禾1~2年、匍匐剪股颖半年内即可产生很厚的枯草层。枯草层是多种病原菌越冬及越夏的场所。当坪地内枯草层厚度超过1.5cm时，易产生病虫危害，植株通气状况差，影响坪草分蘖和生长。尤其是建植多年的草坪及通常多不作修剪的白三叶等，枯草层更厚，因此必须及时剔除过厚的草垫层，以枯草层不超过1cm为宜。可于2月下旬至3月上旬草坪开始返青时，用钉耙对老草坪进行疏草，搂除过厚的草垫层以备修整草坪地。

（二）草坪打孔

在草坪生长期，对践踏过度、土壤板结的草坪进行打孔撒沙，提高土壤透气性，以利于根系生长。

1. 打孔适宜时间

一般绿地草坪全年打孔 1 ~ 2 次，分别于早春草坪开始返青时、7—8 月对生长旺盛或建植 3 年以上的草坪进行打孔疏草。

2. 打孔工具

对草坪生长致密和踩踏板结严重的地段及 3 年生以上的草坪，使用草坪专用打孔机、手提式土钻或钢叉进行打孔松土。

3. 打孔方法

打孔时叉头应垂直叉入，绿地草坪可按 8 ~ 10cm 间距，每平方米刺孔 50 ~ 70 个，孔径 2cm，打孔深度 8 ~ 10cm。高尔夫球场草坪，孔针直径 1cm，打孔深度 10cm。打孔应与施肥相结合进行。9 月打孔、撒土后，需用扫帚将草叶上的土粒扫掉。

（三）平整草坪地

早春，草坪打孔后表施肥土，用栽植土、细沙、草炭各 1 份，拌匀后均匀地撒在草坪上，用耙沙机呈"十"字形拖两遍，然后碾压一遍，使坑洼不平的地块逐渐平整。撒施肥土厚度不得超过 5cm。

十七、浇灌返青水

适时浇灌返青水，是缓解旱情，保证苗木新梢生长、开花结实、枝繁叶茂的重要措施。

（一）浇灌返青水时间

冷季型草坪在 2 月下旬根系已经开始活动，因此 2 月下旬至 3 月初浇灌返青水，有利于草坪生长和提早返青。一般绿地植物可于 3 月中、下旬开始浇灌返青水。

（二）灌水量

要求此水必须灌足浇透，草坪持水深度为 12 ~ 20cm，乔木 60cm，灌木 40cm，宿根地被植物 20cm。

（三）灌水保障措施

（1）乔、灌木浇灌返青水前，应适时扒开树穴，修好灌水围堰。乔木树穴应不小于 100cm，灌木不小于 60cm，高度不小于 15cm。灌水后检查各类苗木是否灌透，未灌透的应及时补灌。

（2）北方早春多干旱大风，土壤水分蒸发量大，为保证苗木正常萌芽生长，待水渗下后及时盖细土，或中耕保墒。

十八、其他防护措施

（一）防风、排涝

1. 风雨前

1）做好准备工作

雨季到来之前做好防涝排水的准备工作，注意查看天气预报，在大风及暴雨到来前，需检查排污井是否通畅，清除井内杂物，做好雨季防涝排水的准备工作。

2）对支撑和风障进行加固和修补

对树木支撑物和遮阳设施的牢固、完好程度进行认真检查。发现支撑物松动、吊桩、缺失、倒伏，支撑物及遮阳网掉落或破损的，应立即进行加固和修补。

2. 风雨后

1）及时做好排水工作

采用埋管、打孔、挖明沟、树穴扒豁口、强排等措施，及时做好排水工作，保证在 12h 内排除绿地、栽植池、栽植穴内的积水。

2）树穴扒豁口放排水

可在围堰上开一个低于栽植面的小口，微地形上围堰的开口应朝向坡度低的方向，或有草坪地被的方向，将树穴内的积水及时排除。

3）生长期内的水生植物幼苗

大雨后应及时排水，避免水位变化过快，不利于幼苗生长。

4）设渗水暗井

在排水不通畅的地方，除采取以上措施外，在面积较大、距雨水井较远的平坦地，可选数个积水点，于积水最深的空地处设置渗水井，以便加快积水的排放。渗水井的大小应视积水面积、积水深度而定，一般深 1.5 ~ 2m，坑径 1.5m。在盐碱地已作排盐处理的，可挖至淋层。

5）明沟排水

在地表挖明沟，将低洼地积水排出绿地。

3. 对受害植物进行修复

（1）风雨后枝干折损的要及时进行修剪，将折损枝干及时清离现场。

（2）树身发生倾斜的大树，无法扶正的应及时立支架支撑，并对树冠进行修剪。支撑松动或折损、吊桩的，必须及时进行修补和加固。

（3）花苗倾斜根系外露的，需扶正、覆土、压实、灌水养护。

（二）除雪、堆雪

（1）大雪过后，应及时派人用竹竿将常绿针叶树冠上的积雪振落，防止枝干被压断。色块及绿篱防寒棚上的积雪要及时扫除，以免将防寒棚压塌。

（2）将雪堆积在绿地或树穴内，以利于保温、保墒。

（三）加强巡视

（1）冬季风大，故应加强巡视，发现支撑缺损、活动或吊桩时，应及时加固。风障骨架活动、损坏及棚布破损的，要及时加固和修补。

（2）及时清除堆入绿地的融盐雪，防止对植物造成伤害。

十九、问题苗木的补救措施

苗木栽植后，有时会表现出一些不正常的生长状态，如枝干抽条；叶黄脱落；干腐病、腐烂病严重；叶片萎蔫，灌水后无任何改善；苗木迟迟不发芽，或发芽后出现回抽现象等。对于此类苗木，单纯依靠输液是不能完全解决问题的，应具体问题具体分析，找出发生原因，才能拿出正确的补救方案。

（一）苗木迟迟不发芽的原因及补救措施

1. 假土球

进场时苗木土球直径、厚度均达到标准要求，且外包装非常严密，苗木在起吊时树干来回晃动，此类应为假土球苗。特别是反季节栽植，苗木成活率非常低，建议拔掉重栽。

2. 根部失水

扒开树穴，修剪根部时发现茬口不湿润、根部干缩。造成此类情况的原因有两个。

1）苗木进场前根系失水

因刨苗时间较长，不能及时运输时，未进行临时性假植，根部既未喷水，也未用湿草帘苫盖，导致根系严重失水。检查裸根苗根部剪口处，发现根系含水量非常少。土球苗土球干燥、坚硬，土球外缘粗根剪口不湿润。此类苗木之所以能够进入施工现场，是进场苗木没人验收，或未按苗木验收标准验苗造成的。此类苗木如失水不是特别严重，且土球较大，裸根苗根幅较大，可适当缩剪根幅或削土球，进行抢救性养护。若失水较严重，则无任何抢救价值，处理方法是拔掉重栽。

2）苗木栽植后灌水不到位

树穴太小、太浅，有的浅到随灌水向外流，甚至有的根本就没有树穴，土壤中的水分满足不了根系需要。对此类苗木应立即开穴，根系回剪至湿润部分，剪口处喷洒生根粉。

3. 根系腐烂

造成此类情况发生的原因有三个。

（1）进场裸根苗根系非常湿润，但仔细观察皮层已与木质部分离，这类苗木多因起苗时间过长、运苗不及时，或运苗途中长时间堵车，造成苗木根系严重失水，或到场前在水坑长时间浸泡所致。苗木栽植后不发芽，或发芽后很快抽回，检查根系已经腐烂，此类苗木已无任何生还希望，应尽早拔除重栽。

（2）灌水过大。有些人认为灌透水就是灌大水、勤灌水，结果导致树穴积水或土壤过湿，造成土壤透气性差，特别是在黏重土壤中更为严重，扒开树穴时发现部分根系开始变色、腐烂。

（3）苗木栽植时，不易腐烂、过密的土球包装物未撤出，导致透水透气性差，苗木根系逐渐腐烂。在土壤黏重、板结时及高温季节发生严重。

以上两种情况下根系腐烂不严重时，可将树穴栽植土挖出，撤去土球包装物，剪去或切去（土球）烂根部分，直至露出新鲜组织。树穴及根部喷洒杀菌剂，更换较干燥的沙质土回填，灌小水养护，待 4 ~ 5d 后随水灌入生根粉。

4. 栽植过深

这种现象在施工现场普遍存在，造成的原因有三个。

1）有些施工单位不了解各类苗木栽植的规范标准要求，多年来一直沿用苗木到场后，不管树穴大小、深浅，只要能放进去就栽的粗放式栽植方式。往往苗木栽植后，不是过深就是过浅。

2）回填客土或做地形时，土壤未经碾压或自然沉降，虽然栽植时土球顶面或裸根苗原栽植线与地面平齐，但未考虑沉降系数进行适当浅栽，导致灌水后树体下沉，造成栽植过深。春植苗木栽植过深常发生"闷芽"现象，即栽后迟迟不发芽。

3）栽植面标高测定有误。

对于深栽苗木的处理：

（1）先栽植大树后做地形的，栽植深度相差不多的，在做地形时可以苗木原栽植线为准，整理调整地形。

（2）栽植过深的苗木必须在土壤较干燥时，将整个土球挖出，重新包装后按设计标高栽植。

（二）苗木抽梢或叶片萎蔫的原因及补救措施

1. 假土球

正常季节栽植的较大规格的假土球苗，栽植后发芽甚至开始展叶，表现出的仅是一种假活现象，待消耗尽树体内的水分和养分时，叶片开始萎蔫，枝条抽梢，不久后苗木死亡。生长季节栽植的假土球苗，一般栽植后 2 ~ 4d 即可表现症状，其叶片萎蔫、叶黄脱落、枝梢回抽，且很快死亡，扒开树穴发现包装物层层包裹，内部土壤与树体分离。此类苗木必须拔除，换苗重栽。

2. 未灌透水

进场苗木土球过大、过干，或灌水围堰过小、过浅。此类苗木虽然栽植后已灌过三遍水，但大部分灌水自回填松散的栽植土直接渗入地下，土球仅湿润到外围土层，内部并未灌透，因根系缺水而表现出上述症状。应立即对此类苗木的枝条进行回缩修剪，并在土球上扎眼灌水，有的也扎眼灌水了，但眼并未扎在土球上，而是扎在土球外回填土处，此举也是徒劳的。

（三）树势衰弱的原因及补救措施

苗木栽植后树势表现衰弱的，应仔细检查是否有病虫危害，根部或干皮是否有损伤，苗木栽植是否过深，灌水是否过勤、过多等。

1. 干皮损伤

在起吊运输过程中，因方法不当造成苗木局部干皮破损、开裂或分离。

1）干皮破损

病菌常自伤口处侵入，导致苗木患流胶病、干腐病、溃疡病、腐烂病等，造成苗木树势衰弱。

2）干皮开裂

仔细检查发现树皮有裂缝，裂缝处钉有小铁钉，干皮受伤后使水分、养分的输送局部受到影响。

3）干皮分离

影响苗木水分及养分的输送，造成树势衰弱。

2. 病虫危害

1）干腐病、腐烂病、溃疡病、根癌病等

（1）在苗源地已发病，但苗木在侵染期尚未表现出病症，或验苗时检查不细而未发现。此类苗木发病不十分严重时，可作抢救性治疗，涂药控制病斑向外扩展。若发病严重，必须立即拔除病株，换苗重栽，病死株要远离施工现场。根部有病害的，应给树穴土壤杀菌消毒，或更换栽植土，防止土传菌传播。

（2）土壤黏重，透气性差，缓苗期易患病，且发病尤为严重，导致苗木生长势衰弱。

2）蛀干害虫危害

多见为臭椿沟眶象、吉丁虫类、天牛类、木蠹蛾类、豹蠹蛾等，大部分随苗木带入。检查树干可发现有流胶、蛀孔、羽化孔或排粪孔等，在排粪孔外及树穴处可见大量木屑和排泄物。此类苗木应抓紧对树穴或排粪孔灌药防治，并注意捕捉成虫，防止产卵。危害严重的应及时拔除。

3. 施肥距离根系过近

表现症状为叶片边缘发黄，树势衰弱。扒开树穴发现外围新生须根根尖变为浅褐色，但中间部分仍有新根生出。

4. 土壤黏重、板结

（1）树穴过小，或因黏重土壤机械上土时造成土壤极度板结，或扒开树穴发现苗木未有新根生出。补救措施：及时扩大树穴，深度到土球底部，向下打眼灌沙，每穴 4～6 个眼或更多。以配制沙：草炭：栽植土 =1：1：（4～5）的混合土回填树穴，灌水养护。

（2）土壤透气性差，灌水或雨后排水不畅，造成树穴积水。

5. 土壤过湿

多由灌水、喷水量过多、过勤和雨后未及时排水所造成。

1）常见有些施工人员，有浇草时树穴必灌水的习惯，造成土壤过湿，根系生长不良，导致树势衰弱，肉质根苗木受害最重。

2）树冠喷水时，要求喷成雾状。有些人误认为喷水量越大越好，有的水顺着树干流下，造成树穴积水或土壤过湿。

3）补救措施：

（1）改变灌水、喷水方式，草坪地内乔灌木做到不旱不灌。喷水时远离苗木，让水呈雾状从树冠上落下，或喷水时树穴搭盖彩条布，防止树穴土壤过湿。

（2）开穴晾坨。因灌水或喷水量过多、过勤，造成穴土过湿或积水时，应及时扒开树穴，让土球晾晒半天或一天，然后回填较干燥的土壤。

（四）栽植苗木死亡的原因及处理

1. 苗木质量问题

1）因进场苗木没有人检查验收，或检验不严格，造成不合格苗木栽植后死亡。如假土球苗、根系严重失水苗、病虫危害严重苗、假皮苗、撸皮苗等。

2）虽然严格按照苗木验收标准要求验苗，但因有些苗木在圃地已经染病，尚未表现出明显症状。另外，土球根部发生的病害，如线虫病、根腐病、白羽纹病、根头癌肿病等又不易发现，因此造成部分问题苗栽植后死亡。

3）处理意见：

（1）假土球苗、严重失水苗、病虫危害严重苗，建议拔除重栽。

（2）假皮苗、撸皮苗，如破损部位呈纵向走势，且长度不太大时，可将翘皮、假皮切除，切口处涂抹梳理剂，以利于尽快长出愈伤组织。若伤口呈横向走势，且绕树干近 1/2 时，此类苗木即使不死，也无观赏价值。伤口绕树干近一圈时苗木死亡。

（3）因患线虫病、根腐病、白羽纹病、根头癌肿病死亡的苗木，应全部拔除，树穴土壤全部更换，或喷洒杀虫、杀菌剂消毒。

2. 吊装运输问题

1）苗木散坨

（1）装车时土球未挤严，或未用硬物支垫，在运输途中晃动散裂，卸车时苗木散坨。

（2）起苗时土壤过湿，虽然能起成坨，但运输中或卸车时造成苗木散坨。

（3）运输途中树干支撑架断裂或倒塌，造成苗木散坨。

（4）苗木脱扣坠落。起吊苗木时吊装带捆绑土球位置不当，或吊装带、麻绳等在作业时突然断裂，造成苗木散坨。

2）干皮拉伤

起吊方法不当，或装车及卸车时，吊装带树干起吊位置未垫软物或缠干太松，起吊时将树皮拉伤，表现为树皮开裂或与木质部分离。此类苗木栽植后树势较弱或不发芽，用重物敲击树干时，局部发出空响，扒开树皮发现树皮、形成层、木质部已干缩分离，若损伤近树干一周时，苗木即使发芽也会抽条死亡。

3）处理意见

（1）散坨苗采取泥浆栽植法，栽后输营养液等补救措施，如枝干开始抽条，且无新根生出，此类苗应拔除重栽。

（2）对干皮与木质部分离，横向达树干 1/3 时，苗木因养分、水分供应受阻长势衰弱，影响观赏效果，如干皮与木质部分离达树干一周，建议均拔掉重栽。

3. 苗木栽植问题

1）栽植过深。对于因栽植过深，造成树势衰弱或迟迟不发芽的苗木，如不及时采取开穴或提高栽植措施，改善根部生存环境，就会造成苗木死亡。

2）树穴太小，在调整苗木垂直度和观赏面时造成散坨。在黏重土壤和土壤板结地块，根系无法伸展，影响苗木成活。

3）树穴锅底形，放入树穴后土球下部架空，根系无法吸收到水分，造成苗木干旱死亡。

4）不易腐烂的包装物未撤除：

（1）苗木入穴后，不易腐烂的包装物及过密的包装物未撤除，如草片＋"单股单轴"草绳包装物、"双股双轴"草绳包装物、草片＋"双股双轴"草绳包装物、厚无纺布、双层遮阳网等，导致树穴透水透气性差，造成苗木长势衰弱甚至烂根死亡。在黏重土壤、土壤板结处，导致根部、树干发病严重，更加速苗木死亡。雨季、高温季节，肉质根树种受害严重，扒开树穴发现土壤变黑、发臭，树木根系开始腐烂或已全部腐烂。

（2）有些施工人员为了省事，将包装物解开后并不取出，而是全部堆积在穴底。这种操作方法同样会造成苗木烂根死亡。

4. 土壤盐害

有些外地苗木，特别是早春刚发芽花灌木类，新生须根幼嫩而多，但在盐碱土栽植后，虽然正常灌水，但苗木枝叶回抽现象严重，最终导致大量死亡。检查根部发现吸收根干缩、变色。此类苗木是因为幼嫩吸收根遭受盐害，导致生理性干旱而死亡。

5. 苗木养护问题

1）施肥过量

过量施用速效肥造成"烧根"，表现症状为苗木叶片变黄、脱落、根系变色、干缩，严重时苗木死亡。刚表现症状时，可灌大水冲淋稀释。

2）施用速效肥后，未及时喷灌水，造成苗木茎叶烧伤，草坪草枯萎、死亡

3）病虫害防治不及时

（1）病害。线虫病、干腐病、腐烂病、溃疡病、根腐病、枯萎病、根头癌肿病等发病严重时，在养护中或因未检查发现，

或因防治不及时，或因防治不到位，最后导致苗木死亡。检查时发现树干上出现病斑，或病斑上出现针头状小黑点，或病斑上已有金黄色丝状物出现，待病斑连接成长条或片状，围绕树干一周时，苗木死亡。

（2）虫害。地下害虫、蛀干害虫危害严重时，也会造成苗木死亡。如小蠹类、天牛类、吉丁虫类、木蠹蛾类、豹蠹蛾、臭椿沟眶象、蛴螬、地老虎等。当树干皮层布满蛀道或仅剩皮层和少量木质部时，苗木死亡。

（3）缺乏专业知识，不掌握病虫害发生规律及识别危害状的方法，或检查巡视不到位，不能及时发现和防治，造成病虫危害扩展迅速，或苗木根系被咬断时，苗木死亡。

（4）虽然也对病虫进行了防治，但因方法不当，使用药剂不对路，或因防治不到位，没能及时控制住病害的扩展和杀灭害虫，最终导致苗木死亡。

4）苗木支撑缺损

检查巡视不够，对支撑杆折断、缺失，以及吊桩未能及时进行修补和加固，导致风雨天气大树晃动，根系松动，或苗木倒伏树根外露，对倒伏苗木又未及时扶正，造成苗木死亡。

5）灌水不到位

（1）返青水、封冻水未灌透。浇灌两水时未扒开树穴，或树穴太小，灌水量不足，是导致春季返青时苗木死亡的主要原因。

（2）干旱时未及时补水。

6）雨后排水不及时

地势低洼、土壤板结及地下水位较高处，大雨后排水不及时造成水涝，导致苗木死亡。可采取的措施：

（1）树穴积水时，可在土球外侧埋设通气管或排水管。

（2）对雨后24h绿地仍有积水地段，应加设渗水井（采用净石屑或陶粒），在已做排盐设施的地方，渗水井底部应与隔离层连通。

（3）对栽植过深且不便重新提高栽植的大树，应扒开树穴深度到原土球面。为解决树穴积水问题，可在树穴附近挖排水沟或渗水井，将树穴一侧挖开深至土球底部，紧贴土球放置1根排水管，与穴外排水沟或渗水井接通，以利于排水。在斜坡上栽植的，可将树穴内排水管直接通至斜坡边缘，但不宜露出太多，出水口用薄无纺布绑扎紧。

7）防寒不到位

（1）未作防寒。对一些耐寒性差的苗木、秋植苗木未采取任何防寒措施，导致苗木遭受冻害死亡。如雪松、玉兰、石榴、紫薇、大叶黄杨等，如遇大寒之年，将会造成苗木大量死亡。

（2）防寒措施不到位。冬季到来之前，未制定防寒技术方案，或操作时也未按技术方案要求去做，如封冻水灌得过早或过晚，培土厚度不够，草绳缠干时根际处裸露，苗木裸露根部未填土覆盖等，这都会造成苗木越冬死亡。

（3）检查巡视不到位。防寒风障棚布破损或倒塌，缠干草绳脱落等，未能及时进行修补和加固，造成苗木遭受冻害而死。

（4）早春气温回暖，过早撤除防寒设置，导致苗木遭受倒春寒伤害，此时的低温对苗木的伤害最大，苗木常因气温回暖，又突然降温，遭受冻害死亡。

二十、建立监督、检查机制

（一）组成质量检查小组

为提高养护质量水平，应制定该工程项目养护质量检查内容及评比标准，并组织由总工、技术员组成的检查小组，负责对绿地植物养护情况进行认真检查。检查重点包括，苗木生长势、苗木成活率、苗木修剪、灌水、施肥、病虫害防治、防寒等，以此衡量该项目养护质量水平。绿地植物养护质量检查内容及评比标准见表 3-1。

绿地植物养护质量检查内容及评比标准　　　　　　表 3-1

类别	标准要求	分值	得分
乔木类	1. 苗木生长健壮，发芽、开花、落叶期基本正常。常绿针叶树针叶宿存在 2 年以上，结果枝不超过 20%。落叶乔木正常叶保存率在 90% 以上。苗木成活率不小于 98%，主要景观树、行道树无缺株	10	
	2. 树冠完整、分枝合理。树上无树挂，无缠绕性植物	10	
	3. 树穴成浅盘状，规格标准，整齐一致。树穴内土面平整，无杂草、杂物等	10	
	4. 修剪合理，无明显的折损枝、劈裂枝、病枯枝、根际及砧木萌蘖枝、树干冗枝、徒长枝、过低的下垂枝、异型枝等。剪口平滑，剪口、锯口、伤口处理得当。行道树无低于 2.5m 的下垂枝，行道树枝梢与上方线路相对距离不少于 1m	10	
	5. 遮阳网架设合理、牢固、整齐。输液瓶、输液袋位置合理。无空瓶、空袋等营养液断流现象。输液容器无丢失、脱离，基本无外渗液，输液孔处理及时	10	
	6. 适时、适量灌水，树木无萎蔫。雨后或灌水后 3h 内树穴无积水。灌水方式合理，无冲刷、泥土流失现象，无园路积水。适时浇灌返青水、封冻水，灌足、灌透	10	
	7. 病虫害防治及时，无检疫性病虫害。无食叶及蛀干害虫活体、地面无油污。无干腐病、腐烂病、溃疡病、流胶病病灶。正常条件下，无明显卷叶、焦叶、缩叶、黄叶、带虫网叶等。树上、地面无病果、虫果	10	

类别	标准要求	分值	得分
乔木类	8. 正确使用农药，无人员、植物药害发生	10	
	9. 树干端正，支撑设置高度、角度、方向合理。支撑牢固，同一树种撑杆设置方向、角度、高度基本一致。无折损、吊桩现象。不使用未经处理的病虫枝干作支撑杆，树干支撑处垫有透气软物	10	
	10. 防寒措施得当，设施牢固、美观、整齐。风障上不露梢，下部紧贴地面，风障骨架无缺损，棚布无开裂及破损	10	
小计		100	
灌木类	1. 冠形整齐，生长健壮，叶片、花朵颜色正常。适时开花，开花量适中，落叶期正常	10	
	2. 苗木成活率不小于95%，现场无死树，无攀缘植物缠绕、无树挂。主要观赏区无缺株	10	
	3. 浇水方式合理，无冲刷和泥土流失现象。适时浇水，无枝叶萎蔫现象，树穴无积水现象。适时浇灌返青水、封冻水，且保证灌足、灌透	10	
	4. 修剪及时、合理，无折损枝、枯死枝、过密枝、砧木萌蘖枝和影响冠形整齐的徒长枝。球形树不失剪	10	
	5. 病虫害防治及时，无检疫性病虫害，无食叶及蛀干害虫活体。无干腐病、腐烂病、溃疡病、流胶病。无寄生藤，树上、地面无病果、虫果	10	
	6. 树穴规格合理，同类苗木树穴整齐一致。穴内土面平整，无杂草、杂物等	10	
	7. 支撑牢固，支撑高度、方向合理。整齐美观，无折损、吊桩现象。不使用未经处理的病虫枝干作支撑杆，树干支撑处垫有透气软物	10	
	8. 风障、防寒棚搭设美观、整齐、牢固，风障底部与地面无明显缝隙。树干涂白高度基本一致，无流失。草绳缠干无断裂、松开脱落现象	10	
小计		80	
绿篱、色块	1. 苗木生长旺盛，下部枝干无明显秃裸现象。苗木成活率不低于95%，无枯死枝、折损枝，无明显缺株现象	10	
	2. 色块整齐美现，相邻色块之间界限清晰，枝叶无交叉	10	
	3. 色块内无攀缘植物缠绕、无杂草、无树挂、无垃圾杂物等	10	
	4. 修剪及时，新梢长度不超过10cm。绿篱及色块轮廓清晰，线条流畅，边角分明，篱面、篱壁平整。篱面无残枝，篱内栽植面无明显残枝败叶等	10	

类别	标准要求	分值	得分
绿篱、色块	5. 病虫害防治及时，无检疫性病虫害，无虫网、害虫活体，无寄生藤，叶片无明显病害	10	
	6. 风障、防寒棚搭设美观、整齐、牢固，风障底部与地面无明显缝隙。风障不破损	10	
小计		60	
花坛、花境	1. 生长健壮，适时开花，花期正常，苗木高度基本整齐一致，景观效果好	10	
	2. 外缘轮廓清晰，无徒长、无倒伏、无明显缺株，相邻植物间界限清晰。模纹花坛图案清晰	10	
	3. 花坛、花境、地被植物覆盖面积或单位面积成活率不低于95%，无明显集中缺苗断垄现象。混播地被覆盖率达到98%，混播野花组合覆盖率达到95%	10	
	4. 摘心及修剪残花及时，基本无枯黄叶，无腐花、无折损枝。栽植区域内无杂草、杂物等	10	
	5. 适时灌水，苗木无萎蔫，地面无积水，泥土无冲刷现象。苗木无倒伏、根系无外露，叶片无泥污	10	
	6. 病虫害防治及时，无枯死枝，无病死株。无虫网，无害虫活体。叶面无明显病斑，无腐烂茎叶等	10	
小计		60	
草坪	1. 草坪地平坦，脚感无明显不平。草色纯正，无明显斑秃。无明显的双子叶杂草，无大型单子叶杂草。坪地内无垃圾、杂物，枯枝落叶清理及时	10	
	2. 病虫害防治及时，无明显病斑或斑秃，无地上、地下害虫活体，无寄生藤	10	
	3. 修剪及时，草高不超过10cm。修剪高度一致，留茬高度合理，无失剪、漏剪现象。剪草机对树干无损伤，草屑及时搂出，清理外运	10	
	4. 草坪斑秃及人为损坏处修补及时。修补或补播草种与原种相同，无明显缝隙，修补后土面与原有草坪土面平齐	10	
	5. 适时、正确灌水，无萎蔫、枯死现象。无泥土冲刷及大水漫灌现象，坪地及路面无积水。雨后排水及时，坪地内无积水。适时浇灌封冻水、返青水	10	

续表

类别	标准要求	分值	得分
草坪	6. 正确、适量施肥。肥料撒施均匀，无徒长、无草墩、无肥害现象发生	10	
小计		60	
水生植物	1. 植株干茎端正，生长健壮，叶色纯正，正常开花结果。植株无倒伏、无折损	10	
	2. 根据水生植物的生活类型（挺水、浮水、沉水）、适水深度，雨后或干旱月份及时灌水和调节水位，植物无淹没、干旱枯萎现象。浮水植物在预定区域范围内。水面清洁，漂浮的落叶、杂物、水草等清理及时	10	
	3. 各类水生植物栽植区域分界清晰，植物无明显扩张和混杂。栽植区域内无大型杂草，盆缸容器内无杂草	10	
	4. 病虫害防治及时，无虫网、无害虫活体。无枯死株，无明显黄叶、焦叶、卷叶、茎叶腐烂等。施肥、打药未造成水质污染	10	
小计		40	
合计		400	

（二）检查内容及方法

项目部组织质量检查小组，对施工项目进行定期或不定期的养护质量检查，发现养护中存在的问题，并提出整改意见，限期整改，整改后需检查整改效果。通过检查评比，找出差距，制定改进措施，以利于提高养护水平，最终实现优质工程目标。绿化养护整改见绿化栽植及养护整改通知单（附表6）。

附 表

一、二年生草本花卉栽植与养护

种名	形态	习性	栽植养护
百日草 别名：步步高、节节高（菊科、百日草属）	株高30～70cm。茎粗壮、直立，全株具粗毛。单叶对生，长卵形，全缘，基部抱茎。头状花序单生，花大，重瓣，边缘舌状花红、粉、玫红、深红、橘红、猩红、白色等，中央筒状花黄色。花期6—10月	喜温暖和光照充足，通风良好的环境。土壤以干寒，土壤过于干旱或湿涝及pH较高条件下，易发生枯萎病	1. 播种繁殖。①需"五一"定植开花的，应于2月于温室播种，出苗分栽后上盆养护。②4月中，下旬于露地苗床播种，幼苗长至5～7叶时进行分栽，苗期行摘心1～2次，促其分生侧枝，70～80d可开花。 2. 定植：脱盆栽植，株距15～20cm。 3. 养护：①灌水应遵循不干不灌、灌则灌透的原则。土壤宜间湿间干。大雨后注意及时排涝。②及时清理残花，能有效控制植株虫害发生。③注意防治棉铃虫、桃蚜、大造桥虫、小红蛱蝶、直纹稻弄螟、美洲斑潜蝇、叶斑病、黑斑病、枯萎病、花腐病等
万寿菊 别名：臭芙蓉、万寿灯（菊科、万寿菊属）	株高50～80cm。茎直立，粗壮，有细棱线。叶对生或互生，羽状分裂，裂片披针形，缘具锯齿，叶缘背面有油腺点，有刺鼻的气味。头状花序单生，舌状花瓣有长爪，边缘皱曲，花浓黄或橙黄色，花梗顶端膨大，呈棒状。花期5—10月	喜阳光充足，温暖湿润的环境。耐热、耐寒，对土壤要求不严，忌水湿，抗性强	1. 播种或扦插繁殖。①4～5月露地播种，幼苗长至2～4对真叶时进行移植，苗高10cm左右可定植。一般春播70～80d开花。②高60d开花，可供"十一"用花。③3～4片叶时摘心，使植株矮化和茎秆健壮。②6—7月，剪取先端10cm左右嫩枝，除去部分叶片扦插，庙后遮阴，约2周生根，再经6周即可开花。 2. 定植：株行距（25cm×25cm）～（30cm×30cm）。 3. 养护：①高中型种，夏季盛花对枝条进行短截，控制株高，立秋后可再次开花。③雨季适当控制灌水，④秋季及时收成熟种子。②花后修剪残花。小草金龟、直纹稻弄螟等。⑤注意防治斜纹夜蛾、蚜虫、大造桥虫、花腐病等，天气干旱时注意防治沙叶砂叶螨。高温、高湿易感染茎腐病

种名	形态	习性	栽植养护
孔雀草 别名:小万寿菊,红黄草,万寿菊(菊科,万寿菊属)	株高20~40cm。分枝紧密,茎带紫晕,裂片披针形,缘有齿,叶对生,羽状裂,叶具油腺点,有异味。头状花序,舌状花金黄色、橙色,基部或边缘有红色斑点。花期6~9月。栽培品种有单瓣、重瓣、鸡冠型等,有纯黄、淡黄、橙色、红褐色或紫红色斑点。	喜光,不耐阴,耐热,不耐寒。对土壤要求不严,耐旱力强,忌水湿。	1.播种或扦插繁殖,以播种为主。春播,40~70d可开花。早春育苗尽可能提高温度,在低温条件下,如湿度过高易诱发病害,表现为茎基部呈现水渍状,继而环死倒伏。幼苗长出2~3片叶时分栽1次。 2.定植:苗高7~8cm时可行定植,株行距20cm×20cm。 3.花后修剪残花。②雨后及时排涝。③生长期每40d追施有机腐熟复合液肥1次。④注意防治小青花金龟、花腐病等
雏菊 别名:春菊(菊科,雏菊属)	株高15~30cm。叶基部簇生,匙形或倒卵形,先端钝圆,翠绿色,缘具圆钝粗齿。头状花序单生,花梗自叶丛中抽出,舌状花条形、单瓣或重瓣,有白、粉、红、深红、紫色等,中央管状花黄色,花期4~6月。栽培品种有拉丁舞、麦迪斯雏菊等	喜光,较耐寒,适生疏松、肥沃土壤	1.播种繁殖为主。8月下旬至9月上旬播干露地苗床,幼苗长出2~3片真叶时,进行第一次移栽,开沟灌透水,按10cm左右距离栽苗,每3~4株为一丛,经3~4周进行第二次移植,株行距15cm。11月下旬浇灌封冻水,苗床第一层苇帘,上面用土覆盖越冬。2月下旬至3月上旬移栽去土,至揭去苇帘。 2.定植:株行距20cm×20cm。 3.养护:①生长季节保证水肥供应。②注意防治白粉病
翠菊 别名:江西腊、翠菊(菊科,翠菊属)	株高30~80cm。茎多分枝,茎有短毛,叶互生,具棱齿。叶基卵形至长卵形单生,叶柄有狭翅。头状花序单生,外侧舌状花白、粉、玫瑰红、蓝、紫色和深浅不同的变化,中央筒状花黄色等,花期7~10月。栽培有高型、中型、矮型种	喜光,不耐阴,稍耐寒,京津地区秋播幼苗冷床可越冬。适肥沃、湿润、排水良好的沙质壤土,忌水涝、忌连作	1.播种繁殖。①高型种,5~6月播种。②中型种,5~6月开花。③矮型种,8~9月开花。于冷床越冬,翌年5~6月开花。8月播种,2~3月于温室播种,4~5月露地播种,6~7月开花;7月上旬播种,8月上中旬播种,幼苗于冷床越冬,翌春"十一"开花。幼苗长出3~4片叶时,分栽,长至7~8片叶时摘心促生分枝。 2.定植:株行距20cm×20cm。 3.养护:①生长期灌水过多,防止苗木徒长倒伏。干旱季节适当灌水。②生长期不宜灌水过多,每月施1次氮、磷、钾复合液肥,小青花金龟、②注意防治银纹夜蛾、二斑叶螨、斑枯病等

续表

种名	形态	习性	栽植养护
皇帝菊 别名：黄帝菊（菊科，黄星花属）	株高 30 ~ 50cm。全株粗糙，节间短。叶对生，斜卵形，缘疏生锯齿。头状花序顶生，金黄色，花径 2cm，舌状花黄褐色，密集，花期 4—10月。栽培品种有天星、金球、德比系列	喜光，耐热，不耐寒。对土壤要求不严，忌水涝。常作一年生栽培	1. 播种繁殖，穴盘播种，基质以蛭石为宜。每孔穴 1 ~ 2 粒种子，覆一层薄土，保持湿润。幼苗长出 6 ~ 8 片叶时进行定植，株行距 25cm × 25cm。 3. 养护：①灌水应在上午 10：00 前进行，土壤过湿，常致下部叶片枯黄。②生长期高温季节浇灌 1 次复合液肥。③注意防治蚜虫、青枯病、灰霉病、小造桥虫等
金盏菊 别名：金盏花（菊科，盏菊属）	株高 30 ~ 50cm。全株被白色毛。叶互生，长拒圆形，全株或稀疏生齿，叶基抱茎。头状花序顶生，边缘舌状花单瓣或重瓣，橙红色等，花期 4—10月。栽培品种有丰运、棒棒金菊等	喜阴光充足，不耐阴，有一定耐寒力。对土壤要求不严，耐干旱、瘠薄，忌酷暑炎热，忌潮湿	1. 播种繁殖。华北地区于 9 月上旬播于露地苗床，幼苗经地苗床，11 月下旬浇灌封冻水后，覆盖草谷保护越冬。3 月下旬移植至苗床养护。 2. 定植：4 月中、下旬进行定植，株距 20 ~ 25cm。 3. 养护：①苗高 15cm 左右时，摘除侧芽。②注意防治小青花金龟、烟蓟马等
黄金菊（菊科，高蒿菊属）	茎直立，多分枝。叶浅绿色，一回羽状深裂。头状花序顶生，花梗细长，花径约 5cm，单瓣，重瓣，舌状花黄色或浅黄色，中央管状花金黄色，花期 5~9 月	喜阴光充足，稍耐寒，不耐炎热。宜肥沃沙质中壤土	1. 播种繁殖。春季种子与细沙混合播种。 2. 定植：株行距 30cm × 40cm。 3. 养护：①旺盛生长期，每半月追施一次富含磷、钾肥的稀薄液肥，控制氮肥施用量，防止植株徒长和倒伏，灌水不可过多。②盛花后或做花茎生长过高时，可通过修剪株生长过高
黄晶菊 别名：黄蕊菊（菊科，高蒿菊属）	株高 15 ~ 25cm。叶对生，羽状线形或线状，羽状或 3 浅裂。头状花序，单生，花梗细长，花径 4 ~ 5cm，花舌状花单瓣，外缘舌状花鲜黄色，中央管状花深黄色，花期 4 月下旬至 7 月	喜阴光充足，不耐寒，较耐寒，对温度、土壤要求不严，忌水涝	1. 播种或播种育苗。适宜温度 15 ~ 20℃，覆土厚度以不见种子为宜，苗床播种需用薄膜覆盖，保持土壤湿润，播后 4 ~ 5 个月可开花。 2. 定植：幼苗长出 4 ~ 5 片真叶时可进行定植，株距 15 ~ 20cm。 3. 养护：①生长期每半月浇灌 1 次氮、磷、钾复合液肥。②花后剪去残花，可再次开花

种名	形态	习性	栽植养护
白晶菊　别名：春俏菊（菊科，茼蒿菊属）	株高 15 ～ 20cm。单叶互生，叶二回羽状分裂，头状花序顶生，中央管状花金黄色，边缘舌状花银白色，花径 3 ～ 4cm。花期 4 月下旬至 7 月。栽培品种有：雪地晶品菊	喜阳光充足而凉爽的环境，耐寒，忌高温多湿，对土壤要求不严，在疏松、肥沃、湿润的沙质壤土生长最好	1. 播种繁殖。秋季盆内混沙播种，覆土厚度以刚不见种子为宜，保持土壤湿润。幼苗长出 4 ～ 5 片真叶时，移入营养钵冷室培育，翌春地栽。2. 定植：幼苗长至 5 ～ 7 片叶时脱盆定植，株行距 20cm×20cm。3. 养护：①生长期，每半月追施 1 次氮、磷、钾复合液肥。花期喷施磷酸二氢钾液肥。②花后剪去残花，可持续开花。③ 5 月下旬种子开始成熟，及时采收
花环菊　别名：三色菊（菊科，茼蒿菊属）	株高 60 ～ 100cm。茎直立，多分枝，二回羽状分裂，裂片线形，头状花序顶生，单瓣或重瓣，舌状花白、黄、粉、红、紫褐、暗褐等色，基部黄色或常二三色呈复色环状。花期 4～5 月	喜暖，耐寒性差，忌酷暑与水涝，适宜肥沃、疏松、排水良好的土壤	1. 播种繁殖。采种后晒后放入冰箱内，在 0 ～ 5℃贮存。种子细小播后不覆土，需用塑料薄膜或玻璃覆盖。2. 定植：幼苗长出 3 ～ 5 片真叶时进行定植，株行距 20cm×25cm。3. 养护：生长期每半月追施 1 次腐熟有机液肥或复合肥
波斯菊　别名：大波斯菊，秋英（菊科，秋英属）	株高可达 100cm 以上，具钩裂，叶对生，二回羽状全裂，裂片线形。在细长柔软的茎上，头状花序单生或不完全重瓣，前端截形或 3 浅裂，花白、粉红、紫，红色等，中央筒状花黄色，花期 7～10 月。栽培品种有白色种，重瓣种等	喜光，不耐阴，忌高温。忌水涝。耐干旱、瘠薄，忌水涝。自播繁殖力强	1. 播种繁殖。4 月中旬露地苗床播种，幼苗需分栽，出苗后进行 2 次间苗。也可干播定植。2. 定植：待苗长至 3 ～ 5 片叶时进行定植。夏季易倒伏，易倒伏。3. 养护：①本种植株高大，侧枝甚多，待幼苗长至 5 ～ 6 片真叶时进行第一次摘心，连续数次可使植株矮化。②生长过旺则通过控制肥水，肥水过多，株丛易徒长和倒伏。株丛过高则通过修剪控制。③注意防治菊小管蚜虫等
矢车菊　别名：蓝芙蓉，翠蓝（菊科，矢车菊属）	株高 60 ～ 90cm。分枝，茎叶灰绿色，被白色短毛，多叶互生，基生叶长椭圆状披针形，单中部以上叶条形，头状花序，单生枝顶，花重瓣，花白、蓝、粉、红、紫，蓝色，边缘舌状花呈辐射斗状，具 5 ～ 6 枚裂，中央管状花，细小，蓝色	喜光，较耐寒，喜凉爽、喜热，忌暑热，喜肥沃、疏松、排水良好的沙质壤土，忌水涝。自播繁殖能力强，喜密植	1. 播种繁殖。北方地区多秋播，9 月上旬播于露地苗床，小苗经 1 次移栽，露地覆盖越冬。也可于 4 月播于露地苗床。2. 定植：不耐移植，待长出 5 ～ 6 片叶时带土球定植，株行距 20cm×30cm。3. 养护：①生长期不可灌水过多。②雨季注意及时排涝。③开花前多施磷钾肥

续表

种名	形态	习性	栽植养护
蛇目菊 别名：两色金鸡菊、金钱菊 （菊科、金鸡菊属）	株高 60～90cm。全株光滑，上部多分枝，枝条纤细。叶对生，二回羽状深裂，裂片线形或披针形。头状花序呈松散的聚伞状花丛。顶生。舌状花多单瓣 8 枚，中黄色，基部或中下部红褐色，中央管状花暗紫色，花期 6～9 月。栽培品种有褐红蛇目菊、矮蛇目菊等	喜光，较耐寒、喜凉爽，不耐酷热。对土壤要求不严，耐干旱、瘠薄，但以肥沃沙质壤土生长良好。自播繁殖能力强	1. 以播种为主，春播、秋播均可，也可扦插繁殖。3—4 月播种，5—6 月开花，出苗后间苗 2 次，然后任其自然生长。6 月播种，9 月开花。9 月露地播种苗，需将幼苗起陀分栽 1 次，10 月下旬囤入冷床保护越冬，未年春天露地定植。 2. 定植：带土球移栽，一般株距 40cm。矮生种 20～25cm。春季可直接播种于花境，出苗后适时进行间苗。 3. 养护：①生长期间要控制水肥，切勿过多，否则会引起枝叶徒长、开花少，易倒伏。雨季要注意排水。②生长季节追施 1 次液肥。③注意防治蚜虫
银叶菊、失车菊 （菊科、失车菊属）	株高 50～80cm。茎直立，多分枝，全株密被白色柔毛。叶互生，银白色，缘具 1～2 回羽裂。头状花序，管状花淡黄色，花期 6～9 月	耐寒性差，在京津地区不能露地越冬。有较强的耐旱能力，不耐酷暑和土壤高温。耐阴	1. 扦插繁殖。 2. 定植：株行距 20cm×20cm。 3. 养护：①露地栽培以土壤适度偏干为宜，水大则烂根，雨后应及时排涝。②生长季节应适时摘心，控制株高，防止下部秃裸。花后修剪残花
霍香蓟 别名：蓝翠球 （菊科、霍香蓟属）	株高 20～60cm。茎节间易生根，全株散白色柔毛。叶对生，卵形至菱状卵形，缘有钝圆锯齿。头状花序排成聚伞状，花小筒状，密集，有白、粉红、蓝紫、淡蓝等色。花期 7 月至霜降。栽培品种有夏威夷等	喜光，略耐阴，不耐寒，故在北方多作一年生栽培。不耐酷暑。对土壤要求不严，耐旱、适应性强，忌土壤过湿	1. 播种或扦插繁殖，多采用播种繁殖。①4 月初露地播种，覆土厚度以盖住种子为宜，待幼苗长至 3～4cm 时进行分栽。②5—6 月，剪取顶端嫩枝长 5～6cm 插穗，保留上部 3～4 片叶，扦插深度约 2cm。 2. 定植：幼苗长至 7～8cm 时进行定植，株距 25～30cm。 3. 养护：①幼株 6～7 片叶时进行摘心，生长期摘心 2～3 次。②花后进行重剪，老枝保留 5～6cm，同时摘去过密枝。③注意防治蚜虫、锈病、根腐病等

续表

种名	形态	习性	栽植养护
观赏向日葵、小葵花（菊科，向日葵属）	株高100～300cm。茎直立，具粗硬刚毛。叶互生，大型，宽卵形，头状花序单生或排列成伞房状，舌状花开展，不结实，中央管状花紫色或褐色。花期6~9月。	喜光，不耐阴，不耐寒，喜温暖。适应性强，对水肥要求不严，肥沃土壤生长较好。	1. 播种繁殖。4月直接播于露地苗床，每穴播种2～3粒，出2片叶时，保留1健壮植株，7～10月开花。7月中旬播种，9～10月可开花。2. 定植：苗高10cm时可行定植，株距50～60cm。定植时施足底肥，以腐熟的人粪尿和骨粉、磷肥作基肥。3. 养护：①适时灌水，不可过于干燥。②叶面喷施0.2%磷酸二氢钾，每半月进行1次根外追肥。③高秆向日葵需较多的，要及时设立立柱支撑，防止倒伏。④生长季中耕锄草。⑤及时防治锈病、白粉病，棉铃虫等。
堆心菊（菊科，堆心菊属）	株高60～100cm。叶互生，下部叶阔披针形，常脱落，上部叶狭披针形，头状花序单生成伞形花序，舌状花柠檬黄色，管状花半球形，黄色，花期7~10月。同属栽培品种有紫心菊。	喜光，耐寒性稍差。一、二年生栽培，喜精耕，喜排水良好的土壤。	1. 播种或分株繁殖。①春播当年多开花。②宜春季春分株更新一次，促进株从旺盛生长。2. 定植：株行距30cm×45cm。3. 养护：①6月中旬摘心一次，促进分枝，增加开花量。②防止水肥过大，生长过旺时易倒状，适时修剪控制。③注意防治黑斑病、白粉病，蚜虫等。
石竹（石竹科，石竹属）	株高30～50cm。茎直立或基部呈匍匐状，茎节膨大。叶对生，线状披针形，基部抱茎。花单生或数朵顶生，单瓣或重瓣，花瓣外缘有三角状小齿，花白、粉红、红色，或复色，杂色等。花期5~9月。常见栽培品种有钻石、卫星、小威廉、冰糕石竹等。	喜光，耐寒。忌土壤盐碱，忌黏重土壤，喜水涝，喜肥沃、排水良好的沙质壤土。	1. 播种或扦插繁殖，以播种为主。北方地区多行秋播，于8月下旬至9月上旬进行。播于露地苗床，幼苗经分栽后覆盖草苫防寒越冬。冬季温暖有光照天气需早揭晚盖草苫，使其充分接受光照，待长出2～3片叶时进行1次移植，长至5～6片叶时即可定植。2. 花期：春播，秋季开花。9~10月可再次开花。3. 养护：①7月对植株进行重剪，9~10月再次开花。②灌水不可过勤，过量，避免土壤过湿。③注意防治叶斑病、枯萎病，枯萎病等。

续表

种名	形态	习性	栽植养护
彩叶草（唇形科、彩叶草属）	株高30～80cm。茎四棱，基部木质化，基部叶对生，菱状卵圆形，叶绿、金黄、紫、玫瑰红色，或同一叶片2种颜色，蓝白色斑纹交替等。花小，两唇状，蓝白色。花期8—9月	喜阴光充足，蔽荫处生长不良，不耐寒。适排水良好的沙质壤土，总水涝	1.播种或扦插繁殖。①一般播种在2—3月于室内进行，待苗高6～8cm时进行分栽。②取健壮植株枝端3个节作插穗，插于河沙中，极易成活。2.定植：脱盆栽植，株距20～25cm。3.养护：①生长季节通过修剪控制株高，新芽天久萌发，植株很快成形。②灌水不宜过勤或过量，防止苗木徒长，以免造成下部秃裸和倒伏。③注意防治尺蠖、甜菜夜蛾、麻皮蝽等
醉蝶花（白花菜科、醉蝶花属）	株高80～120cm。茎直立，掌状复叶，小叶5～7枚，具长爪，雄蕊蓝紫色，远远伸出花冠，花白粉、粉、紫红色等，花期6—9月	喜光，也耐半阴。炎热，适应性强，耐移植，宜肥沃、排水良好的沙质壤土，总水涝，须根少，不宜移植	1.播种繁殖。4月上旬露地播种，待长出2片真叶时，按10cm左右距离及时分栽。2.定植：苗长出6～8片叶时进行定植，株行距60cm×70cm。3.养护：①定植后及时灌水，搭遮阴网。②待缓苗后撤除。②长期不可过量灌水，防止苗木徒长。③花期需追施液肥1～2次。④注意防治桃蚜、白粉蝶等
四季海棠（秋海棠科、秋海棠属）	株高15～45cm，茎直立，稍肉质，叶互生，有光泽，叶基偏斜，卵圆形，叶缘有锯齿和疏毛，叶绿色、或绿略带紫色，紫红色，聚伞花序，单瓣或重瓣，花色以红、粉，白等为多。地栽花期4—10月	喜温暖湿润气候，略耐阴，喜疏不耐寒，喜通透性好的松、通透性好土壤，沙质壤土，总日光曝晒	1.繁殖：扦插繁殖宜在4—5月间，将河沙清洗，晒干后置于苗床或盆中，剪取强壮枝条，每段带3～4个节，按株行距3cm×4cm扦插，插后适当遮阴，喷水保湿，分栽后上盆养护，苗期高摘心2～3次，促其分生侧枝。切勿损伤茎叶。株行距15cm×15cm。2.定植：脱盆栽植，搬运容器苗和摆盆时，3.养护：灌水见干见湿，不可灌水过勤。过多、高温、高湿根茎易腐烂。②高温季节，上午10:00至下午4:00不可灌水，以免对植物造成伤害。③雨后注意及时排水。④及时防治根腐病、灰霉病、棉蚜等

续表

种名	形态	习性	栽植养护
夏堇 别名：蓝 猪耳 （玄参科、 翼萼蓼属）	株高 20 ～ 50cm。茎 4 棱，多分枝。叶对生，卵状心形，缘具钝锯齿。总状花序，顶生。花玫瑰红、紫罗兰、蓝白双色等，上唇 2 裂不明显，下唇 3 裂，中裂片具黄色斑块。花 6～10 月。常见栽培品种有蓝蝴蝶、小丑等	喜高温、耐半阴、炎热，耐寒。较耐旱，忌水湿。对土壤适应性强，喜湿润而排水良好土壤	1. 播种繁殖。种子需混细沙播种，幼苗长出 5 片叶时可行移植。 2. 定植：脱盆栽植，株行距 15cm×15cm。 3. 养护：①盛花期应保持土壤湿润。②生长期每月施 2 次复合液肥
金鱼草 （玄参科、 金鱼草属）	株高 20 ～ 90cm。多分枝，呈丛生状。茎直立，上部小叶互生。叶针形，全缘。总状花序顶生，基部膨大成囊状，上唇直立，2 裂，下唇 3 裂，向外开展。有白、黄、粉、红、紫色或复色。花期 6～9 月。常见栽培品种有火箭、塔希提岛等	喜光，略耐阴，稍耐寒，怕酷暑。适应松肥沃、排水良好的壤土，耐轻度盐碱，忌黏重土。常作一、二年生栽培	1. 以播种繁殖为主。①北方地区于 8 月下旬进行秋播，待幼苗长出 4 ～ 5 片真叶时移植并摘心，小苗于冷床假植，夜晚覆盖蒲草越冬。幼苗长出后应移栽 1 ～ 2 次。高、中型品种株距 4 ～ 5 对叶时进行摘心。②6～7 月及 9 月进行扦插繁殖。 2. 定植：待幼苗长出 7 ～ 8 片叶时可行定植。一般矮型种株距 15 ～ 18cm，中型种 23 ～ 30cm，高型种 40 ～ 50cm。 3. 养护：①当新生侧枝长至 3 ～ 4 片叶时再一次摘心。②花后剪去残花茎，促侧枝开花。③花前追施 2 次液肥，花期停止施肥。④灌水不可过湿，土壤不可过湿，雨后及时排水。⑤注意防治桃蚜、叶斑病等
三色堇 别名：蝴蝶花、猫儿脸 （堇菜科、 堇菜属）	株高 15 ～ 25cm。茎多分枝。茎生叶互稀圆形，缘具圆钝锯齿。花大，单生。形似蝴蝶，有白、黄、紫三色，或白、黄、蓝、紫，花中央深色斑纹如猫儿脸。花单色或 2 色、或 2、3 种颜色，青等单色地分布在花瓣上。花期 5～9 月。常见栽培品种有宫宫、皇冠、水晶宫等	喜光，喜凉爽环境，较耐寒，忌高温多湿。适肥沃、排水良好土壤，在干旱、瘠薄、黏重土壤生长不良	1. 以播种繁殖为主。一般 8 月下旬至 9 月上旬播种，幼苗长出 2 片真叶时，进行第一次移植，株行距 20cm×20cm，10 月中旬再移入冷床越冬。如 3 月初在室内播种，每月可开花。 2. 定植：必须带土球移植或使用容器苗。 3. 养护：①适时灌水，每月追施 1 次液肥。②适宜追肥前应彻底浇水。剪马危害留下灰白色斑点，严重时花瓣卷缩、花提前凋谢，叶凋病、剪马、蓟马等

续表

种名	形态	习性	栽植养护
虞美人（罂粟科，罂粟属）	株高30～60cm。茎细长，有乳汁，茎均有糙毛。叶互生，叶不整齐羽状分裂，裂片狭长，含糙毛。花瓣4，花单生，花便向上，花蕾时常下垂，质薄。花瓣4，或具其斑点，颜色单色或复色等，花期5—7月	喜阳光充足和凉爽气候，不耐寒。忌高温，高温高湿，在排水良好的沙质土壤中生长良好，开花艳丽	1. 根系深大，须根少，不耐移植。①必须直播栽培，出苗后将过密、细弱的幼苗拔去，至苗高5～6cm时再间苗，其后每隔15～25cm进行间苗。②可直播种子花株，待花后再移栽。春季4—5月混沙直播于花境，用草帘覆盖，待苗出齐5～6cm时停止生长，6—7月开花。②可直播种子花坛用苗。 2. 定植：容器苗脱盆栽植，营养钵播种苗可连苗一起栽植，株距20～25cm。 3. 养护：①生长期适当施肥，但不可施肥过多，花期停止施肥。②灌水易见干见湿，土壤经常潮湿易发生病害。③注意防治蚜虫、红蜘蛛等。苗期防治枯萎病，待子叶出苗后，每7～10d喷洒1次杀菌剂，连续2～3次
红花酢浆草 别名：三叶草（酢浆草科，酢浆草属）	株高20～30cm。小叶3枚，绿色，倒心形，叶柄细长，不规则伞形花序，花粉红，深桃红色，花期6—9月。常见栽培品种有酢浆草、紫叶酢浆草	喜温暖、湿润环境，耐阴，不耐寒，喜沙质壤土。	1. 播种或分株繁殖。①播种苗当年可开花。②老株5～6年需进行分株更新复壮，宜于3月初至4月初或夏季休眠后分株，将老株直掘出，去枯残叶，摘除1/2老叶；用利刀切割下部鳞茎，切口部位往每一新鲜鳞茎下面为宜。鳞茎伤口处加新鲜草木灰覆盖一下，防止伤口腐烂。每株可繁殖3～9棵小苗，穴深8～10cm，每穴放4～6株，覆土3～4cm。栽植2～3d后灌水。 2. 定植：穴植株行距25cm×35cm。 3. 养护：①每月灌1次水即可。②球茎需挖出沙藏越冬，室温不宜低于5℃。③夏季易受二斑叶螨危害，发生时隔间喷1次杀螨剂
矮牵牛 别名：喇叭花（茄科，碧冬茄属）	株高20～40cm。茎直立或匍匐状蔓生，全株被长毛，多分枝。茎下部叶互生，上部叶对生，卵形，全缘。花单生，花大，花冠漏斗状或喇叭状，花萼瓣状深裂重瓣，边缘镶边等，红、紫、碧等色，有白、粉、飞色，蓝等；及各种彩斑镶有情人、梦幻、花期4—10月。常见栽培品种有碧冬茄、矮牵牛等	喜光，对高温适应性强，不耐寒。喜土壤肥厚，总肥量大，土壤施肥过湿，常导致植株徒长，造成倒伏，或茎叶腐烂	1. 播种，扦插繁殖，以播种为主。①可于4月露地春播，或9月上旬秋播。基质需经高温消毒，播基覆薄玻璃板，分栽后待幼苗长至苗高7～8cm时，自基部4～5cm处摘心，摘心2～3次。②重瓣作插播扦插繁殖，可于5—6月或8—9月，取根际萌发的嫩梢作插穗扦插繁殖。定植时施入基肥，带土球移植，容器苗脱盆栽植。 2. 定植：8片叶时进行定植，株行距30cm×40cm。 3. 养护：①土壤保持湿润，但不可过湿。②盛花期后，短截花期后，短截枝条，防止苗势发生。③生长②应在预定花期前7～10d，及时清除病叶，枯叶。盛花期后，灰霉病、叶枯病、枯萎病，花叶病，烂叶病易发生。③生长易发生白粉病、叶枯病、灰霉病、花叶病等。④及时喷施灭菌灵及喷洒敌敌畏、白粉虱、红蜘蛛等害虫发生。 ④及时15～20d施1次液肥，以免发生药害

种名	形态	习性	栽植养护
曼陀罗 别名：洋金花（茄科、曼陀罗属）	株高100～150cm。全株光滑，主茎常木质化，上部呈二歧状分枝。叶大，广椭圆形，缘具不规则波状裂或疏生浅齿。花冠漏斗状，萼筒浅绿色，上部白色，花期6～9月。同属栽培品种有红花、重瓣曼陀罗、毛曼陀罗等	喜光。不择土壤，耐干旱、耐盐碱。生长强健，种子病虫害少，自播繁衍力极强	1.春季播种繁殖。3～4月于温室育苗床播种，出苗后移植1次，上盆养护。2.定植：脱盆栽植，株距100～120cm，也可直接露地播种，穴深3～4cm，每穴撒入种子5～6粒，覆土厚度以盖没种子为宜，出苗后进行间苗。3.养护：水肥管理粗放。注意防治黑斑病、黄萎病、棉铃虫等
观赏谷子（禾本科、狼尾草属）	株高120～150cm。茎秆直立，粗壮，不分枝。叶互生，条状披针形，中脉下面凸，顶生，主轴被绒毛。叶、花序均为紫色	喜光。不耐寒。适疏松、肥沃，排水良好土壤。分蘖能力强，抗病性强	1.播种繁殖。2.定植：株行距30cm×40cm。3.养护：①旺盛生长期及高温季节，应保证水分供应。②出现花蕾时，适时追肥
鸡冠花（苋科、青葙属）	株高30～90cm。茎直立，有纵棱线，上部扁平，叶互生，卵形、卵状披针形等，全缘，叶色有绿、黄绿、红绿相间等。花序顶生，穗状鸡冠，颜色有黄、橙、红、玫瑰紫和红黄相间等，花期7～10月。常见栽培品种有普通鸡冠花、子母鸡冠花、圆绒鸡冠花、凤尾鸡冠花等	喜高温和干燥气候。不耐寒。喜排水良好的沙质土壤。播繁殖力强	1.播种繁殖。播种期因品种不同而不同。一般品种可于4—5月播于露地苗床，6月初定植，6月初开花。株型高大品种，生长期较长，应于3月温室播种。覆土厚度以种子隐约可见为宜，幼苗2～3片真叶时，分栽1次。2.定植：6月上旬露地定植，株行距30cm×30cm。3.养护：①高温季节必须适时灌水，保持土壤湿润，但不可灌水过量或过湿，防止植株徒长。浇水时避免将泥溅到茎叶上，以防造成植株黄化枯萎。②大雨过后应及时排水，防止植株黄化。③花谢后应及时清除，叶斑病、叶腐病、茎腐病，兔丝子等
大花马齿苋（马齿苋科、马齿苋属）	株高10～15cm。叶片肉质，多分枝。叶互生，长椭圆形，厚。花顶生，花瓣5或10，红、黄、白，花期6—7月	喜光。不耐寒。对土壤要求不严，耐瘠薄、耐干旱，怕涝	1.播种或扦插繁殖，以扦插繁殖为主。2.定植：可粗放管理。株行距18cm×20cm。3.养护：①浇水过多，防止烂根，高温季节，上午10:00至下午4:00不可灌水，以免对植物造成伤害。②土壤不干不灌，避免浇水过多。③及时拔除杂草

续表

种名	形态	习性	栽植养护
半支莲 别名：死不了、太阳花、马齿苋 （马齿苋科、马齿苋属）	株高15～20cm。茎近葡萄生长，茎单肉质，叶互生，长柱形。花单生或数朵簇生，半重瓣，有白、淡黄、橘黄、红、粉红、紫等重瓣，花期6—10月。栽培品种有白天鹅、小松边等	喜阳光充足且干燥的环境，适应不耐寒，性强，对土壤要求不严，耐干旱、瘠薄，耐薄，自播能力强	1.播种或扦插繁殖。①扦插繁殖极易成活。6—8月，剪取嫩茎5～6cm作插穗，插于素沙土中，少浇水，7d左右生根。②4～5月露地播种，覆一层薄土，上面盖薄膜，发芽后覆薄土2～3次，使幼苗根系埋入土中，防止倒伏，经1次分栽后可行定植。2.定植：一般作裸根移植，株行距25cm×30cm。3.养护：①苗高7～10cm时摘心，连续2～3次。②生长季节不需要经常浇水，旺盛生长期及干旱时再浇
美女樱 别名：草五色梅 （马鞭草科、马鞭草属）	株高20～30cm。茎四棱，全株披灰色柔毛。叶对生，长椭圆形或基部有裂，边具圆齿，形或披针状。叶面粗糙，穗状花序顶生，花小而密集，花瓣5，有红、白、粉、黄、橙、蓝、紫等色，花期5—10月。栽培品种有浪漫、水晶、石英、理想、迷神美女樱等	喜凉，不耐寒力较差，京津地区多作一二年生栽培，极不耐旱，喜湿润	1.扦插或播种繁殖，以播种繁殖为主。①4月露地苗床播种，7月可开花。②剪取枝插长8～10cm，插于素沙中，春季温室苗床和夏季露地均可进行扦插。2.定植：定植株行距25～30cm。3.养护：①定植后摘心2～3次，促分生一次枝。②生长季节徒长，开花少。③每月施肥，但水分过多会导致茎枝细弱，冠形不整影响开花，④花后剪去残花，株丛松散，追肥，促使新芽萌发，再自地南留茬8～10cm短截，反时灌水，促进再次开花
羽扇豆 别名：鲁冰花、多叶羽扇豆 （豆科、羽扇豆属）	株高60～150cm。掌状复叶，多生，小叶7～16枚，叶背被密生，总状花序排列成紧密总状，顶生，花冠蝶形，旗瓣直立，龙骨瓣为顶端联成一体的翼瓣所包被，花有白、粉、黄、橙、紫、蓝紫等色，花期5—9月	喜光，略耐阴，耐寒。喜碱忌土，喜肥沃、深厚、排水良好土壤，怕涝。常作两年生栽培	1.播种或分株繁殖。①同艺品种用扦插繁殖。②催芽后播种繁殖，3～4周发芽。大苗不宜移植，需容器育苗或直播。③分株一般2～3年进行一次。2.定植：盆钵栽植，株行距50cm×50cm，施复合肥。3.养护：①春季，9月上旬前，施复合肥。②生长季节宜保持土壤潮湿。花后剪去残花，促进再次开花
二月兰 （十字花科、诸葛菜属）	株高30～70cm。基生叶近圆形或具不整齐锯齿；顶生叶肾形，缘具三角状卵形，叶无柄抱茎；侧生叶呈三角状卵形，有柄。总状花序顶生，花紫蓝或淡紫色，花瓣4，花期4—6月	耐阴性强，对土壤要求不严，耐寒，耐干旱，少病虫害	1.繁殖：多行播种繁殖。2.定植：株行距25cm×25cm。3.养护：可粗放管理。注意防治潜叶蝇、蚜虫等

续表

种名	形态	习性	栽植养护
羽衣甘蓝 别名：彩叶甘蓝（十字花科，芸苔属）	株高30～40cm。叶片宽大，被白霜，层层重叠如莲花状，中心叶有绿、白、乳黄、紫、肉色等，或深羽裂之分，浅羽裂、玻璃、有绿、红、紫红、粉色等。栽培品种有大阪、东京、名古屋等	喜光，耐寒力较强，喜凉爽环境。适疏松、肥沃土壤	1.播种繁殖。7月中、下旬露于露地苗床，幼苗长出2～3片叶时进行第一次移植，待长至6～7片叶时进行第二次移植，移植后适当遮阴。10月表入容器，于半阴处缓苗，新根长出后恢复正常养护。 2.定植：脱盆或带盆栽植，株距15～20cm。 3.养护：注意防治甘蓝夜蛾
一串红 别名：西洋红（唇形科，鼠尾草属）	株高30～80cm。茎四棱，节间常有紫色横纹。叶对生，卵形，端渐尖，缘有锯齿。总状花序顶生，花萼钟状，假冠唇形，上唇全缘，下唇2裂，花冠、花萼、花瓣均为红色，宿存，花期4—10月。常见栽培品种有帝王、皇后、热焰、展望、莎莎、小深红等	喜光，略耐阴，不耐寒。适疏松土壤	1.播种或扦插繁殖。①8月中下旬露地苗床播种，10月中旬上盆至温室假植，翌年"五一"开花。2月下旬至3月上旬温室播种，经1次移植，上盆养护，"十一"开花。种子需经催芽，播后需覆土宜薄。②7月剪取茎先端12cm，上面遮荫等待保湿。幼苗长出3～4片叶时进行1次摘心，剪去下面和上端部分叶片，插后覆盖遮盖草荷。 2.定植：幼苗长至7～8片叶时即可定植，株距25～30cm。 3.养护：①新生枝长出3～4片叶时再次摘心，连续数次。②新生枝长出3～4片叶时再次开花，花后剪去花序30d左右可再次开花。③花期需15～20d追施液肥1次，应控制氮肥的施用量，大造奇株徒长。④注意防治棉蚜、银纹夜蛾、二斑叶螨，同型灰巴蜗牛、疫病、叶斑病、花叶病、兔丝子等
地肤 别名：扫帚苗（藜科，地肤属）	株高40～100cm。茎直立，多分枝，呈密卵形至圆球形。叶互生，线形，质柔软，具柔毛，秋季气温下降时由草绿色变暗红色。变种：细叶地肤	喜光，不耐寒，耐炎热气候。对土壤要求不严，耐干旱，瘠薄，耐盐碱，耐修剪，自播繁殖能力强	1.露地播种繁殖。4月上旬，将苗床整好耙平，撒一层细土，再将种子均匀撒播，播后覆一层薄土。待灌水渗后，待苗高6cm时进行移植。 2.定植：带土球移植，大苗脱盆栽植，株行距30cm×30cm。 3.养护：①土壤干旱时适时灌水。②落叶后及时拔除枯萎植株

附表 2

宿根草本地被植物栽植与养护

种名	形态	习性	栽植养护
萱草 别名：忘忧草 （百合科，萱草属）	株高 60～100cm，具短根状茎。叶基生，狭带形，排成 2 列。花序梗粗壮，数朵着生在顶生圆锥花序上，花冠漏斗状，6 裂片，向外反卷，橘黄至橘红色。花期 6～8月。栽培品种有金娃娃、奶油卷、小酒杯、儿童节、弗朗赫斯、紫蝶、红运、太阳、吉星、小野鹤、海尔流、娃娃语等	喜光，耐寒。对土壤适应性强，但土壤肥过多、排水不良、贫瘠黏重，及栽植过密、发病严重	1. 播种或分株繁殖，以分株繁殖为主。多在春季进行。挖出老株，抖去根土，用利刀切开，每丛需带 3～4 个芽。 2. 定植：株距宜 30～40cm。生长季节栽植时，应剪去地上 20cm 以上叶片，花序梗自基部剪除，以利缓苗。 3. 养护：①萌芽至开花期，应及时补水。花后剪去残叶花茎，及时清除株丛基部的枯残叶片。②生长期每月追 1 次以磷钾肥为主的液肥。③注意防治白星花金龟、小黄斑螃金龟、青花金龟、人纹污灯蛾、棕色鳃金龟、炭疽病等 5～6 月叶片枯病发病初期，及时喷洒杀菌剂防治。每 10d1 次
玉簪 （百合科，玉簪属）	株高 15～80cm，根状茎粗壮。基生成丛，叶大，卵形至阔卵形，叶柄长、弧形脉。花葶自叶丛中抽出，总状花序顶生，管状漏斗形，具浓香，花白色，花期 7～9月。同属栽培品种有圆叶、皇家、金色欲滴、金塔纳、伊咯、紫萼、朱莉莫尔、金冠、甜心、法兰西玉簪等	喜阴湿，畏阳光直射，肥耐寒。喜深厚、肥沃、排水良好的沙质壤土	1. 播种或分株繁殖，直 3～4年分株一次。春季萌芽前或秋季茎叶枯黄后，将株丛挖出，晾晒 1d，用快刀以每 2～3 芽为一丛带根切开，切口涂深草木灰栽植。早春分株栽植当年可开花。 2. 定植：株行距 30cm×30cm。栽植不宜过深，以浅不露根，深不理心为宜。 3. 养护：①萌芽后或开花前，施入氮肥及少量磷肥。②缓苗期灌水不宜太多，否则易造成苗木烂根。生长期土壤不易过干，适当保持土壤湿润。③注意防治锈病、褐斑病、灰斑病、炭疽病、叶斑病、桃蚜、日灼病、日斑病等，同型巴蜗牛等
火炬花 别名：火把莲 （百合科，火炬花属）	株高 60～100cm，叶基生，灰绿色，常自中部或中部以下弯曲，少直立。穗状总状花序，花梗粗壮，直立，管状花上部橘红色，下部黄色，形似燃烧的火把，花期 7～9月。变种有大花火炬花	喜阳光充足，较耐寒，对土壤要求不严，喜排水良好的沙质壤土	1. 播种或分株繁殖。①播种苗当年不开花。②株丛宜 2～3 年分栽一次：早春分栽时，将母株分切成几丛，每丛需带 2～3 个芽。 2. 定植：株行距 40cm×40cm。 3. 养护：①生长季节应保持适量的水分供应。②花后剪去残花花茎追肥 1 次。③每年春季应进行修剪，否则会造成防落。③分株苗需当年开花。秋季过于干旱，土壤过干对植株生长不良。②花后剪去残花花茎，秋季不可对植株进行修剪。③每当年需培土防寒越冬

续表

种名	形态	习性	栽植养护
铃兰（百合科，铃兰属）	株高15～30cm。具匍匐根状茎，叶基生，卵形或矩卵形，弧形脉。总状花序，花序轴自鞘状叶内抽出，花序偏向一侧，花白色，钟状，下垂，具芳香。花期4～5月。栽培变种有红花铃兰、花叶铃兰、重瓣铃兰等	喜半阴环境，耐阴湿，耐严寒。忌炎热，干燥，气温30℃以上，植株叶片易枯黄，休眠。喜肥沃沙质壤土	1.播种或分株繁殖。实生苗经4～5年才可开花，故多行分株繁殖。株丛直径4～5年分栽一次，分切根状茎的肥大芽，秋季分栽后方可开花。每丛2～3芽，每一顶根茎时，每一顶芽需带一段根茎，次春可开花，较小的芽需一年培育，覆土要厚。2.定植：株行距宜20cm×25cm，穴底施入腐熟有机肥，覆土厚度约5cm。3.养护：①生长期需经常保持土壤疏松，湿润。②早春及秋末各追施1次发酵液肥
麦冬（百合科，麦冬属）	常绿草本，株高20～30cm。根状茎短粗，须根中部膨大呈纺锤形。叶丛生，窄带状，边缘具细齿。花序轴自叶丛中抽出，小花簇生在总状花序上，花淡紫至近白色。花期7～8月	耐半阴，耐寒。喜肥沃土壤，耐潮湿，也耐干旱。在全光或全阴环境下，生长缓慢	1.春季分株栽植，因其生长缓慢，故应适当加大栽植密度。2.定植：裸根栽植，株行距10cm×10cm，栽植时短剪叶片。3.①春季清理老叶有利于新叶生长。②不旱不灌水。③注意防治叶枯病、炭疽病等
鸢尾（鸢尾科，鸢尾属）	株高30～60cm。叶剑形，扁平，先端尖，浅绿色，排成2列状。花序轴自叶丛中抽出，花瓣6，外3枚反卷呈匙形，先端宽圆，肉质斑纹，内3片较小而直立，花白、黄、紫、红紫、蓝紫、肉色，花期5～6月。变种有白花鸢尾，同属栽培品种有德国鸢尾、香根鸢尾、西班牙鸢尾、英国鸢尾等	喜光，略耐阴，耐寒性强，耐干旱，瘠薄。有些品种喜水湿	1.播种或分株繁殖。①种子采收后及时播种，但需培育3年后才能开花。②分株宜3～4年进行一次，清除老残根，根茎留2～3个健壮与其下部生长旺盛的新根，根茎粗壮的种类，切口应蘸草木灰或硫磺粉，以防病菌感染。2.定植：一般株距20～25cm，生长期则应剪去残花茎，叶丛短截1/3～1/2，覆土以根茎上2.5cm为宜。施肥量50g/m²，施用骨粉或过磷酸钙作基肥，整地前均匀撒入土中。3.养护：①萌芽至开花阶段，应保持土壤适度潮湿，花后剪去残花茎。②注意防治叶枯病、茎腐病、锈病、蚀夜蛾、人纹污灯蛾、蛴螬、蝼蛄、蜗牛等

种名	形态	习性	栽植养护
射干 别名:扁竹兰（鸢尾科,射干属）	株高 30～90cm。叶剑形,扁平,无柄,排成 2 列状。花序轴高于叶丛之上,聚伞花序顶生,内 3 片短,花期 7～9 月。花被 6,长椭圆形,橙红色,带紫红色斑点。	喜光,耐寒,对土壤要求不严,耐干旱,瘠薄。	1. 播种或分株繁殖。每 4～5 年分栽一次,宜在 3～4 月进行。分切根茎时,新株带 1～2 个芽,待切口稍干时栽植。2. 定植:株行距 25cm×30cm。3. 养护:①萌芽至花期施施薄肥,花后剪去残花枝茎。②注意防治叶枯病、斑枯病等
马蔺 别名:马兰（鸢尾科,鸢尾属）	株高 40～50cm。叶簇生,条形,灰绿色。整齐,灌丛紧密,花梗直立,着花 1～3 朵,花被 6,外 3 片较大,向外平展,有黄色条纹,内轮 3 片披针形,直立,花淡蓝紫色。花期 5 月	喜光,耐寒,对土壤要求不严,耐干旱,瘠薄,耐盐碱。	1. 播种或分株繁殖。分株 2～4 年进行一次。2. 定植:株行距 30cm×30cm。3. 养护:①生长期尽量不灌水,防止生长过多,导致株形松散茎叶徒长。②早春萌芽前,将地上干枯部分剪除并清理干净。③注意防治锈病、炭疽病,小地老虎、食夜蛾等
黑心菊（菊科,金光菊属）	株高 80～100cm。全株被粗糙刚毛。叶互生,下部叶匙形,上部叶阔披针形,全缘。头状花序单生,舌状花单瓣或半重瓣,黄色或伴有棕色环纹,中心管状花紫褐色,突起成圆锥状,花期 5～9 月	喜光,耐寒,适应性强,对土壤要求不严,耐旱,耐盐碱。	1. 播种、分株或扦插繁殖,以播种为主。①播种可直播于露地苗床,待幼苗长至 3～4 月真叶时,进行 1 次移植。②2～3 年分成更新一次,春季分栽。2. 定植:株行距 40cm×40cm。3. 养护:①花后剪去残枝,新生花枝可再次开花。②注意防治叶枯病、小红蛱蝶、蚜虫、大造桥虫、棉铃虫、甜菜夜蛾危害
金光菊（菊科,金光菊属）	株高 100～200cm。叶阔披针形,有时羽状裂,舌状花金黄色,管状花黄绿色,花期 7～10 月。同属栽品种有乡色、皇冠、金光,贝贝金光菊,大花金光菊等	喜光,耐寒,耐热,不择土壤,耐旱,忌水涝。	1. 播种或分株繁殖,以分株繁殖为主。①早春进行,新分株需有 3～4 个萌芽和一定数量的须根。②春、秋季均可播种。2. 定植:株行距 80cm×80cm。3. 养护:①花后及时修剪残花,可持续开花。②茎枝纤细,生长期应适当整枝,防止倒伏。花前施一次磷钾肥。③植株长至 100cm 时,需设支架绑缚。④注意防治白粉病等

续表

种名	形态	习性	栽植养护
金鸡菊 别名：大花金鸡菊（菊科，金鸡菊属）	株高30～80cm。茎直立，多分枝。基生叶叶披针形或匙形，具长柄，茎生叶3～5深裂，头状花序，花序轴细长，边花舌状，金黄色，顶端锯齿状，花期6—10月。同属栽培品种有萨格勒布，轮叶，朝阳金鸡菊等	喜光，耐寒。耐干旱，瘠薄，对土壤要求不严，自繁能力强	1.播种或分株繁殖。①春季露地播种，10天左右可出苗。②一般栽植3～4年需分株一次。春、秋季均可进行。 2.定植：株行距20cm×40cm。定植时如苗木较高，可摘心或短截后栽植。 3.养护：①株高6cm时进行第一次摘心，待分枝长至10cm再次摘心。花后修剪可二次开花，入冬前去地上枯萎茎。②7～8月进一次追肥，生长季节肥水不可过大，以免引起徒长和株丛倒伏。③注意防治蚜虫，棉铃虫，白粉病，黑斑病等
荷兰菊 别名：紫菀（菊科，紫菀属）	株高40～100cm。茎丛生，多分枝。叶线状披针形，互生，叶基略包茎。头状花序集成伞房状，舌状花细长，红紫、淡蓝、粉至白色，管状花黄色，花期8—10月。同属栽培品种有玛丽、丁香、红九月红、红日落、粉雀、蓝花束、蓝夜、皇冠紫等	喜阳光充足，通风良好环境。耐寒，适生疏松，排水良好土壤	1.播种、扦插或分株繁殖，多行分株繁殖 2～3年需分株一次。春、秋季节均可进行。 2.定植：株行距30cm×40cm。 3.养护：①生长期施液肥2～3次。②多次进行摘心，可使株丛丰满，欲使国庆节盛开，可在8月底作最后一次摘心。③注意防治白粉病，叶枯病等
紫菀（菊科，紫菀属）	株高40～90cm。茎直立，粗壮。基生叶椭圆状匙形，狭小，缘具有齿，茎生叶有狭叶，复伞房状。头状花序排列成伞房状，舌状花，淡紫色，中央管状花黄色，花期7—10月。同属栽培品种有蓝少女，紫苑等	喜光，耐寒。对土壤要求不严，喜疏沃沙质壤土，忌水涝	1.以分株繁殖为主，也可播种及扦插繁殖。春播，苗高10cm左右时移栽。 2.定植：株距30～50cm。 3.养护：①生长期每半月追施腐熟肥1次。②株高20cm时进行摘心，促生分枝。③花前增施1次磷钾肥。④注意防治蚜虫，霜霉病，叶斑病，甜菜白带野螟，甜菜夜蛾，甘蓝夜蛾等

续表

种名	形态	习性	栽植养护
松果菊（菊科，松果菊属）	株高60~120cm。茎粗毛，叶互生，基生叶卵形，茎生叶卵状披针形，缘疏生浅锯齿。头状花序单生枝顶，舌状花玫瑰色、瓣宽、微垂，管状花橙黄色，突起呈球形，花期6~10月。同属栽培品种有大花、国王、罗伯特、白天鹅、紫松果菊等	喜高温、耐寒、较耐干旱，要求深厚、富含有机质的土壤	1. 播种或分株繁殖。①春播当年秋季可开花，但实生苗花色易发生变化。②分株于春季进行，脱盆栽植，株行距30cm×30cm。 2. 定植：脱盆栽植，株行距30cm×30cm。 3. 养护：①夏季老化后及时剪去残花，可延长花期。②花期宜追施一次复合肥。③注意防治大绿螺蝽
北京夏菊（菊科，菊属）	株高30~50cm。茎近木质或丛生，叶互生，卵形，有大齿或裂缺片。头状花序，有大红、玫红、桃红、黄、白、紫色。花重瓣。花期5~10月	喜光、耐寒、抗旱，也耐热，耐盐碱、耐瘠薄，不需多次摘心，修剪，可自然长成丰满的球形	1. 嫩枝扦插繁殖。 2. 定植：盆栽植，株行距30cm×30cm。 3. 养护：①根据工程要求。②注意防治叶枯病、褐斑病、白粉病等，蚜螬等害虫，应控制病虫害发生
宿根天人菊（菊科，天人菊属）别名：虎皮菊、车轮菊	株高40~90cm。全株被柔毛，叶互生，缘有粗锯齿或缺刻，披羽裂。头状花序至顶生，近无花柄，舌状花黄色，单轮，基部红紫色，先端3齿裂，中央管状花集成圆球状，紫色。花期7~10月。栽培种有重瓣种	喜光，不耐阴，也耐热，耐寒，生长强健，耐干旱，宜植于沃、排水良好的沙质壤土，具自播能力	1. 播种，扦插或分株繁殖。①4月中旬播种于露地苗床，用苫育遮阴，保湿，待幼苗长出3~4片真叶时进行分株。②栽培品种最好采用扦插繁殖。③宜2~3年重新分株一次。 2. 定植：6月上旬可定植，株行距30cm×40cm。 3. 养护：①适时灌水，灌则灌透，灌水不可过多，以免造成植株徒长。②花后剪去残花，可延长花期。③注意宜治蛴螬虫、大叶蝉、绿盲蝽，土壤过于潮湿时，易患茎腐病，喷洒1000倍液百菌清或退菌特防治
大滨菊（菊科，滨菊属）	株高60~120cm。基生叶倒披针形，茎生叶披针或浅裂，缘钝锯齿。头状花序单顶生，舌状花白色，管状花黄色，花期6~7月	喜光，也耐半阴，耐寒，适生于湿润、肥沃、排水良好的中性土壤	1. 播种或分株繁殖。开花株第二年，可于春季进行分株。 2. 定植：株距25~30cm，株丛栽植过密及开花量过大，易发生死苗。 3. 养护：①灌水时注意保持基部两面清洁。②秋季茎叶枯萎后，及时剪去地上部分

种名	形态	习性	栽植养护
除虫菊（菊科，菊蒿属）	株高30～60cm。茎直立，全株灰绿色，被细毛。叶1～2回羽状深裂，两面被灰白色短柔毛。头状花序单一，舌状花白色，先端3裂，管状花黄色，5裂，花期5～6月。同属栽培品种有红花除虫菊	喜光，耐半阴，耐寒性强	1.播种或分株繁殖。①播前种子需浸水5～6h，播后喷水保湿，播种当年不开花。②一般播种3～4年分栽一次。春季选生长健壮无病虫害母株，连根挖出，除去枯死根，将其切口分成数株，新株必须带有须根。2.定植：穴底施入适量有机肥，每穴一株。3.养护：①立春，花后及秋末各施肥一次，生长期保持土壤潮湿。②注意防治蚜虫、白粉病、根腐病等
肋章菊 别名：肋章菊（菊科，肋章菊属）	株高30～40cm。叶丛生，线状披针形至倒卵状披针形，或有浅羽状裂，叶背被白色绒毛，枝上生叶小。头状花序顶生，花序轴高于叶丛，单瓣，基部有毛与白色眼点成褐色斑块。花期4～10月。栽培品种有破晓、小橙星、小黄星、红勋章、丑角、宝石红、太阳舞等	喜光，耐寒，也能耐高温，喜水良好、疏松、肥沃土壤，忌高湿与水涝，少病虫害	1.播种或分株繁殖。①春季室内苗床播种，第一对叶片展开时，分栽至容器内，3个月后进入开花期。②早春将株丛挖出，用利刀自根茎处纵向分切成数株。每一新株上都需带有芽叶根系。2.定植：播种苗长至10cm高时进行定植。株距20～30cm。定植前、生长期各施含磷肥较多的有机肥。3.养护：①长出花蕾，每月追施一次复合肥，施肥浓度0.2%～0.3%。②花后剪去残花。③夏季植株生长缓慢，开花较差，应避免水分过大，注意及时排涝。④注意防治蚜虫、红蜘蛛危害，叶斑病发生时，每7～10d喷一次杀菌剂，连续2～3次
大花旋复花（菊科，旋复花属）	株高20～70cm。全株被柔毛，叶矩椭圆状披针形，无柄，有抱茎，全缘或疏生尖齿。头状花序伞房状或复伞房状，舌状花黄色，花期6～9月	喜光，耐寒，耐干旱，瘠薄，喜肥沃、湿润土壤	1.播种或分株繁殖。分蘖力强，易分株繁殖，早春芽前进行。2.定植：株行距30cm×30cm。3.养护：①分枝性强，适时摘心，增加开花量。②注意防治白粉病、黑斑病等
薯草 千 别名：千叶薯（菊科，薯草属）	株高30～90cm。叶互生，2～3回羽状全裂，小裂片条状披针形。头状花序5，密集成复伞房状，舌状花乳白、粉红、淡紫红等色，花期6～9月	喜光，耐半阴，耐寒。对土壤要求不严，耐干旱，喜排水良好、富含腐殖质及石灰质之沙质壤土	1.播种或分株繁殖。①春，秋季均可播种，覆土1.5cm，保持土壤湿润，约7～10d发芽，待苗出齐后，适当间苗。花后植株易出现倒伏，应及秋季进行。2.定植：株距30～40cm。3.养护：①修剪。②修剪残花可延长花期，花后植株在春。③注意防治烟蓟马、蜗牛、枯萎病等

续表

种名	形态	习性	栽植养护
蓝刺头（菊科，蓝刺头属）	株高 80～100cm。茎直立，叶互生，二回羽状裂，裂片端部有刺头。头状花序呈圆球形，外总苞似毛状，花冠筒形 5，条形，淡蓝色。花期 8～9 月	喜光，耐寒。适应性强，耐干旱、瘠薄土壤，忌湿涝	1. 播种、扦插繁殖。根不定芽再生能力强，根插易成活。春季将根段剪成 2～3cm 长，扦插繁殖。2. 定植：株行距 20cm×20cm。3. 养护：①干旱时及时补水，雨季注意排涝。②注意防治枯萎病、黑斑病等
一枝黄花（菊科，一枝黄花属）	株高 150～200cm，全株被粗毛。叶披针形，全缘具具叶，叶面粗糙，叶背具柔毛。头状花序，集成顶生圆锥花序，花黄色。花期 7～8 月。栽培品种有烟火、矮黄金、金贝一枝黄花等	喜光，耐寒。耐干旱、耐修剪，病虫害少。北方栽植不会造成扩张泛滥	1. 播种或分株繁殖。①播种苗第二年才能开花。②老株宜 2～3 年分栽一次。2. 定植：株距 30～40cm。3. 养护：管理粗放。①控制水肥供应。②控制浇水肥，花后及时中度修剪，可再次开花
美丽向日葵（菊科，向日葵属）	株高可达 150cm。多分枝。叶片大，圆长卵形，3 出脉，底部叶对生，上部叶互生。头状花序，顶生，舌状花鲜黄色，花自 15cm 以上，每叶腋一花，花期 6～9 月	喜光，耐寒。对土壤要求不严，耐旱，怕涝	1. 播种或分株繁殖。因其受粉率低，成熟的种子少，故一般多干旱行分株繁殖。萌蘖力强，多年生老株每年早春挖取老株脚芽扦插，待脚伸长至 5cm 时再勿进行分株，以利于老株更新复壮。2. 定植：株距 60～80cm。3. 养护：①生长期避免大水大肥。②注意防治棉铃虫、褐斑病、白粉病、锈病等
蛇莓（蔷薇科，蛇莓属）	具长匍匐茎。3 出复叶，有柔毛，节节生根，基生。小叶倒卵形至长圆形，近无托叶。花 5 瓣，金黄色，单生叶腋。聚合果近球形，暗红色，花期 5～6 月	喜阴，也耐寒，耐干旱，耐瘠薄，适应性强，对土壤要求不严，怕涝。不耐践踏	1. 分株或扦插繁殖。①分株在春季进行。②扦插时将匍匐茎切成 20～30cm 长的茎段，也可于 6～8 月用嫩茎扦插，将匍匐茎从各节剪断，每节扦插。2. 定植：容器苗脱盆栽植，株距 12～15cm，也可在栽植地直接扦插，埋土深度 3～5cm，保持土壤湿润，3 个月左右可成坪。3. 养护：返青前移除地上干枯茎叶，结合浇灌返青水，施 1 次返青肥

种名	形态	习性	栽植养护
匍枝委陵菜（蔷薇科，委陵菜属）	株高10～15cm。柔毛，羽状复叶互生，小叶相近，缘具粗齿。茎平卧或直立，茎节部生根。花5瓣，黄色，花期5～9月。同属栽培品种有黄花、翻白、鹅绒委陵菜等	喜光、耐寒。对土壤要求不严，以排水良好、富含有机质的壤土或新翻土为好	1.分株在春、秋季均可进行。扦插或压埋茎枝在夏季进行。小苗生根后，脱盆栽植，株行距15cm×20cm。2.养护：①土壤过于干旱或稀薄时，株丛易失绿早枯，需及时追肥，补水。②返青及生长季节需清除枯枝、枯叶、烂叶等③注意防治锈病
华北耧斗菜（毛茛科，耧斗菜属）	株高60cm。基生叶具长柄，1～2回3出复叶。茎生叶较小，花茎自丛中抽出，顶生，花顶生于较小，萼片5，紫色呈花瓣状，后上有银丝状柔毛，花期4～5月	耐寒、喜半阴环境。忌干旱，适生于肥沃、湿润、排水良好的沙质壤土	1.播种或分株繁殖。①播种以春秋为好。②分株于春季进行，3～4年需分株更新一次。春季发芽前挖出老株，分切新株需带有残芽。2.定植：株距30～40cm。3.养护：①4月下旬至5月中旬，追施2次肥水。②花后剪去残花
白头翁（毛茛科，白头翁属）	株高20～40cm。全株被白色长柔毛。3出复叶，基生，花梗自叶丛中抽出，顶生，花具长柄，呈花瓣状，蓝紫色，萼片6，呈花瓣状，花白色，花期5～8月	喜光、不耐阴、耐寒。耐干旱、瘠薄，对土壤要求不严	1.播种或分株繁殖。多行分株繁殖。秋末掘起地下块茎，用湿沙堆积于室内，翌春3月上旬萌芽后，将块茎用刀切开，每段要带有萌发的顶芽，播。播后需覆草保湿。2.定植：株行距20cm×25cm。3.养护：可粗放管理
铁线莲（毛茛科，铁线莲属）	枝蔓生，2回3出羽状复叶，小叶卵形或披针形，多对生。单叶叶腋，花梗细长，近中部具2枚对生叶状苞片，萼片花瓣状，常6枚，乳白色，花期5～8月。常见栽培品种有重瓣铁线莲、大瓣铁线莲、红枝铁线莲等	耐寒、喜凉爽，宜有轻度遮阴或散光照。忌夏季积水以及烈日直射，喜肥沃，排水良好的中性或微酸性生土壤	1.播种、扦插或压条繁殖。2.定植：株行距不小于80cm，栽植时根系要舒展，2～3cm。3.养护：①营养生长旺盛期和开花盛期较足的水分，栽植土壤适度湿润，保持土壤温润，每1～2周追施一次液肥，花后停止追肥，花后过短缩，2～3个月可再次开花。②花后自最下面叶片上方2～3节处短截，夏季精品，高温条件下易患萎蔫病。③注意防治自蚜虫和红蜘蛛，应及时清除枯叶、喷洒石硫合剂防治

种名	形态	习性	栽植养护
蜀葵（锦葵科，蜀葵属）	株高可达200cm。茎直立，全株被柔毛。叶片大，圆近心脏形，5～7浅裂，叶两面粗糙。花单生叶腋或成枝顶，呈总状花序，花径大、喇叭形，有白、粉红、桃红、大红、橙红、黑紫、深紫、雪青、淡黄、茄子蓝等色，单瓣或重瓣。花期6～8月。	喜光，不耐阴，耐寒，不耐积水，耐旱，对土壤要求不严，具自播能力	1. 播种或分株繁殖。①种子成熟后即可播种，以秋播为主。②分株在春季进行，按2～3芽为1丛切分开，每4年分株更新1次。 2. 定植：带土球栽植，也可直接穴播于栽植地，株距60～80cm。 3. 养护：①花后将花序轴部分剪去，茎枯黄后，将地面10～15cm以上剪去。②注意防治棉铃虫、棉卷叶野螟、猝叶蛾、甘蓝夜蛾、斜纹夜蛾、二斑叶螨、白星花金龟、四纹丽金龟、锈病、褐斑病、灰斑病等。注意：忌用陈种致致段
芙蓉葵 别名：大花秋葵（锦葵科，木槿属）	株高100～200cm。茎粗壮，基部半木质化。单叶对生，卵状椭圆形，缘具浅齿。花大，花瓣5，玫瑰红、粉、白、紫色等。花期6～10月。同属栽培品种有草芙蓉、葵、玫瑰茄等。	喜光，较耐寒。对土壤要求不严，较耐盐碱，较耐旱，管理粗放	1. 播种或分株繁殖。分株栽植在春季萌芽前进行。每丛3～5个芽。 2. 定植：株距50～60cm。 3. 养护：①春季摘心1～2次，促生分枝，生长高者可修剪控制。②生长季节适当控制灌水，不旱不灌水，防止茎枝徒长，防止茎枝弯曲和倒伏。③注意防治棉铃虫、四纹丽金龟、白星花金龟野螟、白星花金龟等
八宝景天 别名：粉八宝（景天科，景天属）	株高50～70cm。全株呈青白色，茎叶肉质、叶椭圆形或匙形，质厚、全缘，近无柄，对生或3～4枚轮生。伞房状聚伞花序，顶生，小花粉色，花瓣5，花期7～9月。常见栽培品种有红叶、粉八宝，乡巴佬景天等。	喜光，略耐阴，耐寒，喜排水良好的土壤，忌土壤过湿和水涝	1. 分株或扦插繁殖。①5～6年生株丛，宜干旱春季进行分株栽植。②剪取8～10cm茎段作插穗，剪去下部叶片，插入素土中，极易成活。 2. 定植：株行距25cm×25cm。苗木过高时，应短截茎节后直接插入栽植。生长季节可将茎短截后扦插。 3. 养护：①生长季节修剪1～2次，使株丛低矮而紧密，但不可修剪过晚，以免影响正常开花。花后应及时清除枯萎花枝。秋霜后，剪去地上枯萎部分。②注意防治蚜虫、棉铃虫、白毛虫、红蜘蛛、大造桥虫，同型巴蜗牛、白盾蚧、甜菜夜蛾、甘蓝夜蛾、白粉病等

续表

种名	形态	习性	栽植养护
费菜（景天科，景天属）	株高 20～50cm。茎直立，茎叶肉质，密集呈球形。叶互生，卵状倒披针形，缘有疏锯齿，伞花序顶生，花小，5瓣，披针形，黄色。花期6月。同属有矮景天，反曲，胭脂红，瑚脂景天，金叶，光亮，詹花菊黄，胭脂红，詹姆斯，星辰，德国景天等	喜光，略耐阴，耐寒，耐热，耐旱，较耐盐碱，薄，怕涝	1.分株或扦插繁殖。①6～7月，利用剪下的嫩枝进行扦插繁殖。②旱季进行，生长季节均可分株栽植。2.定植：栽植前茎枝稍高的，应适当摘心或短截后栽植，株距20～25cm。3.养护：①适当控制灌水，防止苗木徒长，土壤过湿，茎叶易腐烂。②花后易倒伏，应及时平茬修剪，新生株从整齐，美观。③注意防治蚜虫
落新妇（虎耳草科，落新妇属）	株高50～80cm。基生叶2～3回，3出羽状复叶，茎生叶小，2～3回。圆锥花序，大型。花序细密褐色卷曲有长柔毛，花淡紫至紫红色，花瓣5，花期6～7月。常见栽培品种有火烈鸟，法纳尔，红光，紫雨等	耐寒，喜半阴和湿肥沃的微酸性或中性土壤，也耐轻度盐碱，耐阴	1.播种、分株繁殖。①以春播为主，种子需经250mg/L赤霉素处理，播种后要保持土壤湿润，第二年开花。②一般3～4年株丛老根化或枯死，故宜于早春及时进行分株。2.定植：容器苗脱盆栽植，株行距40cm×50cm。②春末至夏初连续摘尖花茎，增加开花量。花后剪去残花茎。3.养护：①生长季节保持土壤湿润。②春末至夏初连续摘尖花茎，增加开花量。花后剪去残花茎，可再次开花。2～3次，促使分枝。③注意防治蚜虫、棉铃虫、红蜘蛛等
小冠花（豆科，小冠花属）	株高30～80cm。茎半蔓生，有棱，多分枝，叶互生，奇数状复叶，小叶7～15，小叶长椭圆形，伞形花序腋生，花蝶形，初粉红色，后为紫蓝色。花期6～7月	喜光，也耐阴，较耐寒，耐干热，也耐干旱，较耐盐碱，耐湿性差	1.播种或分株繁殖。①春，秋季均可进行播种，种子需用0.2%～0.3%微酸或微碱处理，切分成丛。②分株多在春季发芽前进行，将母株掘起，切分成丛。2.定植：株行距30cm×30cm。3.养护：①早春清除地上枯茎，叶。②生长期适当控制灌水，雨后及时排水。
白三叶（豆科，三叶草属）	株高10～30cm。茎匍匐蔓生，节上生根，掌状3出复叶，小叶倒卵形至倒心形，花序球形，花白色。花期5～7月	喜光，耐半阴，较耐寒，耐旱，耐干旱，不耐践踏	1.播种繁殖为主，也可分株。播种在4～5月或8～9月进行。2.定植：短截茎叶，株行距15cm×15cm。3.养护：①早春清除地上枯萎部分，松除地上枯萎，大造桥虫，甘蓝夜蛾，青叶蝉、蜗牛、红蜘蛛等。②注意防治蚜虫，人纹污灯蛾，大豆毒蛾，兔丝子等

种名	形态	习性	栽植养护
百脉根（豆科，百脉根属）	茎枝丛生，筒匍状，茎光滑，小叶倒卵形，托掌状3出复叶片，伞形花序顶生，小叶大似叶片，花4～8朵，花淡黄至深黄色，花期6—7月。	喜光，较耐寒，耐旱，喜肥，耐盐碱，喜排水良好的黏质壤土。	1.播种繁殖为主，春季播种，覆土1～2cm为宜。2.定植：株行距25cm×30cm。3.养护：返青前清除枯叶，通过修剪控制株丛生长高度，提高观赏性，在大景区可不修剪，保持自然情趣。
宿根福禄考（花葱科，福禄考属）	株高40～100cm。根茎半木质化。叶对生，长椭圆状披针形至卵状披针形。花瓣5，花瓣圆锥花序，似喇叭形。有白色、红、粉、紫及复色等。花期6—9月。富栽培品种有碧玉、宝石红、红绣球、白雪福禄考等。	喜阴，不耐寒，喜湿肥沃、深厚、排水良好土壤，在干旱、稍薄及pH8.0以上的碱性土壤中生长不良。	1.扦插或分株繁殖。①秋季结合入冬修剪，截取3～4节作插穗进行硬枝扦插。嫩枝扦插应于早春，剪取插穗长5～6cm，插入珍珠岩中。②分栽适宜土混合基质中。②分栽2年进行一次。2.定植：以4月中旬为宜，株行距25cm×25cm，对地上部分适当修剪，栽后保持土壤湿润。3.养护：①苗高15cm左右时，进行2次摘心，控制株丛高度和促进分枝。②花后剪去残花，追施液肥，以提高二次花的观赏性。③注意防治蚜虫，叶斑病、白粉病等
桔梗 别名：铃铛花（桔梗科，桔梗属）	株高40～120cm。有白色乳汁。叶3枚轮生或对生，卵形，叶背蓝白色，被白粉。花冠钟状，花色有蓝、白、紫等色。花期6—9月。富栽培品种有花蕾、富士蓝、牧师蓝、箱根白，雪仙子等	喜光，也耐阴，耐寒，喜肥沃、排水良好的沙质壤土，忌水涝。	1.播种或分株繁殖。①春播当年开花，秋季进行。②分株于春，秋季进行，易成活。2.定植：株行距20cm×20cm。3.养护：①每月追施1次以磷、钾肥为主的液肥，开花前追施液肥1～2次。②生长季节注意摘心促使分枝，增加开花量和防止倒伏。过长枝可适当截短至分枝处。③着生花蕾过多时，适当疏去部分幼蕾开出大花。以利于开出大花。④肉质根，土壤低湿易烂根，故生长季不宜灌水，大雨后及时排涝。⑤注意防治蚜虫
穗花婆婆纳（玄参科，婆婆纳属）	株高30～50cm，全株被毛。单叶对生，披针形至长椭圆形，缘有细锯齿，密集的总状花序顶生，小花蓝色或粉色，花期6—10月。同属栽培品种有皇家蜡烛、大花、长叶、细叶、大婆婆纳、白婆婆纳等	喜光，耐半阴，较耐寒，耐修剪	1.分株或扦插繁殖。①株丛通常每2～3年分株一次。②春季剪取新生枝，保留中段3～4节插于苗床，苗期摘心2～3次，秋季可开花。2.定植：脱盆栽植，株行距35～40cm。3.养护：①花后剪去残花芽，刺激新梢生长，株形过高或秋季形不整齐时，花后可同行7～8对叶片短截，可增大开花量，30d左右再次开花。②雨后注意排涝。

种名	形态	习性	栽培养护
薄荷（唇形科，薄荷属）	株高30～60cm，茎直立，四棱形，叶对生在茎节上，长圆状披针形或卵形，缘有锯齿，具清香。轮伞花序，腋生，花冠唇形，蓝紫色，花期6～9月	喜光，较耐阴，耐寒，适应性强，对土壤要求不严，喜清凉湿润土壤	1.播种，扦插或分株繁殖，扦插易成活。2.定植：株行距15cm×15cm。3.养护：①生长初、中期要求土壤适当湿润，开花期需要较干燥的环境。②株丛生长过密，可挖去过密株，对茎枝进行摘心或适当短截。③注意防治甘蓝夜蛾、大红蛱蝶、小红蛱蝶等
美国薄荷（唇形科，美国薄荷属）	株高60～120cm，茎直立。单叶对生，椭圆形，叶脉下陷，叶柄基部或紫红色，缘有齿。头状花序，雄蕊伸出花筒外，花红、深红、粉红、紫堇、白色，花期6～8月。常见栽培品种有草原、柠檬薄荷、柯罗拉粉，蓝花美国薄荷	耐热，耐寒，对土壤要求不严，怕涝	1.播种或分株繁殖。2.定植：株行距50cm×50cm。3.养护：①对生长过高的枝进行摘心，通过修剪控制株高和开花时间。花后短截枝花，可再次盛花。②注意防治叶斑病
荆芥（唇形科，荆芥属）	株高40～100cm，茎四棱形，基部微带紫色，上部多分枝，叶卵状至三角状心形，缘具粗圆齿或齿牙，花二有苞。总状或圆锥花序，花二唇形，蓝紫色，上唇2裂，下唇3裂，中裂片最大，花期6～8月。栽培品种有蓝月亮等	喜光，耐寒，对土壤要求不严，忌干旱，怕水涝，忌连作	1.播种繁殖。春季浸种后开沟露地直播，以刚不见苗子时为宜，苗齐6～7cm时，按株距5cm进行间苗。2.定植：株高10～15cm时进行定植，行距25cm，覆土厚度5cm，盖草片保湿。3.养护：①缓苗后追施1次腐熟饼肥。②注意防治根腐病、茎腐病等
鼠尾草（唇形科，鼠尾草属）	株高30～70cm，茎直立丛生，叶对生，全株被柔毛，叶面有凹凸状纹，直立，2枚雄蕊伸出花冠外，花萼蓝、花期5～9月。常见栽培品种有蓝色、红花、蓝花山脉、超级鼠尾草等	喜光，耐半阴，耐寒，忌干热，适生肥沃、深厚、排水良好土壤	1.繁殖：播种、分株、扦插，以扦插繁殖为主。①宜3年分株1次，春季进行。②6—7月，取半木质的枝条，剪取长5～8cm的枝，摘除基部3～4片叶，1/2进行扦插。2.定植：株行距30cm×30cm。3.养护：①管理粗放。①花后应及时剪除植株10cm以上部分，新生枝出后，30d左右可再次开花。②注意防治蚜虫、粉虱、夜蛾、小青花金龟、叶斑病、霜霉病等

续表

种名	形态	习性	栽植养护
假龙头 别名：随意草、芝麻花 （唇形科、假龙头花属）	株高30～80cm。茎直立丛生，单叶对生，缘有锯齿，穗状花序顶生，每轮有花2朵，层层交互排列紧密，花唇形，唇瓣短，有深红、粉红、淡紫色等，花期7～9月。常见栽培品种有白花、大花假龙头等	喜光，较耐寒，喜肥沃、疏松的沙质壤土。夏季土壤干旱则生长不良	1. 播种或分株繁殖。株丛宜每2～3年分栽一次，早春或花后均可进行。2. 定植：株距30～40cm。3. 养护：①苗高15cm时摘心，可促使株丛丰满，提高观赏性。②夏季土壤需保持一定湿度，有利于植株生长。③花后剪株残花，可连续开花。④注意防治甜菜夜蛾等
丹参 （唇形科、鼠尾草属）	株高40～60cm。茎四棱形，根圆柱形，表皮红色。密被柔毛，奇数羽状复叶，小叶3～5，卵圆形，顶生小叶较侧生叶大。轮伞花序，顶生或腋生，花6至多朵，唇形，上下唇形，下唇较短，蓝紫色，花期5～7月	喜温、耐寒。较黏重、深根性，通气性差的土壤生长不良，忌水涝	1. 播种或分根繁殖。①3月播种，播后盖地膜。②3月分根前一周内适当挖水，将母株挖出，选取无病虫害、直径0.7～1.5cm、长5cm、有2个芽的一年生根。2. 定植：行距30～40cm，株距25～30cm，穴距10～15cm，覆土3cm。3. 养护：①生长期土壤应见湿见干，开花前施1～2次氮、磷、钾复合肥，施肥量15g/m²。②注意防治蚜虫、棉铃虫、根结线虫、银纹夜蛾、蛴螬、叶斑病、根腐病、疫病等
连线草 （唇形科、活血丹属）	具匍匐茎，逐节生根，叶心形。花唇形，紫色，连青色，花期4～5月	耐寒，耐半阴，适水分充足，排水良好的肥沃土壤	1. 播种、分株或扦插繁殖。①春季挖出老株分栽植，直接插人栽植，灌透水，8～9天可生根。2. 定植：株行距15cm×15cm。3. 养护：①春季发芽前，清除地上枯死茎叶。②生长过密时，可轻剪，保持长势盛生长
酸浆 别名：灯笼草、红姑娘、酸浆 （茄科、酸浆属）	株高30～60cm。茎直立或倾斜，节膨大，叶卵形，叶单叶互生，叶基斜楔状卵形或叶基偏斜，缘具波状缺刻，花白色，花萼钟状，5裂，花期5～9月。浆果球形，成熟时橙红色，被同色膨大萼片包被	喜光，耐寒，耐干旱，耐瘠薄，扩展能力强	1. 播种、分株繁殖。①春播苗当年可开花结实。②早春挖取较稠密根茎进行分株。2. 定植：株行距30cm×30cm。3. 养护：①生长前期可行多次摘心，促进分枝，增加结果量。②土壤不可过湿，以免徒长倒伏

续表

种名	形态	习性	栽植养护
玉带草（禾本科、芦竹属）	株高30～50cm。叶扁平，线形，有银白色条纹或白边。圆锥花序成穗状，顶生，花期6～7月	喜光，也耐半阴，较耐寒，耐干旱，瘠薄，忌水涝	1.分株繁殖：每3～4年分株一次。分株于春季或6～7月进行，3～4株为一丛栽植。2.定植：脱盆栽植，株行距15cm×15cm。3.养护：6月中、下旬，将株从基部短截至10～15cm，可控制株高并促进植株健壮生长
狼尾草（禾本科、狼尾草属）	株高30～120cm。叶线形，先端长渐尖，干旱、高温时叶常内卷。花序、圆柱形，直立，主轴密生柔毛，小穗披针形。花果期8～10月	喜光，耐半阴，耐寒性强，对土壤要求不严，耐轻度盐碱，耐干旱、瘠薄，病虫害少	1.分株繁殖：旱春将母株挖出，用快刀劈成几块，分别栽植。2.定植：株行距60cm×70cm。3.养护：①管理粗放，入冬前剪去地上枯萎部分。②每年灌一次封冻水，返青水
荷包牡丹（罂粟科、荷包牡丹属）	株高30～60cm，茎带红紫色。3出羽状复叶，互生，全缘或具裂片。总状花序顶生，呈拱形下垂。花瓣4，外两瓣较大，玫红色，基部成圆囊状，形似荷包，内2瓣狭长，近白色，突出花苞之外。花期5～6月。常见栽培品种有白花、加拿大白花牡丹等	喜光，耐半阴，耐高温，耐寒。喜疏松肥沃的沙质壤土，夏季休眠	1.分株或扦插繁殖。①一般3～4年需分株一次，春季发芽前，将根全部挖出，清除老根及烂根，按自然分段切开，每段带3～5个芽，栽植后当年即可开花。分株后应避免挖伤地下的半肉质根茎。②春季萌蘖长10cm左右时可开花，2～3年可开花。栽植株行距以40～80cm为宜，穴内需掺入腐熟有机肥。3.养护：①生长旺盛季节，需保持土壤湿润。②进入休眠期，应剪去地上枯枝。③霜降前灌1次透水，培土防寒越冬
芍药（毛茛科、芍药属）	株高80～100cm。根粗壮肉质，浅黄褐色或灰褐色，茎簇生，上端多歧。茎基部为单叶，互生，上部为2回3出羽状复叶，小叶椭圆形、狭卵形，通常3裂，小叶披针形等	喜光，耐寒，耐干旱，怕涝，喜稍湿润环境。要求深厚、肥沃土壤，在粘土、盐碱土中生长不良	1.分株或根插繁殖，以分株为主。宜5～6年分株一次。民间有"春分分芍药，到老不开花""七芍药，八牡丹"等谚语。北方地区分株在9月中旬进行。剪去母株地上枝叶，挖出根茎，抖掉根部附土，主根保留20cm，顺根系自然纹理用刀劈开，每丛3～5个芽，待伤口略干时再行栽植。2.定植：株行距60～80cm，覆土厚度以芽上3～4cm为宜，栽后培15cm土堆

续表

种名	形态	习性	栽植养护
芍药(毛茛科、芍药属)	花单生或2~3朵并生于茎顶端或近顶叶腋处,花大型,单瓣或重瓣,有白、红、黄、绿、紫、黑、混合色等,花期5月上中旬。栽培品种有单瓣类、千层类、台阁类,如绚丽多彩、楼子类、台阁类、沙金贯顶等	喜光,耐寒,怕涝,耐干旱,喜稍湿润环境,肥沃、要求深厚,在黏土、盐碱土中生长不良	3.养护:①蘖芽出土前,将基部培土扒去,待盛芽长至5~6cm时,剥除过密、细弱蘖芽。保留中间的健壮花蕾,剥去瘦小的侧蕾,保留中间的至黄豆粒大时,花后剪去残花。③全年在显蕾后、花后半月、霜降后施好3次肥。④结合施肥,灌好早春的返青水、4月底的花前水,5月中下旬的花后水,11月下旬的封冻水。土壤干旱时,适当浇水。⑤灌水及雨后及时御地松土,尽量避免由叶面喷水,以防病害传播蔓延。⑥浇灌封冻水后,基部培土5~10cm越冬。⑦注意防治茎腐病、叶斑病、灰霉病、白粉病、锈病、根腐病、曲叶病、线虫病、蚜虫、小青花金龟、小蓑蛾、蜗牛、蚜虫、灯蛾、黄翅绢螟、桑褐刺蛾等
金叶过路黄 别名:金钱草(报春花科、珍珠菜属)	株高10~15cm。茎匍匐状,长可达40~50cm,节上生根。单叶对生,叶基心形,黄色。花黄色,聚伞花序,花期5~7月	喜光,耐半阴。耐干旱能力强,茎生长旺盛,抗杂草能力强,病虫害少,耐践踏	繁殖:扦插繁殖易成活,于夏季采取嫩茎一捆,用快刀切成长约5cm的一段,按芽的短截轻轻一捆,于地整布于扦插床面2cm或经过细整的栽植地上,用硬纸板轻轻镇压,上面覆一层细土,覆盖遮阳网,每隔4~5h喷水一次。待7~10d根后,于傍晚揭去遮阳网,也可行分株,压条繁殖。 2.定植:株行距15cm×15cm。 3.养护:①发根后,应浇灌磷酸二氢钾肥液1~2次。②土壤水分过多时,易引起白绢病发生。注意喷药防治,及时清理病叶和清除病死植株
常夏石竹(石竹科、石竹属)	株高10~30cm。茎光滑被白粉,蔓状丛生,具节。枝叶线形,叶灰绿色,长线形,质地较厚。花2~3朵,花白、粉红至玫瑰红色,具芳香,花期5~10月	喜光,耐寒,喜冷凉气候,不耐高温,耐干旱,忌土壤精瘠薄,忌土壤过湿和水涝	1.以分株繁殖为主。一般栽植2~3年即衰老退化,开花不良,分株移植在花芽开始萌发或花芽、9月至11月初是最佳时期。 2.定植:生长季节定植育苗,脱盆栽植,株行距15cm×20cm。 3.养护:①春季特别于夏及土质差的地块需灌水3~4次。②6月花以对株丛进行短截,保留10cm左右。8月底作全年最后一次修剪,保留离基部5cm以利于秋季追肥,以后每年秋季追肥1次每年春过冬生长过密的地。③栽植3年以上地块,需打孔施肥。④栽植3年后有机肥。⑤忌大水、高温,高温易腐烂,入夏前及每次修剪后,交替喷施杀菌剂,预防夏季病害大量发生

续表

种名	形态	习性	栽植养护
红蓼（蓼科，蓼属）	株高 150～200cm。茎直立，分枝有节，节部略膨大，上部多分枝。叶宽椭圆形或卵状披针形，先端渐尖，托叶鞘筒状，扩大成向外反卷的绿色环状小片。花序密集呈圆锥状，顶生或下垂，花小，淡红色，红色，花期 7～9 月	喜光，耐寒。在旱地、岸边、湿地、浅水中均生长良好	1. 播种繁殖。秋季，采集成熟的种子，放置干燥处。翌年 4 月在栽植地播种，露地播种，需覆 2～3cm 厚细土，株距 40cm。次年喷水 2 次。出苗后需进行间苗，株行距 60cm×60cm。 2. 定植：株行距 60cm×60cm，干旱季节，每周灌水 1～2 次 3. 养护：可粗放管理。
紫花地丁（堇菜科，堇菜属）	株高 4～15cm。叶基生，长圆形或圆状披针形，长圆齿，缘具圆齿。叶柄具翅。距囊色或淡紫色，喉部色较淡并带有紫色条纹，花期 4～5 月	喜光，耐半阴，耐寒。对土壤要求不严，耐干旱、瘠薄	1. 播种或自播繁殖。 2. 定植：带土球移植，株行距 15cm×15cm。 3. 养护：可粗放管理
毛地黄（玄参科，毛地黄属）	株高 80～120cm，全株被白色短柔毛。基生叶多数，粗糙，皱缩，长椭圆形，叶背网脉明显。总状花序顶生，花大，钟状唇形，偏于花序一侧下垂，上唇紫红色，下唇肉白色，有紫色斑点。花期 5～6 月。变种有大花及重瓣等	喜光，耐半阴，耐寒，耐干旱	1. 播种繁殖。春播当年不开花，20℃为秋播适宜温度。幼苗展叶后需进行一次移植，待长出 4 片真叶时，栽入容器内，移入冷窖越冬。 2. 定植：翌年脱盆定植，株距 30～40cm。 3. 养护：①花后及时剪去主花序，可促侧枝生长开花。②注意防治野虫
二色补血草 别名：海蔓荆（蓝雪科，补血草属）	株高 20～70cm，基生叶匙形，倒卵状匙形，全缘。花序梗多分枝，有棱角或沟槽。圆锥形，花萼漏斗状，苞片紫红色，花冠黄色，漏斗状，5 浅裂，花期 5～7 月	喜光照充足，干燥凉爽气候，耐旱，耐瘠薄、耐盐碱，喜黏质土，忌水涝	1. 播种或分株繁殖。①只春直播，播后用草片覆盖，待出苗后揭去覆盖物。②直根系，分栽时注意少伤根。 2. 定植：穴植，穴深 15cm，每穴 1 株，株行距 30cm×40cm。 养护：①入冬后及时清除病死株及枯叶。②注意防治蚜虫、叶斑病、白粉病、灰疽病、根腐病等虫，蓟马、飞虱等

附表3

球（块）根、球茎地被植物栽植与养护

种名	形态	习性	栽植养护
大花美人蕉（美人蕉科，美人蕉属）	株高120cm，具肥大肉质根状茎。叶片长阔卵形，绿色或紫红色。具羽状平行脉。总状花序，5枚退化雄蕊中3～4片呈扁平瓣状，花乳白、大红、粉红、黄、橘红、紫红色。花期5～11月。变种有美叶、双色美人蕉、黄花美人蕉，同属栽培品种有美人蕉、黄花美人蕉等。	喜光。耐寒性较差。喜肥沃、排水良好的土壤及通风环境。	1. 多采用根茎分株繁殖。①将母株茎或分株繁殖。②用利刀将带2～3个芽的根茎分切成若干段。③将母株茎分切成数丛。2. 定植：每穴1块，并施入腐熟有机肥。株距60～70cm，定植时覆土7～10cm。3. 养护：①生长期保持土壤疏松，适当湿润，但不可过湿。②花前追施一次液肥，花后剪去残花花茎。③秋季叶枯黄后，将根茎掘出，冬季在不沾冰的室内，放置在凉爽通风的干沙中贮藏。④注意防治棉铃虫、桃蚜，未砂叶蝉，二斑叶螨、角斑古毒蛾、银纹夜蛾，白星花金龟、小青花金龟，花叶病、黑斑病，灰斑病、日灼病等
大丽花（别名：大理花、西番莲、地瓜花，菊科，大丽花属）	株高50～150cm，具肥大纺锤状肉质块根。叶对生，1～3回羽状分裂。头状花序顶生或腋生，花色有白、红、黄、橙、紫色。花期6～10月。栽培种：花型有单瓣、白头翁、衣领型、仙人掌型、菊花型、芍药型、矮生型、牡丹花型、星型等。花色有白、红、黄、桃红、中间色、双色，绞纹、中间色、双色等	喜光。耐寒性较差。对土壤要求不严，以排水良好的沙质壤土为好，忌水涝。	1. 扦插、分割块根或播种繁殖。①生长季节均可扦插繁殖，剪取嫩梢长约6～7cm作插穗，去掉下部叶片，插入素沙土中，放置于蔽荫处，保持土壤湿润。待长至2～3节时摘心，需摘心2～3次。②将上年把藏的块根取出，进行分切，每株保留根芽1～2个，切口用草木灰涂抹进行分栽。2. 定植：晚霜过后进行，株距50～100cm。3. 养护：①植株长至40～50cm时，抹去基部及叶腋间多余的芽。②植花蕾可分两次疏除。②初花后，每片短截，每枝保留2对叶片立桩支撑，灌透水，2个月后可再次开花。③花头太大的，应及时疏剪，掌握不旱不灌水的原则。⑤7月开始，每30～40d施1次腐熟稀薄有机液肥。⑥11月中下旬，剪去地上枯萎部分，浇透水，培土防寒过冬。⑦注意防治棉蚜、红蜘蛛，灰巴蜗牛、斜纹夜蛾，二斑叶螨、同型巴蜗牛、茶翅蝽、灰巴蜗牛，大造桥虫、小青花金龟，绿盲蝽、美洲斑潜蝇、茶翅蝽，斑潜蝇、玉米螟、红蜘蛛，地老虎、未砂叶蝉、菜粉蝶，小红蛱蝶、银纹夜蛾，潜叶蝇、白粉病，叶斑病、茎腐病、黑粉病等

续表

种名	形态	习性	栽植养护
蛇鞭菊（菊科，蛇鞭菊属）	株高约100cm。具地下块根，茎粗壮、直立、全缘，叶由下而上渐小。互生，叶线形至线状披针形，花序轴高30～50cm，直立，头状花序排列成密穗状，花紫红色或白色，花期7～8月。栽培品种有紫罗兰、晨曲蛇鞭菊等	喜光，略耐阴，耐寒。生长期较耐湿	1. 播种或分株繁殖。因播种苗第二年才能开花，故多采用分株繁殖。 2. 定植：春季定植，株行距30cm×40cm。 3. 养护：①花期需要充分的水分供应。②花后待花葶变色时，剪去花葶
欧洲水仙（石蒜科，水仙属）	地下鳞茎呈卵圆形。叶较直立，狭长扁平，叶尖圆钝。花黄色、花径长，花大，无香气，副冠（即喇叭）部分发达，花期4～5月。同属栽培品种有喇叭水仙、法国水仙、明星水仙、中国水仙等	喜冷凉，忌高温，耐旱，喜光，忌高温。耐寒，6月进入休眠期	1. 分球鳞茎繁殖。子鳞茎培育1年，多可开花。 2. 定植：入冬前条栽或穴植，将晾晒好的球茎2～3个栽于穴内，覆土为球茎的2倍，约10cm，灌透水。上冻前培土5cm越冬。 3. 养护：①早春土壤化冻后，将培土扒开。②生长期每隔两周施一次水、钾肥。③待地上部分枯萎后，剪除，挖出鳞茎，放入冷室贮藏
花毛茛 别名：波斯毛茛、芹菜花（毛茛科，毛茛属）	株高20～40cm。块根，顶部芽有茸毛包被，茎中空，有毛。根出叶阔卵形，缘有齿，3回羽状浅裂或深裂，缘有缺刻。茎生叶2～3回羽状深裂，缘有齿。花梗细长，着花1～4朵，花期4～5月。园艺种：花有单瓣、重瓣、极重瓣，花色有白、黄、橙、水红、大红、紫、栗色等深浅不一的单色或复色	喜光，耐半阴，忌炎热，较耐寒、干旱和湿热，喜肥沃、湿润、疏松的沙质土壤。忌积水，夏季高温多休眠	1. 播种或分株繁殖。①北方地区秋季冷室播种栽培，翌年春季定植，夏季开花。②分株宜于9～10月进行，将块根带根茎顺自然状态切分为1株，剪去部分老根，放置于阴凉处。栽植深度以顶芽低于土面2～3cm为宜。 2. 定植：脱盆栽植，株距25～30cm。 3. 养护：①生长旺盛期，每2周追施一次腐熟有机肥水。②土壤应保持湿润，花期适当扣水，禁止喷水。③大花重瓣品种现蕾后，每株只保留4～5个健壮花蕾，及时剪去残花。④6月植株逐渐枯萎，进入休眠期后，应及时将块根挖去残花，放置于凉爽处的干沙中，待秋季栽植。⑤注意喷洒速克灵、菌核净，防治灰霉病

続表

种名	形态	习性	栽植养护
大花葱 别名:绣球葱、绣球韭(百合科,葱属)	株高120~170cm,具半球形,灰绿色。叶基生,鳞茎圆柱形,中空,花梗圆柱形,高约120cm,伞形花序密集成球形,顶生,花径10~15cm,小花桃红、红、淡紫色等,花期5—6月	喜阳光充足,耐寒。忌湿热,喜排水良好的肥沃土壤	1.播种或分栽鳞茎繁殖。①播种苗第四年才能开花。②分栽在夏季休眠时进行,鳞茎达3cm以上者栽植后当年可开花。鳞茎在3cm以下者,需培养1年后才开花。 2.定植:选用健壮,3cm以上鳞茎。栽植时,覆土厚度为鳞茎的2~3倍。 3.养护:①花后剪去残花,以促进鳞茎发育。②灌水不可过大,土壤过湿鳞茎易腐烂。③茎叶枯黄前两周,停止灌水施肥,挖出的鳞茎放在通风处晾2~3d,置干通风,干燥处贮藏
郁金香(百合科,郁金香属)	株高30~50cm。鳞茎扁圆锥形,外皮坚硬,革质。基部叶阔卵形,茎生叶长披针形,3~5枚。花梗由基部抽出,花单生,有钟形、杯形、碗形、卵形、漏斗形、百合形等,花瓣6,倒卵形,有白、黄、粉红、洋红、橙、紫等单色或复色,花期4—5月。园艺品种有早花、中花及晚花型,如黄飞翔、圣诞羊、夜皇后、王朝、粉佶石等	喜向阳或半阴的环境,耐阴。适生肥沃,排水良好的沙质土壤,忌低湿,喜微酸的碱性土壤,黏重的碱性土壤	1.播种或分植鳞茎繁殖。多用鳞茎繁殖。京津及周边地区于11月进行。 2.定植:株行距15~20cm,秋季栽植鳞茎前需剥去腐烂外皮,施足底肥,选充实肥大的鳞茎,顶芽朝上稍好,覆土厚度12~15cm,栽后朝上,大雪前浇灌封冻水后培土越冬。 3.养护:①翌春出苗后保持土壤湿润,叶片快速生长及现蕾后,促各施1次腐熟稀薄液肥。②花后增施磷钾肥。③初夏复壮挖球将破损球,将鳞茎挖出,茎叶枯黄后剪去叶茎。茎挖出长,捡出病球,清除宿土,在通风处阴干。鳞茎下部的小球,分离后按大小分别贮存在阴凉,凉爽处。④注意防治枯萎病,碎色病,腐朽菌核病等
风信子 别名:洋水仙(百合科,风信子属)	地下鳞茎球形,叶基生成簇,肥厚,宽带状。花序轴粗壮,自叶丛中抽出,总状花序顶生,呈长椭圆状柱形,其上聚生钟状花,小花上部6裂,反卷,有白、黄、粉、红、蓝、紫色等,花期4月下旬至5月上旬。栽培品种有大花、重瓣等	喜凉爽,阳光充足,也耐半阴,较耐寒,喜肥沃,排水良好的沙质壤土	1.种子繁殖4~5年才可开花,故多用鳞茎繁殖。鳞茎3~4年分栽1次,秋季栽植,大球翌年秋季开花,小球培养2~3年才能开花。 2.定植:11月施足底肥,株行距30cm×30cm,选充实的大鳞茎,顶芽朝上稍好,株行距10~12cm。 3.养护:①幼苗期保持土壤适当湿润,每半月薄施一次液肥。②花后剪去花茎,促进鳞茎生长。③6月,待植株枯萎后,挖出鳞茎,先放在通风处晾2~3d,清除表皮附土及残根,培土厚度20cm。干燥地贮存,浇灌冻水后需培土越冬。④秋植前,置通风干燥处贮存。⑤注意防治大霉病等

附表 4

水生植物栽植与养护

种名	类型	观赏特性	生长习性	适水深度（cm）	栽植养护
黄菖蒲 别名：黄花 鸢尾 （鸢尾科、 鸢尾属）	挺水或 湿生	株高 60～100cm。根状茎短粗而多节，直立，宽剑形，茎生叶短，基部呈鞘状，茎部纵裂。花茎粗壮，基部叶茎生，平行脉，内有明显纵脊。花2～3朵，外轮垂瓣大，长椭圆形，直立，花瓣小，花鲜黄色，花期5～6月。	喜光，耐半阴，较耐寒，津京地区根茎地下越冬。均可生湿地、浅水，喜水湿，生长，但也较耐旱，宜浅水或含石灰质的弱碱性泥土。	5～10	1. 繁殖：播种或分株繁殖，以分株繁殖为主，春季更新1次。春季将根茎挖出，抖掉泥土用快刀分切成每分株带有2～3个芽的新株。 2. 定植：①地栽。选水位稳定向阳的近水之地将各地整平，顺池边或沿等高线平行方向开沟，沟深6～10cm，株距30cm×40cm栽植，每穴放入种苗1株，覆土后用手按实，填入少量掺拌肥土，上面覆一层泥布，灌透水，保持土壤湿润，缓苗后沉入池。②盆栽。选专用网眼花盆、篮内铺一层包皮麻布，填入少量掺拌肥土，栽植于容器中，覆土后按实，一层冲洗干净的卵石，灌透水，保持土壤湿润。 3. 养护：①盛夏季节以保持水位为宜。②旺盛生长期，每半月追1次有机肥。③注意防治钻心虫、细菌性软腐病、病毒病。
菖蒲 别名：水菖蒲 （天南星科、菖蒲属）	挺水或 沼生	多年生，株高50～200cm。香气充。叶基生，直立，剑状线形，无柄，具平行脉，抱茎状。花茎基部叶，花序圆柱形，黄绿色至棕绿色，花期5～8月。变种有彩叶菖蒲	喜阳光充足和湿润的土壤环境，不耐旱，较耐寒，抗病性强	10～20	1. 播种或分株繁殖，以分株繁殖为主，宜3～4年分株一次。4月或8～9月，将地下茎挖出，洗去泥土，去除2/3老根，茎及枯叶，用快刀将地下茎切成若干处，每丛保留3～4个新芽。 2. 定植：①地栽。按株行距20cm×30cm挖穴栽植，每穴放入种苗1株。成片栽植时，可沿栽植边线筑围堰灌水，与根茎顶芽与栽植面平齐为宜，栽植后。随即灌水深1～3cm。②盆栽。选用口径40～50cm，底部无孔花盆作容器。底部施足基肥，生长点露出土面，随即灌足水深1～3cm。 3. 养护：①生长期需保持土壤湿润或一定水位。②生长旺盛阶段，每隔2～3周追肥1次，前期多施氮肥，后期多施钾肥。③大雨过后及时调整水位。④上冻前，将地上枯萎部分剪去

种名	类型	观赏特性	生长习性	适水深度（cm）	栽植养护
花菖蒲 别名：玉蝉花（鸢尾科，鸢尾属）	挺水	多年生，株高60~80cm。叶基生，剑形，花梗直立并伴有退化叶1~3枚，有花2朵。外轮三片花瓣呈倒卵形至倒卵形，中部有黄斑和紫色纹，内轮立瓣小于外轮，花柱3裂，花瓣状，顶端2裂。花红、白、紫、蓝等色，花期5—7月。栽培变种有斑叶、大花、重瓣花菖蒲等	喜光，在荫蔽环境下生长不良，较耐寒，冬季温度不宜低于-10℃。也能喜湿，耐旱，忌石灰质土壤，适宜质壤土、肥沃浅水区	10	1. 以分株繁殖为主。宜2~3年分株1次，4月、9月和花后结合分株更新进行。生长季节需短截，茎叶需行短截，高温天气栽植需搭架遮阳网，以利缓苗。2. 定植：①地栽。穴内施入过磷酸钙20g，再填入一些基质，栽植株行距为25cm×30cm，穴深30cm。每穴放入种苗1株，根据深度可开沟定植，片植可开沟定植，每盆栽植种苗定植。②盆栽。填土略加盖实，定植后及时灌水。种入种苗3~5株，栽植后浅水位，防止种苗漂浮，以利于尽快扎根。3. 养护：①缓苗期应保持浅水位，②孕蕾前，开花后应各追肥1次。③注意防治花腐病、软腐病、白绢病、叶斑病等
香蒲 别名：蒲草、棒草（香蒲科，香蒲属）	挺水或沼生	株高150~300cm。茎圆柱形，直立。叶淡灰绿色至深绿色，扁平，阔线形。茎圆柱形，叶鞘抱茎。肉穗状花序，有毛。果褐色。花期6—7月。同属栽培品种有小香蒲、狭叶香蒲等	喜光照充足，喜温暖、湿润，耐严寒，华北地区在自然条件下可安全越冬，喜浅水，忌干旱，水位不可缺水，宜较肥质壤土，抗病性强	20~30	1. 繁殖：以株繁殖为主。宜3~5年分栽一次。春季将老株挖出，用快刀将根状茎分切成带有6~7芽的新株丛，直接定植。2. 定植：①地栽。可行条形、长方形、品字形栽植，株行距30cm×30cm。栽植时要施足底肥，短截部分叶片，每穴放入种苗1株。片植可按行距30cm沿等高线开沟，根茎芽眼保持同一走向。②盆栽。进口径50~60cm，底部无排水孔的花盆，中间挖穴，放入种苗1株，覆土使生长点微露。③随着植株生长，逐渐灌水至刚盖住土面为好。3. 养护：①随着植株生长，逐渐抬高池塘水位。水位高时不可超过100cm，但也不可缺水。②注意拔除杂草和清除水草。③冬季割去地上枯黄茎叶，防治蚜虫、纹枯病等

种名	类型	观赏特性	生长习性	适水深度（cm）	栽植养护
石菖蒲（天南星科，菖蒲属）	挺水或沼生	株高30～40cm，全株具香气，叶基生，两列状排列，剑状线形的扁三棱形，叶基两侧有膜质边。花葶叶状，肉穗花序，直立或斜向上，花绿色。花期3～4月，花绿黄色。栽培变种有金线菖、花叶石菖蒲等	喜阴湿环境，耐寒性强，不耐旱	3～5	1.繁殖：以分株繁殖为主，1～2年地下根茎要分栽1次，4月将株从连根茎挖起，用快刀切取老株基部的新生新株进行分栽，要注意保护好嫩叶和新生根。2.定植：选择池边湿地，按10cm×15cm株行距挖穴栽植，生长期栽植时应短截茎叶。也可将盆苗直接放置于预定栽植地。3.养护：①整个生长期应保持栽植土湿润。②及时拔除杂草。③初期追施氮肥，开花前叶面追施0.2%～0.3%磷酸二氢钾。④越冬前剪除地上枯萎部分，盆栽苗移入冷室越冬，室温保持在5℃左右。
水生美人蕉（美人蕉科，美人蕉属）	挺水或湿生	多年生，株高100～150cm。具肉质根状茎，叶片大，全缘，或有黄色条纹，灰绿色。总状花序，花红黄、橙黄色，花大、黄色，或被斑点。花期6～7月。栽培变种有红花美人蕉、紫红美人蕉等	喜光，耐性差，北方地区室内需温室保护越冬。喜水湿及浅水、喜肥沃土壤	5～10	1.繁殖：以分株繁殖为主。地栽不宜超过3年，盆栽不宜超过3年，需分株更新1次。4月上旬取出越冬块茎，用利刀进行分切，每个块茎留2～3个健壮芽。2.定植：①地栽。按80cm×80cm株行距挖穴，穴底施入20g过磷酸钙，灌透水。②盆栽。将盆放置于无排水孔的大型容器中，保持盆内湿润。填土略加按实，每穴放入种苗1株，生长点垂直向上，将3丛分切种苗直接栽入装有肥土的无孔水缸或缸内。3.养护：①生长旺盛期，可提高根茎肥力。每隔2～3周追肥一次。②及时清除盆内杂草后剪除枯叶，挖出块茎，稍晾晒，移入室内用湿沙贮藏越冬。③10月下旬
水葱（莎草科，藨草属）	挺水或沼生	多年生，株高100～200cm。直立、无分枝，茎秆通直，圆柱状，中空。叶小、聚缩花序顶生，小穗单生或簇生于花茎顶上，小花黄褐色，花期6～9月。	喜光照充足，较耐寒，越冬温度不宜低于-15℃。	30～40	1.以分株繁殖为主。盆栽2年，地栽不宜超过2年，春季将株从掘出，用利刀将根状茎切割成直径20cm左右，每墩带有10余个芽的新株丛。

续表

种名	类型	观赏特性	生长习性	适水深度（cm）	栽植养护
水葱（莎草科、藨草属）	挺水或沼生	常见栽培变种有花叶水葱	生长势旺盛，在微碱性土壤中生长良好，抗病虫害，不易患病	30~40	2.定植：①地栽。按30cm×30cm株行距挖穴栽植，也可挖穴40cm、深45cm的栽植沟，穴底或栽植沟底施入有机肥。每穴放入种苗1株，覆土后灌透水。生长季节栽植时应短截茎叶，栽后水面宜高出栽植土5~10cm。3.养护：①随着小苗生长，逐渐提高水位。②随时修剪倒伏或折断的茎秆。③及时将断的茎秆上枯萎茎叶，盆栽者将盆中水倒掉。④冬季剪去地上枯萎茎叶，移入室内越冬，至室温不低于10℃，保持土壤湿润
藨草别名：光棍草（莎草科、藨草属）	挺水	多年生，株高40~100cm。茎秆直立，三棱形，散生。无叶片，或生最上一个鞘顶具1~3个辐射花序，每个辐射枝顶着生1~8个小花穗，黄褐色。花期6—9月	喜光，耐阴，耐寒性强，喜水湿，怕干旱	10~20	1.播种或分株茎繁殖。①3~4月于室内将处理好的种子播于容器中，上面覆一层薄土。②4月将越冬老株挖出，抖去部分泥土，用快刀切成若干株丛。每丛株数8~12个。2.定植：①地栽。按30cm×30cm株行距挖穴栽植，每穴放入种苗1株。②盆栽。选用底部无孔洞的盆栽容器，每盆放入种苗4~6株。栽后保持水深1~3cm。3.养护：①生长前期和后期控制在较浅水位，中期可保持深水位，以促使地下茎越冬芽的形成。②及时清除杂草③注意防治叶斑病
梭鱼草别名：眼子菜（雨久花科、梭鱼草属）	挺水	多年生，株高80~150cm。叶橄榄色，倒卵状披针形，先端渐尖，基部心形，全缘，叶柄长，穗状花序顶生，小花密集，色蓝紫带黄点，老株变种有白花、紫花梭鱼草	喜温暖、湿润环境，耐寒性差，发育迅速，易老化，抗病性强	20~40	1.繁殖：播种、分株和扦插繁殖，以分株繁殖为主。分株繁殖在2~3年生长更新一次，3~4月将老株掘出，用利刀分切成每丛3~5个分蘖的种苗。2.定植：①地栽。按株行距30cm×30cm挖穴，将种苗直接栽植于放入水中的大型容器中，也可将盆装苗直接放入水中。3.养护：①缓苗期及幼苗生长期应保持土壤湿润或浅水位，旺盛生长阶段应保持满水，池内最低水位不少于30cm。②应纸袋装肥，埋入盆内泥土中，或用有易腐烂的纸袋装肥，埋入盆内泥土中。③华北地区需移入室内越冬，室温以不低于-10℃为宜。④注意防治蚜虫

种名	类型	观赏特性	生长习性	适水深度（cm）	栽植养护
旱伞草 别名:风车草（莎草科,莎草属）	挺水或湿生	多年生,株高40~120cm。具棱,直立丛生枝。茎秆粗壮,无分枝。叶退化成鞘状,褐色。叶状苞片排列于茎顶,伞状排列于茎顶,向四周开放;聚伞花序,小穗多个,花黄褐色。栽培变种有银线草、矮秆伞草等	喜温暖、通风、湿润、阴湿环境。耐寒性差,对土壤要求不严,喜潮湿土壤,喜通风良好环境	20~30	1.以分株繁殖为主,地栽4年、盆栽2年宜行分株更新。4月将老株挖出,用利刀自根部纵向切成若干新株丛,每丛带有8~10根茎。2.定植:①地栽。选地势平坦之处,按株行距30cm×30cm挖穴,穴深30cm,穴底施入少量基肥,每穴放入新分种苗1株,覆土按实。②选用口径30~40cm、底部无排水孔的花盆作容器,将盆放置于栽植区域,填入混合均匀的基质,将种苗栽于盆内,留6cm的缝口。栽后保持盆内湿润。3.养护:①春秋季节盆土匀干时再灌水。②及时清除杂草。③盆栽立冬前移入室内越冬,冬季室温应保持在5~10℃,越冬期内应适当控水
菰草 别名:茭白（禾本科,菰属）	挺水	多年生,株高100~120cm,茎秆直立。基部被黑穗菌寄生后变膨大而肥嫩。叶片扁平、带状披针形,先端芒状渐尖,基部渐窄,中脉在叶背凸起,圆锥花序,花白色,花期7—9月	喜光,喜温暖、通风良好环境。喜水湿,也可耐短期干旱。分生能力强,生长迅速,需肥量大,对环境适应性强	50~100	1.繁殖:播种或分株繁殖,以分株繁殖为主。一般每3~5年行株更新1次。5月当幼苗长至3~5片叶时,将老株整墩挖出,用快刀分切成带有老茎及匍匐茎和3~5个分蘖的种苗。2.定植:①地栽。按50cm×50cm株行距挖穴,每穴1株种苗,填土略加镇压,随即灌水。②盆栽。选口径40~60cm的盆作种苗,栽后灌浅水缓苗。3.养护:①一般萌芽期及分蘖期,宜保持水深4~6cm的浅水位。②随着萌芽植株加速生长而逐渐提高水位。③及时清除杂草及株丛基部的枯黄、烂叶片。④冬季保持水位5~10cm,需施追肥2~3次。⑤宜受精黄、大螟、二化螟、长绿飞虱、蚜虫、叶蝉、福寿螺、稻蓟马、稻瘟病、黑粉病、纹枯病、锈病危害

续表

种名	类型	观赏特性	生长习性	适水深度（cm）	栽植养护
花叶芦竹（禾本科，芦竹属）	挺水或陆生	多年生，株高150~200cm，茎秆粗壮，挺拔，有节，叶长，互生，灰绿色，叶具白色或黄色条纹，大型圆锥花序顶生，小穗多数，茎似基部相似，小穗长，花褐色，花期9~10月。同属有芦竹	喜光，较耐寒，京津地区可防寒越冬。喜水湿之地，也可露地栽植，微酸的土壤中生长，微碱性抗性强，不易患病	5~10	1.繁殖。分株或扦插繁殖，以分株繁殖为主。早春用快镰沿植株四周切成有3~5个芽的新株丛，并将竹竿短截1/2分栽。①宜2~3年分株更新1次。②扦插，春季将茎秆剪成长20~30cm的插穗，每个插穗要有同节，插入湿润疏土中10~15cm，保持土壤湿润。2.定植：按株行距60cm×80cm挖穴栽植，穴径、穴深45cm。反季节栽植时，每3~5杆成丛栽治，带土球，坐秆需留短截1/2。定植后及时灌水。3.养护。①夏秋季节应保持土壤湿润，旺盛生长期需适当追肥。③土积水。②夏地上枯萎时勒草，剪去地上枯萎部分，浇灌封冻水后培土培楼冬。④注意防治蚜虫
芦苇 别名：苇子（禾本科，芦苇属）	挺水	多年生，株高100~400cm，具节，叶带状披针形，叶基宽，叶下有毛，圆锥花序顶生，微下垂，小穗细，花褐色，花期7~11月	喜光，耐寒，对土壤适应性强，喜盐碱，耐水湿，但在水位较高的旱地也能正常生长，扩繁能力强	20~50	1.繁殖。以分株繁殖为主，将株丛挖出，带有3~5个幼苗的粗壮根茎，截成20~25cm，截取根挖出，作根茎繁殖。2.定植：按30cm×30cm株行距挖穴，或按行距30cm开沟，将根茎斜埋沟内，上部露出5~7cm，填土略加镇压，然后灌水略高于栽植面。3.养护。①粗放管理。①苗期应保持土壤湿润，不可缺水。②注意防治叶斑病、蚜虫，稻负泥虫等
千屈菜（千屈菜科，千屈菜属）	挺水或陆生	株高40~100cm，直立或丛生，茎四棱，多分枝，叶对生或轮生，叶披针形，无柄，长穗状花序顶生，小花多而密集，紫红色，花期6~9月	喜光，耐寒，可露地越冬，喜水及通风环境，对土壤要求不严，在微碱性沃土中生长良好	5~10	1.分株或扦插繁殖。①以分株为主，早春或秋季株更新1次，早春切取数芽为一丛。②6~8月，剪取嫩枝15~20cm作插穗，去掉基部1/3叶片，插入基质中，遮阴养护，待侧芽萌发即可。2.定植：①地栽。按株行距30cm×30cm挖穴栽植，也可沿栽植边缘栽植，自上而下平行于等高线开沟栽植，栽后灌水。②盆栽，可用直径30~50cm的无底洞花盆，每盆1丛种苗，栽植后随即灌水。

种名	类型	观赏特性	生长习性	适水深度（cm）	栽植养护
千屈菜（千屈菜科、千屈菜属）	挺水或陆生	株高 40～100cm，茎四棱，直立多分枝。叶对生或轮生，披针形，无柄。长穗状花序顶生，小花多而密集，紫红色。花期6—9月	耐干旱，可陆地、浅水区栽植	5～10	3.养护：①生长期不断掐头，促其矮化分蘖。盛花后及时剪去残花，促进花次萌发，可再次盛花。株丛过高时，应通过修剪控制。②冬季剪去地上枯萎部分。盆栽的应移入室内越冬，室温5℃左右。待定盆土湿润。③注意防治红蜘蛛、棉铃虫等
荇菜 别名：水荷叶（龙胆科，荇菜属）	浮水	多年生，根状茎圆柱形或椭圆形，多分枝。叶心形或椭圆形，基部深裂至叶柄处，全缘或近波状波状，叶背带紫色。花数朵簇生，花5深裂，花黄色，外缘芒状，花期6—9月	喜光，耐寒性差，越冬温度不宜低于4℃。适微碱性浅水，或不流动水域，繁殖成坪状，抗病性强	40～80	1.繁殖：切忌分段繁殖。原地栽植不宜超过2年，盆栽不宜超过1年，即应进行分株更新。3～4月将根茎从泥中挖出，每段长3～5节。 2.定植：①将栽植区域水基本抽去，将种苗挖穴栽入泥中。②盆栽：使用大口径花缸作容器，放于定植点，放入适量基质，栽入种苗1株，栽植后留出20cm沿口，然后放水，使之刚刚没过泥面。 3.养护：定期清理水中杂草
慈姑（泽泻科，慈姑属）	挺水	多年生，株高120cm，具球茎。叶基生，叶片呈长箭形，浮水叶阔披针形，沉水叶呈线状，箭状三角形，总状花序轮状排列呈圆锥状，花白色。花期6—8月	喜阳光充足，温暖环境，耐寒性差，越冬温度不宜低于5℃。抗风力强，总生沼泽地，适生沼泽地或浅水中	15～30	1.繁殖：分株或扦插繁殖，以分株繁殖为主。地栽者不超过3年，盆栽不超过2年顶芽即需进行分株更新。4～5月结合分株，选直径2～3cm顶芽完好的球茎作种植，或盆栽养护。 2.定植：①地栽：按30cm×30cm株行距挖穴，填入后略加镇压，初期水深不宜超过3cm。②选用无排水孔的大、中型花盆或缸作容器。放于盆中展示点，每盆放入3～5枚种球，填土后留出水沿子10cm沿口。 3.养护：①冬季，春季萌芽期，水深保持3～5cm，春季结球期10～15cm；②长至4～6片叶时，每株栽盆基质施入5g棒状鸡粪；③注意防治鸡粪病、斑纹病、褐斑病、茎腐病，飞虱、蚜虫、钻心虫、花蓟马，长腿叶甲等

续表

种名	类型	观赏特性	生长习性	适水深度（cm）	栽植养护
再力花（竹芋科，再力花属）	挺水	多年生，株高120～200cm。叶卵状披针形，浅灰蓝色，叶鞘、叶柄，花无柄，大部分排成松散的圆锥花序，花紫色，花期8～9月	喜光，不耐寒，喜高温。在微碱性土中生长期良好	20～30	1. 繁殖：以根茎行分株繁殖，早春用快刀从老株上切下带1～2个芽的根茎，栽入盆内或塑料网眼花盆，施足底肥，灌水养护。②栽植：在表植区域内按株行距60cm×70cm挖穴，将花篮直接放入水内，用泥压住。也可将盆栽苗放置于池中预定位置。土面需盖碎石，防止水质污染。②养护：①生长季节不可缺水，保持盆土湿润。②入冬后地上部分逐渐枯死，移入冷室越冬
雨久花别名：水白菜（雨久花科，雨久花属）	挺水或湿生	多年生，株高50～90cm。茎直立或稍倾斜，基部呈红色。沉水叶披针形，挺水叶阔卵状心形，先端渐尖，基部近心形，革质。花被总状花序顶生，蓝紫色，花期7～8月。常见栽培品种有白花雨久花、蓝花雨久花	喜光，稍耐阴，不耐寒。适生微酸性至微碱性水或	10～20	1. 繁殖：播种或分株繁殖，以分株繁殖为主。①宜每年4～5月进行分株繁殖。②自播繁殖，成熟种子落于潮湿的盆土中，翌年萌芽。2. 定植：①地栽，株行距30cm×30cm。②盆栽，用无底孔花盆，盆内装入腐殖质的河泥，腐叶、栽植土混合基质，每盆先将盆土需沉入水中，栽植土上需覆盖一层卵石。②缓苗期，保持盆土潮湿浇水。②生长旺盛阶段，每隔2周追肥1次。花期追施磷酸二氢钾2～3g/株。③及时拔除杂草。④北方地区，冬季需移入室内越冬，温度以不低于4℃为宜
花蔺（花蔺科，花蔺属）	挺水或湿生	多年生，株高60～100cm。地下具根壮根茎，叶基生，长条形，基部近三棱状。伞形花序顶生，直立，花序细圆柱形，花初开时白色，后渐变粉红、浅红色，花期7～9月	喜光照。较耐寒，华北地区可露地越冬。适微酸性至微碱性浅水。水深生长不良，但也可露地栽植	10～15	1. 繁殖：播种或分株繁殖，以分株繁殖为主。进行分株更新进行。2. 定植：4月结合分株苗进行，按株行距40cm×30cm，每穴1株种苗，覆土后压实，灌水养护。3. 养护：①定植后应及时灌水缓苗，缓苗期不施肥。②旺盛生长期应及时勤中耕，定期追肥

种名	类型	观赏特性	生长习性	适水深度（cm）	栽植养护
黄花蔺（花蔺科，黄花蔺属）	挺水	多年生，株高60～80cm，根茎横生，老根黄褐色，新根白色。叶根生三校形，叶柄长，全缘，基部三校形，叶片卵形或微凹，先端钝圆形或微心形，弧形脉。伞形花序，顶生，花6瓣，浅黄色，花期7～9月	喜光，越冬耐寒，温度不低于地2℃，北方地区多作一年生栽培。喜温暖、湿润，通风良好环境。生长小，花势强。	10～20	1. 播种或分株繁殖。①将采收种子用纱布包裹，清水漂洗干净，在室内5～10℃条件下经水藏越冬，注意换水保持水质清洁，翌年4～5月播种。播种细土，浸入水中，加水没过土面2cm，容器上盖薄膜。分别于幼苗长出3～4片叶、7～8片叶时，进行2次分株。②7～8月，连根摘取花茎上生的幼苗进行分栽。 2. 定植：①地栽。栽植前应先灌水浸地，按株行距30cm×30cm挖穴，每穴1株，填土后按实。②盆栽。栽植无排水孔的花盆容器，每盆栽植种苗3～4株，沿口底部无排水孔10cm，灌透水。 3. 养护：①抽生花序细后，适当增施磷、钾肥。②注意防治蚜虫，白粉病，斜纹夜蛾，日灼病
凤眼莲 别名：水葫芦（雨久花科，凤眼莲属）	浮水	多年生，株高30～50cm，根茎极短，根状须多，叶丛生，宽卵形至圆形，质较厚，光亮，叶柄基部膨大成葫芦形，花葶单生，短穗状，小花无柄，淡蓝紫色或蓝色，上部花被表面具蓝色斑块，中央有亮黄色斑点，花期7～9月	喜生于向阳、温暖及富含有机质的静水中或潮湿肥沃的边坡。分蘖性差，尤以夏季为盛，有较强的净水能力	60～100	1. 繁殖：多株繁殖，应每年进行分株更新。①3～4月，将前一年在室内越冬的老株分切成母丛带有3～4个芽的新株。②6～7月，将当年分蘖小苗直接投放于水中或盆栽。 2. 定植：①水栽。在水温稳定18℃以上时进行。将容器苗脱盆后或将植株上的幼芽，直接投放于用浮框将票圈定的栽植区，放入菏塘土和澥泥。将栽无排水孔的容器放置于定植区域，放入3～4个芽的种苗或将分蘖小苗，直接栽于容器中，随即加水至30cm。 3. 养护：①避免凤眼莲进入非栽植区域。②注意防治螨类及蚜虫危害
睡莲（睡莲科，睡莲属）	浮水	多年生，根状茎粗短，棕褐色，叶丛生，具细长叶柄，叶基部深裂至心形，叶面深	喜强光，耐高温，不耐寒冷，华北地区宜在室	60～100	1. 以分株繁殖为主。盆栽应2～3年，于3～4月发芽前结合分株繁殖，将根茎从泥中取出，除去茎叶及根的残留物，削去腐烂或感病害的部分，用利刀分切成数块，每块2～3节根系上保留一个强壮的水于敷壮的生长点。 2. 盆栽前在发芽前保留的残块

续表

种名	类型	观赏特性	生长习性	适水深度（cm）	栽植养护
睡莲（睡莲科、睡莲属）	浮水	绿色，叶背暗紫色。叶浮于水面，花单生，呈莲座状，有白、粉、黄、红、紫、蓝等。花期6~8月。栽培品种有黄睡莲、香睡莲、彼得、大主教、埃及白睡莲、霞妃、白仙子、玛珊姑娘、印度红、玛格丽特、安德瑞斯拉、渴望者、玛瑙、宽瓣斑斓、洛桑等	温不低于0℃的冷室内越冬。喜肥沃	60~100	2.定植：①地栽。按穴径，穴深40cm挖穴，在穴底施入骨粉作基肥，覆盖少量栽植土，穴内放一块茎种苗，块茎芽垂直向上，可用大口水缸，或盆栽。②盆栽，可用大口水缸，将容器放在预定位置上。缸底放入适量马蹄莲作基肥，将根茎平埋于土中。用基质覆盖，留有20cm沿口，灌水至刚刚没过栽植面。 3.养护：①定植后，盆栽苗水深应保持在10~15cm。地栽初放水时，宜保持较低水位，逐渐提高水位至60~80cm。②旺盛生长期每10d追肥一次。③生北方地区待秋季叶片枯萎后，剪去地上部分，选健壮幼苗入室盆栽越冬，保持盆土湿不干。室内温不低于5℃，待盆水结冻前在室外越冬。④注意防冶浚剑叶夜蛾、蚜虫、叶甲、叶蝉、大塘螺和褐斑病。夏季用水冲洗叶面，将棕色甲由及黑色幼虫和蚜虫冲入池中，让鱼类吞食
荷花 别名:莲花、芙蓉（睡莲科、莲属）	挺水	多年生，株高100~200cm。根茎肥厚，横生。叶片大，圆盾形，具大柄。花大中等或重瓣，花色白色或粉色，具有重香气。花期6~8月。栽培品种有白雪公主、红领巾、天女娇、艳阳天、春光、白马王子、红舞裙、黄锦、春不老、绿云等	喜光，不耐阴，光照不足时，开花较少，且易成哑蕾。喜炎热，怕寒冷。喜水湿，适生于肥沃黏性土壤。根系发达，成形快，生长势强健	50~200	1.多行分株繁殖。原地栽植不宜超过3年，盆栽不宜超过1年，则再进行分株更新。多在3~4月，选择顶芽充实饱满，根茎3节以上，首尾相连的种藕，自2~3节处切断，每段必须具有完整无损的顶芽利藕节。花连在6月以前均可分栽。 2.定植：①地栽。水中抽去部分，池中或缸内适量水，池面栽植。②盆栽。将大口水缸放置于观赏点，顺容器内沿将种藕尾基相接栽植。尾部翘露。 3.养护：①栽植后应随即灌水，水深以刚没泥面为宜，逐渐盛生长阶段，应注意追肥。②旺盛生长，荷叶管疡，食根金花虫、花蓟马、福寿螺、椎实螺、豆毒蛾、豆象等。及时拔除死株，修剪病、枯叶片

续表

种名	类型	观赏特性	生长习性	适水深度（cm）	栽植养护
芡实（睡莲科，芡属）	浮水	一年生，全株具刺。叶二型，幼叶箭形，老叶盾状圆形，直径可达130cm，叶皱缩，叶背红色，叶柄有刺，叶背紫红色。花单生，花顶生，花蓝紫色，萼片4，披针形，花期7~9月	喜阳光充足、肥沃黏性土中，深水、浅水皆可。种子成熟即脱落沉入水底，可安全越冬	50~300	1.繁殖：播种繁殖。每年3~4月，将水肥种子容器中催芽，待萌芽后将其播入泥土中，保持水深10cm左右，小苗长出3~4片真叶时进行定植。2.定植：①地栽，按穴径、穴深40cm挖穴，扶正后用泥盖严，每穴种入种苗1株，缓慢灌水至适量基质。②盆栽，先将容器放置于容器中，填入基质并压实，留出30~40cm沿口。灌水稍没过栽植面。3.养护：①雨季注意调节水位，避免水深变化过大。②雨季节不可缺水，斜纹夜蛾、食根金花虫、椎实螺、蚜虫等
大漂别名：大浮萍（天南星科，大漂属）	浮水	多年生。叶漂浮水面，无柄，倒卵状楔形，呈莲座状，有短绒毛，叶脉下陷，叶背灰绿色，叶肉组织疏松，中间有通气腔。花小，白色	喜温暖、阳光充足、肥沃的静水环境，耐寒性差	60~100	1.繁殖：分株繁殖。进行分株。2.定植：选背风向阳、平静的池塘，将分株好投放放其内，用竹片或浮漂圈好投放幼苗的壮苗，初秋将幼苗投放其内。3.养护：选母体上生长旺盛的壮苗，初秋将幼苗移入室内水养越冬，温度控制在18℃左右
泽泻（泽泻科，泽泻属）	挺水或沼生	多年生，株高60~90cm。茎秆直立，地下块茎球形，外皮褐色。叶基生，具长柄，挺水叶阔披针形或椭圆形，沉水叶条形或披针形，全缘。圆锥状复伞形花序，花小，白色，花瓣3，花期6~10月	喜阳光充足、耐寒性差、适应肥沃黏质土壤	20~30	1.繁殖：播种繁殖或分株繁殖，以播种繁殖为主，自繁能力强。①5~6月，浸种24h后播种。②塘养原地不宜超过3年，盆栽不翻盆者不宜超过2年，应行分株更新。2.定植：宜在春季定穴。①地栽，穴深30cm，穴底施入少量基肥，使用无排水孔的中型花盆作容器，每穴放入1株种苗，填土后按实，留出沿口，每半月追施棒肥或液肥1次。②北方地区上冻前，需移入室内越冬，白斑叶枯。3.养护：①夏秋旺盛生长期，每半月追施棒肥或液肥1次。②注意防治斑蚜、长腿叶甲，银纹夜蛾等

附表 5

绿化栽植施工质量检查内容及评比标准

项目	检查内容	施工质量评比标准	分值	得分
1. 栽植穴、栽植槽的挖掘	栽植穴、栽植槽规格标准要求	裸根苗，树穴直径应比根幅放大，不小于根幅的1/2，树穴深度不小于树穴直径的3/4。土球苗树穴直径比土球直径加大，不小于土球本体直径40～60cm，加深不小于土球穴深的3/4。容装苗穴深苗径比木箱长，不小于土穴径60～80cm，深径30～40cm。箱装苗栽植穴边比木箱长，不小于15～20cm。槽穴大小符合要求，穴口上沿与底边垂直。表土与底土分开放置。穴底无建筑垃圾、水泥、渣土等。穴底无建筑垃圾或土堆或土台，踏实	10	
小计			20	
2. 栽植修剪	修剪要求	修剪合理，剪后保持自然树形。剪口、锯口平滑，不劈裂，不撕裂，落叶树疏枝的剪口与枝干平齐，常绿针叶树剪口下留1～2cm小桩，伤口处理得当，苗木无伤流现象	10	
	乔灌木类修剪	无病枯枝、折损枝、交叉枝、过密枝、细弱枝、重叠枝、并生枝、异形枝。过低的下垂枝。钻木萌蘖枝、树干竞果影响观赏效果的徒长枝。无过长根、劈裂根、病枯根。疏花、疏果、疏花疏果数量合理，方法得当	10	
	绿篱及色块修剪	修剪高度达到设计要求。轮廓清晰，线条流畅，边角分明，整齐美观。修剪后地面、篱面，株丛内无枝残叶	10	
	一、二年生及宿根花卉修剪	修剪合理，适量。无折损枝、病枯枝，无明显残花败叶，无徒长。花序，花蕾适量	10	
小计			40	
3. 苗木栽植	栽植深度	一般落叶乔、灌木、宿根花卉，一、二年生时令花卉，在土壤下沉后原栽植线与地面平齐，常绿乔木土球高于地面5cm；球茎花卉栽植深度为球茎的1～2倍，块根、块茎，根茎类覆土厚度为3cm左右。内花苗栽植高度，株高约3/4高出池面而不露土球	10	

续表

项目	检查内容	施工质量评比标准	分值	得分
3. 苗木栽植	乔灌木栽植要求	苗木直立端正，不倾斜，不倒伏，按原朝向栽植。主要景观树、冠形好的一面朝向主要观赏面，无不易腐烂或过密包装物；行道树栽植在一条直线或弧线上，相邻植株干径、冠幅、高度、分枝点基本一致；自然式栽植乔、灌木，花境栽植面低于路缘石，驳岸 2～3cm，株行距均匀，土球不外露，色块、花境栽植面低于路缘石，驳岸 2～3cm。株行距均匀，株间土面平整，土球不外露	20	
	草坪及地被花卉栽植要求	宿根及一、二年生花卉分栽均匀，根系不外露，茎秆无损伤，不倾斜，无不易腐烂的包装物；草坪栽植面低于路缘石、驳岸 2～3cm，块铺栽方向一致，平整，无叠缝，土边不外翻，外缘线整齐、流畅；草坪分栽密度合理，株行距均匀，草根不外露，土壤压实。播种地平整、播种量合理，出苗均匀，出苗率在 90% 以上	10	
	回填栽植土	底部回填栽植肥土的表层细土，分层踏实。树穴土面平整，无大土块	10	
小计			50	
4. 苗木支撑	支撑杆设置	支撑高度、支撑方向、支撑杆倾斜角度合理、分布均匀，整齐一致。支撑牢固，不偏斜，不吊桩。支撑树扎扎绑处垫软物或缠草绳	10	
	支撑杆要求	同一树种使用的支撑杆材质、规格一致，不混杂。未使用未经处理、带有病虫的木质支撑杆	10	
小计			20	
5. 灌水	灌水围堰	灌水围堰大小、高度符合要求。同一规格苗木围堰大小、深度整齐一致。大规格土球苗做双灌水围堰，围堰用细土，踏实或用铁钬拍实	10	
	灌水要求	栽后 24h 内灌水、不跑水、不漏水、不积水。苗木无倾斜或倒伏，根系不外露。土壤三水无分灌透，细土封堰保墒。无漏灌	10	
小计			20	

续表

项目	检查内容	施工质量评比标准	分值	得分
6.反季节栽植技术措施	缠干	草绳密缠，底部不露根茎。草绳不松脱，不散落，同类树种缠干高度一致	10	
	喷水	播种苗喷水及时，表土不干裂，绿地不积水。草本花卉茎、叶上未溅泥土，无倾斜或倒伏。树穴土壤不过湿，枝叶、嫩梢无冲落现象	10	
	遮阴	遮阴网遮阴度适宜，遮阴网设置方向，高度合理，架设牢固，整齐	10	
	涂白	正确配制涂白剂，无药害现象发生。同一植物涂白高度一致，涂白剂无流失，无翘裂	10	
	输营养液	选择输液对象准确，输液瓶、输液袋设置高度，垂直及水平方向正确，输液孔角度合理。自行配制营养液浓度准确，液体基本无流失，无断流现象。无输液孔输液后脱落现象。输液后输液器孔正确处理	10	
小计			50	
合计			200	

附表 6

绿化栽植及养护整改通知单

项目名称	
整改内容及要求	
整改措施	
完成整改时间	
整改复查结果	达标 不达标 处理意见
现场负责人签字	质检员签字

一联交现场负责人（白）　一联质检员收存（黄）　一联工程部存档（红）

附表 7

草坪养护月历

月份	养护内容
1月	1. 坪地保护：草坪地已冻结，严禁游人进入过分踩踏。 2. 抗旱灌水：华北地区冬季多大风，日降水量少。土壤过于干旱是造成草坪草死亡的重要原因。一般草坪70%的根系分布在地表下8～10cm处，最深可达15cm左右。新播草坪根系则更浅。因此，在长期干旱无降水的冬季，应对10月新播草坪、草坪铺栽过晚及土壤表层干土层达到5cm的坪地，适时补灌1次水。一般可在下旬、选温暖天气的中午进行
2月	1. 补灌灌水：当土壤干旱时，1月未能补灌冻水的、需在惊蛰前大地尚未解冻时，增加1次春灌。 2. 剪草：月底对绿地中开始返青的草坪，适当进行1次低修剪，留茬高度控制在2～3cm。 3. 梳草：草坪低修剪后，用专用耙对老草坪进行梳草，促进根系分蘖，提高透水性、透水气，促进根系的复壮。楼除坪地内过厚的草垫层，将枯草层控制在不超过1cm厚度为宜，以利于增加草坪的透气、透水性。 4. 施肥：草坪返青前，均匀撒施腐熟粉碎有机肥80～120g/m²，同时可以起到更新复壮、延长草坪寿命的作用。 利于增加草坪的透气、返青。草坪返青后，均匀撒施磷酸二氢钾10g/m²，或磷酸二氢铵10g/m²、尿素10g/m²混合撒施。施肥后及时浇灌返青水。 5. 浇灌返青水：月底至3月初，开始浇灌返青水。灌水是促进草坪返青的必要措施。因此返青水必须灌足灌透，做到灌水均匀、不跑水、不积水、土壤层应达到15～20cm。坡地是土壤干旱最严重的地区，灌水时可将水管平坡顶，小水慢灌，防止水土急速流失，而水动灌不到位。灌水后需检查土壤湿润深度，未灌透处应行补灌。 6. 病虫防治：草坪低修剪后，普遍喷洒波尔多液或800倍石硫合剂，以利杀死越冬病菌及虫、卵等，有利于减少当年病虫害的发生
3月	1. 修剪：草坪开始进入返青期，对绿地草坪普遍进行1次低修剪，留茬高度同2月。 2. 打孔：对草坪致密和踩踏板结严重地段及3年生以上的草坪，使用草坪专用打孔机，手提式土钻或钢叉进行打孔松土，土壤太干或太湿时不宜打孔。打孔时叉头应垂直入入，每平方米打孔50～70个，孔径2cm，孔深度8～10cm。打孔应与施肥、覆沙、浇水相结合进行。也可使用滚齿筒（带钉滚耙）。 3. 施肥：当气温达到15℃时，草坪普遍施1次返青肥。施肥量尿素10～15g/m²，磷酸二氢铵10～15g/m²，混合施用为宜。踩过的草坪，应施复合肥20～30g/m²。如施用腐熟粉碎的有机肥，施肥量50～150g/m²。肥要撒施均匀，防止出现草墩或斑秃。施肥后及时灌1遍水。 4. 覆沙：覆沙厚度不得超过0.5cm。草坪开始进入返青期，对地面出现坑注不平的地块及进行打孔作业的坪地覆沙，撒肥土。覆沙厚度不得超过0.5cm。早春土壤刚解冻时，土壤又能提起高草的平整度。 5. 滚压：早春土壤解冻，同时又值返盐季节，此时是滚压的最佳时期。正值土壤返盐季节，适时对草坪进行1次滚压，可以使松动的草坪及根茎与土壤紧密结合，同时又能提起高草的平整度。 6. 灌水：本月气温不高，可10～15d灌水1次。正值土壤返盐季节，严防小水斗弄，土壤湿润深度10～12cm为宜。

月份	养护内容
3 月	7. 草坪修补准备工作：上旬检查草坪受损情况，对斑秃较严重地块及质量较差的草坪地，做好补播，补栽的准备。除去残留草坪草，土壤经消毒后，施肥，平整好土地，准备对草坪进行补播，补栽。 8. 清理枯黄草叶：清理麦冬草基部的枯黄草叶，有利于新叶生长。 9. 病虫害防治：本月下旬地老虎越冬幼虫开始活动危害，可撒施5%辛硫磷颗粒剂防治
4 月	1. 检修机械：上旬检查草坪修剪机械，做好机械的维修和保养工作，以备修剪使用。 2. 剪草：①中旬，草坪已完全返青，待草坪生长高度超过10～12cm时，开始对草坪进行第一次修剪。早熟禾草坪的修剪，应比高羊茅与黑麦草混播草坪修剪时间稍晚。一般留茬高度为4～6cm，以使草坪保持较低矮致密。②对草坪开始进入旺盛生长期，本月对冷季型草坪半月修剪1次。足球场草坪每周修剪1次，避免在早晨有露水时和雨后修剪草叶。③对于生长过高的草坪，不可一次修剪到位，每次修剪应遵循"1/3原则"。要求修剪到位，草面平整，草坪边缘线条清晰，平顺自然。 3. 灌水：春季为冷季型草旺盛生长期，应保证水分供应。灌水需做到见湿见干。一般10～15d灌水1次，灌水深度以土壤湿润10～12cm为宜。 4. 清除杂草：及时拔除地内的车前草，毛叶草黄，蒲公英等阔叶杂草。本月除草2次，广场等主要观赏地段，需每10d左右集中拔除杂草1次，确保杂草率低于1%。 5. 草坪铺栽：本月可对新建草坪进行铺栽。铺栽后保持土壤湿润。随着草坪新根生长。适当增加灌水量。注意做好成品保护与人看管，指派专人看管，严禁杂草入管。对践踏坏或病虫危害造成缺苗的草坪，也可以采取播种修补。 6. 草坪铺种补：①本月中旬可行播种建坪或建铺植，严禁喷水，严禁地面湿润。②播种后的一般同上，冷季型草坪，每天喷水保持地面湿润，严禁喷水保苗的地面返青，促进草坪正常生长。 7. 施肥：对色泽：大部分草坪已经返青，增施1次氮肥，促进草坪返青。 8. 坪地保护：大部分草坪已经返青，在草叶干燥时，防止过度践踏草坪。 9. 病虫防治：①有锈病，褐斑病，白三叶白粉病防治。②本月中下旬，华北蝼蛄逐步成虫开始活动，危害严重时可设置黑光灯诱杀成虫
5 月	1. 草坪播种：一般冷季型草坪的春播工作，在5月20日前结束。本月中旬可进行暖季型草的播种工作。结缕草最佳的播种时间为5～6月。 2. 清除杂草：人工拔除绿地内杂草，杂草较多时应使用除草剂灭除。已成坪绿地杂草，应根据坪草和杂草种类，使用选择性除草剂进行除治。有大量阔叶杂草出现时，对杂草集中地段，扑草净等除草剂防除。 3. 灌水：草坪进入旺盛生长期，干草缺雨地区需保证水分供应。灌水要见湿见干，不可频繁灌水，喷水以土壤湿润5cm为宜。

续表

月份	养护内容
5月	4. 剪草：①新植草坪草长至6～8cm高时，可进行第一次修剪。②进入草坪旺盛生长时期，应增加草坪修剪次数，一般10d修剪1次。草坪留茬高度4～6cm。③失剪的草坪，遵循"1/3原则"修剪，切忌一次修剪到要求高度。④中下旬宜早熟不宜生抽穗生长阶段，及时剪草，防止结籽。⑤面积较大的冷季型观赏草坪，可使用植物生长调节剂，如给茎叶喷施矮壮素，或土施多效唑等，抑制草坪草高生长。 5. 施肥：①本月上旬及结合灌水，适当追施磷酸二铵等氮肥，以促进草坪旺盛生长。施肥量15～20g/m²，下旬气温升高，草坪病害易发生，喷洒0.3%硫铵，可提高抗病能力。②野牛草全年首次施肥，尿素10g/m²。肥应撒施均匀，避免叶面潮湿时撒施，施肥后必须及时灌水。 6. 疏草：待枯草层厚度超过1.5cm时，应在剪草后用耙连同草一起进行清理。清理时常呈十字交叉方向与地面耧除。 7. 拔除杂草：杂草生长正盛期，本月需除杂草3次。应连根拔除坪地内杂草，保证杂草不超过5%；本月中、下旬兔丝子种子开始萌发蔓延为主植物，在兔丝子幼苗期必须人工彻底拔除。 8. 病虫防治：①蝼蛄和小地老虎幼虫危害期，抓住1～3龄幼虫最佳药剂防治时期，用毒饵诱杀，或喷施50%辛硫磷防治。适时修剪草坪，减少叶锈病发生。②本月已有锈病、白粉病、褐斑病发生、淡剑夜蛾成虫、黏虫开始活动，及时防治。适时修剪。在兔丝子扩散前及时喷洒杀菌剂防治，控制病虫扩散。白粉病、褐斑病发生时，在锈病孢子扩散前及时喷洒杀菌剂防治。减少孢子菌基数。
6月	1. 剪草：草坪逐渐进入夏季养护阶段，草坪修剪次数要多，留茬要低，病害越严重。故应适当减少修剪次数，15d左右剪1次，每次剪草前要及时喷洒杀菌剂，防止病害感染、控制病害发生。 2. 修整草坪边：观赏性草坪，从本月起宜每月整草坪边1次。全年可整3～4次。使用锋利的月牙铲或薄型平板锹，将不整齐的草坪边缘及蔓延至树坛、花坛内和路缘石之外的乱草剪切整齐。 3. 灌水：①草坪干旱时应及时补水，地表干层不应超过5cm。②灌水。喷水均应避开高温时间，宜在上午10：00以前，下午3：00以后进行。③新铺草坪及修剪草坪24h内必须灌1遍透水。 4. 拔除杂草：杂草生长旺盛期，一般绿地集中除草3次，观赏草坪需拔草4次，应连根拔除，拔除的杂草必须及时清理出现场。 5. 施肥：进入夏季，冷季型草坪生长缓慢，尽量不施用氮肥。可施以钾肥为主的复合肥，10～15g/m²，施肥应结合灌水。新播草坪出苗后30d左右，需进行追肥，以提高成坪速度。 6. 播种：进入夏季，暖季型草播种适宜时期，结续草播种建植宜于下旬结束。 7. 排涝：进入雨季，应做好排涝准备。大雨过后，坪地低注处必须在12h内排除积水。 8. 病虫防治：本月是褐斑病、腐霉枯萎病、锈病、坪地内应见于，高温季节草坪潮湿，金龟子发生危害期，尽量降低田间湿度。①注意防治白粉病、锈病、褐斑病、腐霉枯萎病、高温季节草坪潮湿，应加强防治。②黏虫、淡剑夜蛾、斜纹夜蛾、草地螟幼虫危害期，避免草坪留茬过低。②黏虫寻找蚁穴，蚯蚓拱掘土壤时，要及时寻找蚁穴，朴施尿素液。③地老虎发生时，根施辛硫磷，3～4d后清除危害处的枯草，草坪草可逐渐恢复生长。

续表

月份	养护内容
7月	1. 清除杂草：①本月杂草繁殖迅速，大量蔓延。草坪地内杂草不多时，可人工拔除；杂草过多时，应喷洒除绿地内构树、杨树、火炬树、桑树、刺槐等滋生根蘖力强的阔叶杂草及自然萌生的毒芹、曼陀罗、苍耳等杂草的幼苗。及时拔除草坪地内的恶性杂草，防止杂草大量蔓延。②人工连根拔除绿地内构树、杨树、火炬树、桑树、刺槐等滋生根蘖等的幼苗。 2. 剪草：①夏季成草坪草应减少草坪修剪次数，并适当提高留茬高度，以免造成草坪草长势衰弱甚至死亡。②新播草坪草长至7～8cm时，开始进行第一次修剪，以增强草坪草抗性。③新播草坪草长至7～8cm时，修剪后施肥，以促其分蘖和保持良好的观赏性。④本月上旬对丛草带进行1次修剪，留苗高度10cm，剪后施肥，以促发健壮的新株。⑤野牛草进行第二次修剪，抑制草坪草高生长，减少剪草次数。⑥本月需修剪草1次。⑦面积较大的暖季型草坪，旺盛生长期可喷施植物生长调节剂，如铵壮素等，抑制草坪草高生长，减少剪草次数。 3. 灌水：①进入多雨时节，应严格控制灌水，掌握不旱不灌、灌则灌透原则，尤其是不能频繁浇灌浅层水，否则在高温、高湿条件下易导致病害发生。②灌水宜在10:00前、下午3:00～6:00前、下午3:00～6:00灌水，尽量避免中午和傍晚。③少雨干旱时，需及时补水。④大雨过后，应及时排除草坪内的积水。 4. 施肥：在炎热的夏季，冷季型草生长的季节，应尽量不施肥。当草坪中缺肥较多时，可追施0.3%～0.5%磷酸二氢钾溶液。暖季型草坪处于生长旺盛期，可使用间隔中净等除草剂除治。 5. 除杂草：杂草大量生长的季节，应每周集中修剪杂草1次。草坪中间叶中杂草较多时，可使用阔叶净等除草剂除治。 6. 补植、补播：清除斑秃地块草坪残草，做好草坪修剪和补植工作，做好草坪修剪和补植工作，由草坪病害造成地块斑秃的土壤，必须经杀菌消毒或变更换栽植土后，再行栽植。 7. 病虫害防治：本月高温多雨，冷季型草坪病虫害多发，应给予高度重视。养护工作重点以控制和防治病虫害发生为主。①易发生的病害主要有白粉病、锈病、腐霉病等，应防止病害蔓延，可减少病害发生，及时喷洒施硫酸铵，甲基托布津、多菌灵、百菌清、代森锌等，代森锰等，对褐斑病的发生能够起到一定的抑制作用。③仍有虫害发生，如有纹夜蛾一代幼虫、淡剑纹夜蛾幼虫严重危害期，抓紧喷药防治。④彻底消灭兔丝子
8月	1. 播种：本月初暖季型草种播种和播种工作全部结束，8月20日以后可以开始冷季型草坪播种和建植补播工作。 2. 补植：继续斑秃地块草坪的补植工作。对生长旺盛的草坪进行打孔、疏草作业。 3. 施肥：①本月底可施用磷酸二铵或少量硫酸铵。对生长长势较弱和进入缓长期的草坪喷施0.1%～0.5%的磷酸二氢钾。②野牛草全年最后一次施肥，尿素施入量10g/m²。 4. 本月草坪修剪、灌水、排水、清除杂草等养护工作，同7月。 5. 打孔、疏草：对生长过旺及践踏板结的地块的草坪，使用打孔机或打孔器进行打孔，疏草作业深度为8～10cm。打孔后撒一薄层细土进行覆盖，并用扫帚将草叶上的土扫掉。保证草坪通风透气，减少病害发生。②野

续表

月份	养护内容
8月	6. 病虫害防治：①本月草坪病害仍多发，注意喷药防治白粉病、锈病、腐霉枯萎病、灰霉病、斑点病、褐斑病、立枯病等。②浓剪刀夜蛾、斜纹夜蛾、草地螟、黏虫、金龟子幼虫危害期，抓紧喷药防治。③兔丝子开花结籽，适时彻底清除。④注意防治小地老虎等地下害虫
9月	1. 草坪补播、补栽：草坪病害基本不再蔓延，应抓紧清理，早熟禾等冷季型草坪的最佳时期，本项工作应在9月底前基本完成，播后需保证新建草坪水分的供应。 2. 草坪建植：本月是建植黑麦草、早熟禾等冷季型草坪进行最后的最佳时期，土壤经杀菌剂消毒后，适时进行补播或补栽。 3. 分栽：剪除新草坪分栽应于本月下旬结束。 4. 施肥：草坪施肥应以磷肥为主，以促进根系发育，增强其抗病及越冬能力。①本月中旬，对暖季型草作全年最后一次施肥，为避免幼叶，施肥量15g/m²，磷酸二铵、尿素单独施用或混合施用，施肥后有利于延长草坪绿色生长期，安全越冬及来年增加分蘖。②本月下旬冷季型草作全年最后一次施肥，应在冷季草相对干时进行撒施，施肥后应立即灌水。 5. 剪草：①大型观赏性冷季草时期，草坪10d左右修剪1次，本月上旬野牛草作最后一次修剪。②本月中旬修整草边。 6. 清除枯枝落叶：本月中旬，可使用多效唑类生长抑制剂控制草坪高度。 7. 清除杂草：及时拔除坪地内杂草，使用有利于耙清理坪地内垃圾、枯草层、枯枝落叶层，刺激草坪分蘖和蔓延。 8. 病虫害防治：天气开始转凉，草坪害虫开始活跃，因此管理工作的重点应为防治草坪虫害。①继续防治草地螟、华北蝼蛄、黔蝼、地老虎、黏虫、淡剑夜蛾、斜纹夜蛾幼虫，蚯蚓、兔丝子等。②本月仍有锈病、褐斑病，腐霉枯萎病发生，注意防治。③新播草坪本月上旬喷施1次0.1%～0.2%硫酸亚铁，防止立枯病发生
10月	1. 草坪建植：本月仍可铺草块和铺生带建植新草坪、冷季型草坪种和修补工作于本月初全部结束。 2. 施肥：增施磷、钾肥，促进草坪健壮生长，有利于延长绿色期。冷季型草坪最后一次施肥边。 3. 剪草：①暖季型草应在本月中旬作最后一次修剪，留茬高度应当提高，一般不低于8cm。②本月下旬草坪作最后一次修剪。③进行全年草坪安全越冬。③进行全年草坪安全越冬，留茬高度可控制在8～10cm，以利于草坪安全越冬。③冷季型草坪根系较长，应适当修剪。 4. 灌水：本月气温不高，水分蒸发量应当减少，草坪灌水次数应当减少，可15～20d灌水1次。新建草坪根系较长，应适当灌水。 5. 病虫害防治：继续加强草坪虫害的防治工作。①为小地老虎幼虫危害期，应注意防治。②继续防治白粉病、蜗牛等

续表

月份	养护内容
11月	1. 铺草块：本月上旬仍可铺栽草块，一般容易成活和发根，可安全越冬。 2. 追肥：播种较晚的草坪，在天气上，中旬以上喷施5%磷酸二氢钾，可大大提高坪草的抗寒能力，以利于安全越冬。 3. 草坪修剪：本月上旬，在天气温暖，草坪草生长过高时，可适当增加1次剪草。 4. 灌冻水：月底气温在0℃左右时，即为"夜冻日消"，冬灌正好。此时草坪开始灌冻水，灌水深度应达15～20cm，新播或新铺草坪可湿润至10～12cm。 5. 清除落叶：本月中旬开始，树木大量落叶，应及时清除坪地内的落叶，保证草坪的观赏效果。 6. 病虫害防治：本月白三叶仍可见蜗牛危害，应注意防治。 7. 园林机具检修，维护：草坪养护工作基本本结束，月底对草坪机具进行检修和保养，入库封存，以备明年使用
12月	1. 灌冻水：草坪灌封冻水应在本月5日前全部完成，灌水及土壤封冻后，严禁游人进入踩踏。 2. 预防病虫害：草坪在越冬前，喷施1次辛硫磷或石硫合剂，有利于杀灭病菌和越冬虫卵。 3. 防寒：对足球场草坪进行覆土，其厚度不超过0.5cm。低温处应分多次进行，以保证草芽安全越冬

附表8

华北地区园林露地植物病虫害防治月历

月份	病虫害防治内容
1月、2月	1. 1、2月中旬草履蚧若虫开始出蛰上树危害，注意防治。 2. 2月下旬草坪返青前，结合修剪打1遍石硫合剂800倍液，以利于杀死越冬病源及虫卵。 3. 苗木萌芽前，普遍喷施1次3～5波美度石硫合剂，或晶体石硫合剂500～800倍液，可大大减少当年病虫害发生

续表

月份	3 月			
病虫种类	形态及危害症状	危害植物	防治方法	
草履蚧	全年发生1代，以卵和若虫越冬。雌成虫紫红色，翅紫蓝色，头和前胸红紫色或红褐色，背面有横褶纵沟，微被白色蜡粉。若虫灰褐色，形似雌成虫。2月中旬若虫开始上树危害，雌成虫，若虫沿树干爬到嫩枝、幼芽上吸食叶液，严重时排泄物污染枝叶。6月上旬下树产卵越夏等	悬铃木、柳树、白蜡、泡桐、枣树、桑树、榆树、槐树、毛白杨、刺槐、核桃、碧桃、苹果、梨树、李树、杏树、海棠、紫叶李、柿树、稠李、樱花、紫叶稠李、金银木、茶条槭等	1. 月初，若虫未上树前，树皮粗糙的在树干基部15~20cm处刮际一圈宽20cm的老皮，上面缠一圈塑料胶条；树皮光滑的，可涂宽约10cm的粘虫胶，粘杀上树成虫。 2. 喷药阻杀尚未上树的雌成虫，若虫，初孵若虫期，喷洒蚧螨灵100倍液。若虫危害期，喷洒1.2%苦参碱乳油1000~1500倍液，或75%辛硫磷乳油1000倍液，每10d喷施1次，连续3次	
卫矛矢尖盾蚧	一年发生2代，越冬雌成虫3月中下旬至4月下旬危害。4月至6月上旬，7月上旬至8月下旬分别为各代若虫孵化期，若虫橘黄色，在叶片、嫩梢上固定刺吸危害，以7~8月最为严重。被害叶片干枯、枝条枯萎。凡栽植密度过大、通透性差的地方，发病严重	黄杨类、胶东卫矛、丁香、鸢尾等	1. 人工刮除枝干结蜡虫体。 2. 若虫危害期，喷洒1.2%烟参碱乳油1000倍液。 3. 结蜡初期，喷洒蚧螨灵200倍液，或10%吡虫啉可湿性粉剂2000倍液，或40%速扑杀乳油1000倍液防治	
朝鲜球坚蚧（桃、杏球坚蚧）	一年发生1代。雌成虫近球形，红褐色。若虫扁圆形，被白色蜡粉，3月下旬越冬若虫（灰色树虱子）从蜡被中爬出，开始分散活动。5月下旬至6月上旬若虫孵化盛期。初孵若虫群聚于枝条上危害，严重时导致枝干枯死，10月转移到枝干上越冬	桃树、山桃、杏树、碧桃、苹果、美人梅、樱花、梅、海棠类、金银木、紫叶李、山里红等	1. 人工刮除枝干上的虫体。 2. 初孵若虫期，喷洒1.2%烟参碱乳油1000倍液，或10%吡虫啉可湿性粉剂2000倍液，或蚧螨灵机油乳剂200倍液。 3. 喷洒48%乐斯本1000倍液，或20%杀扑磷1000倍液，或48%锐煞1000倍+毒死蜱1200倍液，或50%斯蚧尔1000倍+助杀1000倍液。以上药剂可兼治蚜虫、食心虫	

续表

月份	3月			
病虫种类	形态及危害症状	危害植物	防治方法	
山楂叶螨（山楂红蜘蛛）	一年发生8代左右。3月下旬越冬成螨陆续出蛰上树上树危害，第2代以后世代重叠。6月、7月、8月发生较严重。幼螨圆球形，若螨橙黄色。以成螨、若螨、幼螨集中刺吸芽、叶、果的汁液，成螨多集中在叶背危害，逐渐扩大成虫片片片受害叶片呈现失绿失绿小斑点，变红褐色、枯焦脱落	法桐、梧桐、泡桐、臭椿、槐树、柳树、楸树、山楂、山里红、核桃、苹果、梨、梨树、桃、桃树、杏树、石榴、樱桃、樱花、海棠类、紫叶李、紫叶稠李、榆叶月季、野蔷薇、榆叶梅、珍珠梅、木槿、葡萄等	1. 冬季或早春刮除树干老皮、翘皮，消灭在翘皮下越冬的雌成螨。 2. 发芽前对易发生螨虫的木本植物，普遍喷洒1次3~5波美度石硫合剂。 3. 越冬雌成螨出蛰盛期，喷施50%硫悬浮剂200倍液。 4. 果树类落花后10~15d，抓紧喷施20%克螨敌1500~2000倍+即杀1000倍液，或15%哒螨灵乳油3000~4000倍液防治。 5. 喷洒1.8%阿维菌素（齐螨素）6000倍液，或73%克螨特乳油2000倍液。防治时应注意喷洒叶背	
麦岩螨（草坪红蜘蛛）	一年发生3~4代，以成螨和越冬卵越冬。2月下旬成螨开始孵化，若螨夜间潜伏，越冬卵开始孵化，受惊后即自叶片坠下。被害叶片白天群集危害，出现白色或黄白色斑点，严重时叶片干枯死亡。4~5月、10月为危害严重期	单子叶草坪草	1. 成螨、若螨危害期，喷洒1.8%阿维菌素（齐螨素）6000倍液，或50%硫悬浮剂500倍液，或99.1%蚧螨灵乳油100~200倍液防治。 2. 该螨有假死性，药应喷到草基部，土表部位，每10d喷洒1次，连续2~3次	
沙里院褐球蚧	一年发生1代。3月下旬越冬若虫活动危害，4月下旬结壳产卵，5月下旬若虫开始孵化，在叶背、嫩枝上危害，并排泄大量蜜露，10月下旬若虫开始越冬	苹果、梨树、山里红、海棠类、杜梨、紫叶李	1. 人工刮除结网虫体。 2. 若虫孵化期，喷洒20%融杀蚧螨粉剂100~150倍液，或1.2%烟参碱乳油1000倍液。 3. 结蜡初期，喷洒蚧螨灵机油乳剂100倍液，或10%吡虫啉可湿性粉剂2000倍液	

续表

月份 病虫种类	3月		
	形态及危害症状	危害植物	防治方法
桃蚜	一年发生10多代，以卵越冬。3月下旬花芽萌动时越冬卵孵化若虫危害，以5月下旬危害最严重。蚜体有绿色、黄绿色、赤褐色或黑红色等。蚜体有翅成蚜头、胸部成黑色。成蚜和若蚜群集枝梢和叶背危害，受害幼嫩叶片向叶背卷曲、皱缩。6月中旬有翅蚜陆续迁移，10月有翅蚜迁回产卵越冬	杏树、李树、梨树、桃树、碧桃、山桃、紫叶李、木槿、榆叶梅、樱花、金银木、海棠类	1. 果树类中旬花芽露红（白）时，是全年中防治的最有效时期。此时喷药量要大，喷洒式。喷洒2.5%高渗吡虫啉或48%乐斯本1000～1500倍液，或乐猛斗（30%啶虫脒）8000倍液。花前未喷药的，落花后应及时喷药防治。 2. 卷叶前喷洒6%吡虫啉3000倍液防治
槐蚜（蚜虫）	一年发生20余代，雨季虫口密度大大减少。10月越冬，全年以6月危害严重。蚜体黑色或黑褐色，群集幼芽、嫩梢、花序危害。致害芽枯萎、叶片卷曲。分泌蜜露污染路面，常诱发煤污病	槐树、刺槐、龙爪槐、江南槐、紫穗槐、紫藤等	喷施1.2%烟参碱乳油1000倍液，或2.5%高渗吡虫啉2000倍液，或48%乐斯本1000～1500倍液，或20%菊杀乳油2000倍液
棉蚜	一年发生20多代，10月产卵越冬。3月至6月越冬卵为灰绿色，4月下旬至秋季黑色，蚜体黄绿色，常群居叶片盛时，花蕾剧吸危害，造成叶片卷曲。分泌蜜露常诱发煤污病	紫叶李、石榴、杏树、木槿、梨树、美人梅、玫瑰、花椒、牡丹、蜀葵、菊花、鸡冠花等	越冬卵开始孵化及秋季产严卵前，抓紧进行防治。蚜虫发生时，喷洒1.2%烟参碱乳油1000倍液，或10%吡虫啉可湿性粉剂2000倍液
黄杨绢野螟	一年发生2代。幼虫头部黑褐色，胸腹部浓绿色，有疏毛、背线、腹线明显。越冬幼虫3月下旬吐丝缀叶作巢在其中危害。3月下旬叶片造成缺刻，咬断叶片，蚕食叶一片枯黄。一代幼虫6月中旬叶片一片枯黄。二代幼虫7月下旬9月上旬为危害，4月下旬至5月上旬为危害盛期	大叶黄杨、小叶黄杨、瓜子黄杨、雀舌黄杨、朝鲜黄杨、卫矛等	1. 人工剪除缀叶，消灭其中的幼虫。 2. 幼虫期，喷洒48%乐斯本乳油1500倍液，或20%灭幼脲1号6000～8000倍液。 3. 大龄幼虫期，喷施50%杀螟松乳油1000倍液，或Bt乳剂500倍液，或1.2%烟参碱乳油1000倍液，或20%杀虫净乳油1000倍液。阴天下午4：00后喷药效果好，地面应全部喷洒到位。植物表面、株丛内、地被丛中应全部喷洒到位

续表

月份 病虫种类	形态及危害症状	危害植物	3月 防治方法
桑天牛（黄桑褐天牛、桑粒肩天牛）	2～3年发生1代，幼虫在蛀道内越冬，幼虫体圆筒形，乳白色，前胸背板隐约可见"小"字形凹陷。3月中旬羽化，6～7月成虫羽化孔。成虫黑褐色，密生暗黄色绒毛，触角第1、2节黑色，其余各节灰白色。取食幼芽、嫩皮，幼虫蛀食木质部危害，粪便由排粪孔排出，红褐，细绳状，或锯木屑状。10月仍偶见成虫。	银杏、桑树、榆树、杨树、柳树、刺槐、紫薇、蜡叶女贞、海棠类、果、樱花类等。	1. 成虫羽化期，人工捕杀成虫。 2. 寻找有新鲜排泄物的虫孔，向排粪孔内灌入80%敌敌畏乳油200倍液，用泥封住蛀孔，毒杀钻蛀幼虫。 3. 用钢丝插入每条蛀道最下面蛀孔，刺杀幼虫。 4. 悬挂花绒坚甲卵卡和释放成虫。
双条杉天牛	一年发生1代。3月上旬至5月上旬喜食成虫咬破树皮，羽化孔呈扁圆形。产卵于树皮缝隙或树洞。4月上旬幼虫开始孵化，钻进皮下部有少量木屑，后在枝、干皮层和木质部表面串食危害，5～6月危害严重。9～10月在虫道内化蛹并越冬成虫越冬。受害枝干上部枯死，严重时整株死亡。	桧柏、蜀桧、河南桧、侧柏、龙柏、砂地柏、油松、黑松等。	1. 清除受害严重的植株，剪除受害枝条，消灭蛀道内幼虫。 2. 成虫羽化期，用90%晶体敌百虫1000倍液，或2.5%溴氰菊酯乳油1000倍液，或1.2%烟参碱乳油1000倍液，或92%绿色威雷喷洒树干和树冠。 3. 沿根部四角插注15～20cm穴，穴施喷丹20～25g/株，埋土后浇水。 4. 5～6月释放管氏肿腿蜂，防治幼虫。危害严重地区每20株放蜂1管。
杨树溃疡病	是杨树枝干主要病害之一。多侵染新移植苗木和树势衰弱植株。3月下旬染病树干出现圆形或椭圆形水渍状或病泡状病斑，挤压后流出褐色黏液，病斑不缩后下凹，后期病部出现黑色小点。5～6月，8～9月发病严重，常造成树势衰弱，严重时导致整株死亡	杨树、柳树。	1. 发芽前，向树干喷洒晶体石硫合剂200～300倍液。 2. 发病初期，在树干上涂刷10倍食用碱液，或47%加瑞农600倍液。 3. 严重时，用钉板拍打病部，再涂抹10倍碱水，或平绿安原液，或广绿速克灵等轮流治疗（9281）2倍液1管

续表

月份 病虫种类	形态及危害症状	危害植物	3月 防治方法
枝干腐烂病	该病菌多从伤口侵入，喜侵染新移植苗木及生长势衰弱植株，土壤黏重，透气性差，易发病。初期患病部位皮层发为褐色，病斑不断扩展，病部质软，手挤压时有黄褐色液体流出。病斑期干缩回缩，上面布满黑色小点，并有橙黄色卷曲丝状物溢出。3～10月均有发生，4～5月，8～9月发病较重。病斑扩展迅速，病株长势衰弱，严重时植株死亡	杨树、柳树、榆树、桑树、山里红、梨树、火炬树、元宝枫、海棠类、火炬树、樱桃类等	1. 发芽前，向树干喷洒晶体石硫合剂300倍溶液，或3～5波美度石硫合剂。 2. 苗木栽植后，用广绿安1200～1500倍液喷洒树干。 3. 在病斑外围1.5cm处，用利刀划至切皮部一圈，涂10倍食用碱液，或果腐康原液，或疏理剂50倍液，在划割处要反复涂抹，让药液充分渗透至刳伤处方为宜
流胶病	发生在主干和枝干分叉处及伤口部位，土壤黏重，虫害等机械损伤，修剪过重，通风透光不良，病害等均易诱发该病。3月下旬至10月发病，5～6月，8～9月为发病高峰期。初期病部树皮略微肿起，不久溢出半透明、柔软的树胶，雨后加重，树胶逐渐变为红褐色或褐色，半透明，后变坚硬，雨后又变软，遇干燥则干缩，严重时叶片变黄、早落，树势衰弱	合欢、栾树、桃树、山桃、碧桃、樱花、樱桃、火炬树、美人梅、梅花、杏梅、杏树、紫叶李、海棠类等	1. 发芽前，用5波美度石硫合剂喷干，10d一次，连续2～3次。 2. 流胶发生时，用利刀刮除胶状物和腐烂部分，伤口涂抹45%晶体石硫合剂30倍液，或100倍石灰等量式波尔多液，或果腐康，广绿安原液。 3. 5～6月，向树干喷洒80%炭疽福美可湿性粉剂800倍液，或50%退菌特可湿性粉剂800倍液，7～10d1次，连续3次。 4. 新植不需灌水，栽植后树干立即涂白或喷杀菌剂防护
苹果桧锈病（苹果赤星病）	发病初期，叶面出现橙黄色小斑点，后扩大为中间橙黄色、边缘红色的圆斑。6月中旬，病斑逐渐扩大，病斑表面密生金色小点，叶背病斑成黄褐色细管状物，病色至黄褐色呈凸起，其上丛生浓黄色至黄褐色实产生圆形黄色病斑，嫩枝病部回缩，易折损	苹果、沙果、山定子、海棠类	1. 早春桧柏树喷洒3～5波美度石硫合剂，每7～10d1次，连续4～5次。7～10月，喷100倍石灰等量式波尔多液，每半个月1次。 2. 果树展叶后，立即喷洒20%粉锈宁1000倍液，或65%代森锌可湿性粉剂500倍液防治。 3. 发病严重时，喷施30%绿得保胶悬剂400～500倍液防治

月份 病虫种类	形态及危害症状	4月 危害植物	防治方法
柏小爪螨	一年发生10代左右，世代重叠。4月上旬开始孵化，若螨在叶背刺吸危害，在白色丝上拉动枝条，可见浅红色若螨，5～7月受害严重，被害叶片枯黄，针叶同拉有网丝，其上粘满灰土，严重时枝叶枯黄、脱落，10月成螨产卵越冬	雪松、水杉、撒金柏、南桧、千头柏、龙柏等　黑松、桧柏、蜀桧、侧柏、翠柏、云柏、河柏	1.发芽前喷洒晶体石硫合剂80倍液，杀灭越冬卵，同时兼治越冬成螨。2.危害期，喷洒20%哒死灵（阿波罗）6000～8000倍液，或34%杀螨利果乳剂2000倍液（齐螨素）6000～8000倍液阿维菌素防治
松梢斑螟	一年发生1～2代。体灰白色锯纹，翅上有4条灰色斑纹。老熟幼虫头赤褐色，体浅褐或褐绿色，各节有生黑色毛瘤。4月上旬越冬幼虫开始活动危害，5月下旬成虫羽化，各代幼虫分别于6～8月危害。9～10月幼虫蛀食危害，钻入嫩梢枯黄蛀梢，受害枝条弯曲枯黄	油松、黑松、樟子松、华山松等　云杉、松	1.及时剪除有虫枯枝，杀灭蛀幼虫。2.幼虫孵化期喷洒10%吡虫啉可湿性粉剂2000倍液防治，间隔10～15d，连喷2～3次。3.虫害严重的松林，卵期释放赤眼蜂，越冬幼虫期释放中华甲虫蒲螨防治
日本松干蚧	一年发生2代。4月上中旬至5月下旬、7月中下旬至9月上旬为危害期。若虫椭圆形，橙黄色若虫，或黑褐色。集中在3～4年生枝条的3年生以下树才阴面刺吸危害。10年生及以上针叶枯黄，若虫密集，严重时，针叶枯黄、早落，枝条弯曲下垂、卷曲枯黄、树皮卷翘裂	油松、黑松、华山松等　白松、赤松	该虫是一种毁灭性虫害，应加强检疫，重点防治。1.剪除虫果，消灭越冬若虫。刮除白色蜡丝包被的卵囊。2.若虫期，喷施10%吡虫啉2000倍液，或1.2%苦烟乳油500倍液，或5%杀螟松乳油200～300倍液。3.初代成蜡壳时，喷施吡螨灵100倍液
紫薇绒蚧（石榴毡蚧）	一年发生2代。若虫、成虫均以紫红色。4月上旬越冬若虫活动危害，2代若虫期分别为5月至6月上旬、中旬，8月上旬至9月下旬。若虫聚集于枝干、小枝、嫩梢、芽和叶背主脉基部危害，叶发黄、早落，常分泌蜜露诱发煤污病，致枝叶发黑	紫薇、石榴、角枫、女贞等　三	1.紫薇、石榴发芽前，喷洒3～5波美度石硫合剂，或杀死越冬若虫。2.及时刮除枝条上的蚧虫。3.若虫孵化期，喷洒40%速扑乳油1500倍液，或1.2%烟参碱乳油1000倍液，或50%杀螟松乳油1000倍液，连喷2～3次。4.结蜡初期，喷洒吡螨灵100倍液

续表

月份 病虫种类	4月		
	形态及危害症状	危害植物	防治方法
柿绵粉蚧	一年发生1代，以若虫在粗皮或皮层裂缝中越冬。4月下旬孵化，雌成虫、若虫危害嫩梢。若虫椭圆形，6月上旬孵化，群集在果实下面及与柿蒂相接合的缝隙处固定危害。果实出现黑斑，严重时果面布满污斑，后期果实变软，提前脱落，排泄蜜露诱发煤污病。10月中旬后若虫转至果枝下上结茧越冬	柿树、苹果、梨、李、桑、柳、椴、毛泡桐、悬铃木、核桃、元宝枫、八仙花、无花果、忍冬、常春藤等	1. 人工刮除越冬虫。 2. 发芽前喷洒5波美度石硫合剂，或5%柴油乳剂，杀灭越冬若虫。 3. 在越冬若虫离开越冬部位、但尚未形成蜡壳前，紫喷洒50%乙酰甲胺磷1500倍液，或1.2%烟参碱乳油1000倍液，或6%吡虫啉1000倍液防治。 4. 摘除有虫柿果
柿绒蚧（柿毡蚧）	一年发生4代。雌成虫椭圆形，紫红色。老熟时被包了白色毡状蜡囊中。若虫紫红色，4月中旬越冬若虫在叶柄、叶背、嫩枝上活动危害。各代若虫分别于6月上旬、7月中旬、8月中旬、9月下旬孵化。1、2代若虫危害嫩梢和叶片，3、4代若虫主要危害叶片和果实。被害叶片黄化，早落，果实变软处凹陷，提前软化脱落	柿树、法桐、梧桐、桑树	1. 发芽前喷洒4～5波美度石硫合剂，消灭越冬虫。 2. 人工刮除枝干上的虫体。 3. 展叶至开花前，细致地喷一遍50%乙酰甲胺磷1500倍液防治。 4. 各代若虫孵化期，未形成蜡壳前，喷施1.2%烟参碱乳油1000倍液，或6%吡虫啉可湿性粉剂3000倍液，或40%速扑杀乳油1000倍液，或2.5%敌杀死3000倍液
桑白盾蚧	一年发生3代。4月下旬至5月上旬、7月上旬、8月上旬，分别为各代若虫孵化期，7～8月危害最为严重。若虫自母体壳下爬出，固定在枝条上危害。5～7d开始分泌蜡粉覆于体上，受害严重时枝条干枯而死亡。10月雌成虫越冬。雌、雄成虫介壳白色、黄白色或灰白色	桑树、杨树、柳树、槐树、白蜡、悬铃木、银杏、樱花、合欢、木槿、紫薇、紫荆、桃树、核桃、紫叶李、李树、黄杨类、皂荚	1. 人工刮除枝、干上虫体。 2. 抓住若虫孵化后1周内的最佳防治时期，及时喷洒1.2%烟参碱乳油1000倍液，或吩嘧灵100倍液防治。 3. 若虫初孵蜡期，喷洒10%吡虫啉可湿性粉剂2000倍液，或哒螨灵200倍液，或30%高渗苯氧威乳油2000倍液

续表

月份		4月	
病虫种类	形态及危害症状	危害植物	防治方法
栾多态毛蚜	一年发生多代。蚜体黄绿色，4月上中旬越冬卵孵化危害，4—5月危害严重，7—8月在叶背越夏，9—10月若蚜发育危害，全年4月下旬至5月危害严重。喜群集于主干、嫩梢、叶背危害，常喜成卷叶，嫩梢弯曲，甚至干枯死亡，并产生大量分泌物造成油污	栾树、五角枫、元宝枫等	1.发芽前，喷洒5波美度石硫合剂，消灭越冬虫卵。2.若蚜初孵期，喷洒0.36%苦参碱水剂100～400倍液，或1.2%烟参碱乳油1000～2000倍液，或10%吡虫啉可湿性粉剂2000倍液防治
绣线菊蚜	一年发生10多代。中旬开始孵化危害。若蚜鲜黄色，成蚜和若蚜群集于嫩梢，幼叶和芽上危害，被害叶片向背面弯曲或横卷。5月中旬至6月上旬为发生盛期，6月下旬蚜量减少，9月中旬开始增多，10月产卵越冬	绣线菊、榆叶梅、樱花、苹果、梨树、山里红、海棠类、木瓜、南蛇藤等	1.发芽前喷洒100倍晶体石硫合剂，杀灭越冬卵。2.若虫孵化期，喷有1.2%烟参碱2000倍液，或50%灭蚜松可湿性粉剂1500倍液，或20%菊杀乳油4000倍液防治。3.初结蕾期，喷洒10%吡虫啉可湿性粉剂2000倍液
月季长管蚜	一年发生10多代。虫体草绿色，胸部略带黄色。4月开始危害，以5—6月，9—10月危害最为严重。成蚜和若蚜群集于新梢、嫩叶、花梗、花蕾上刺吸危害，导致花朵变小，叶片伸展不良。排泄大量油状蜜露，常诱发煤污病	月季、野蔷薇等	1.虫口密度不大时，可用清水冲洗叶背，花梗和花蕾。2.喷洒1.2%烟参碱乳油2000倍液，或10%吡虫啉可湿性粉剂3000～4000倍液，或50%抗蚜威1000倍液，或10%氯氰菊酯2000倍液防治
菊小长管蚜	一年发生10多代，4—5月，9—10月为危害严重期。无翅蚜纺锤形，赤褐色至黑褐色，嫩叶上刺吸危害，若蚜赤褐形。春季成蚜，秋季主要危害花梗、花蕾，被害叶片卷曲、皱缩。该虫排泄大量蜜露，常造成煤污病的发生	菊花、翠菊、早小菊、波斯菊、万寿菊等	喷洒10%蚜虱净1000倍液，或10%吡虫啉可湿性粉剂3000倍液，或20%杀灭菊酯2500倍液，或1.2%烟参碱乳油1000～2000倍液防治

月份		4 月	
病虫种类	形态及危害症状	危害植物	防治方法
紫薇长斑蚜	一年发生 10 多代。胎生蚜有翅，黄褐色、黄绿色。胎生蚜无翅，黄褐色。越冬卵开始孵化危害，集中叶背刺吸汁液，受害叶片变黄、卷缩，提前脱落，并诱发煤污病，枝叶变黑，6—8 月危害严重	紫薇、银薇、翠薇等	1. 紫薇发芽前喷洒 100 倍晶体石硫合剂，消灭越冬卵。2. 发生危害时，喷洒 50% 杀螟松乳油 1000～1500 倍液，或 80% 敌敌畏乳油 1200 倍液，或 1.2% 烟参碱乳油 1000 倍液，或 10% 吡虫啉可湿性粉剂 1000 倍液
枸杞负泥虫（肉蛋虫、背粪虫）	一年发生 4～5 代。成虫头部及前胸背板蓝黑色，鞘翅黄褐色，卵粒排成"人"字形。幼虫垫危害，卵形似泥浆之类的在植株上移动爬行，依靠一层彤负部各节仿盘在自身排泄物，5—9 月均可见成虫，幼虫同时危害，取食叶片成不规则缺刻或孔洞，甚至仅剩叶脉	枸杞	1. 摘除有虫卵叶片，踩死虫卵或烧毁叶片。2. 危害期，喷洒 20% 杀灭菊酯乳油 3000～3500 倍液，或 90% 晶体敌百虫 1000 倍液，或 1.2% 烟参碱 1000～2000 倍液防治
梨冠网蝽（梨军配虫）	一年发生 3 代，以成虫在枯叶、杂草中越冬。成虫体小、扁平、暗褐色，翅上布满网状纹，前翅略呈长方形，具黑褐色斑纹。若虫形似成虫，4 月下旬集中在叶背刺吸汁液，被害处有褐色黏液斑点，叶面出现苍白色斑点，严重时全叶失绿造成早期落叶。至 9 月均有危害，以 6 月为重，10 月中下旬成虫越冬	桑树、海棠类、樱花、梅花、桃树、碧桃、杏树、苹果、梨树、木瓜、山里红、李树、紫叶李、月季、野蔷薇、紫藤等	1. 越冬成虫活动期喷洒 80% 敌敌畏 1000 倍液。2. 防治 5 月 1 代害虫是全年防治的关键，可用 90% 敌百虫 1000 倍液，或 2.5% 溴氰菊酯乳油 2000～2500 倍液，或 10% 吡虫啉可湿性粉剂 2000～3000 倍液防治。3. 叶背若虫聚集并有少数白色刚羽化的成虫时，用 20% 速灭杀丁乳油 3000～4000 倍液，50% 辛硫磷乳油 1000 倍液交替喷雾灭杀

续表

月份 病虫种类	4月		
	形态及危害症状	危害植物	防治方法
黄褐天幕毛虫（顶针虫）	一年发生1代。卵在小枝上越冬。3月下旬至4月上旬孵化危害，幼虫黑色，背中线白色，亚背线橙黄色，灰蓝色，大龄幼虫群食嫩叶、吐丝结网危害，大龄幼虫分散危害，受害叶片仅剩叶脉和叶柄。6月中下旬成虫羽化。产卵叶脉和叶柄。6月中下旬成虫羽化产卵在小枝上，呈密集环状排列的"顶针"状	杨、柳、榆、白桦、核桃、海棠类、樱花、樱桃、碧桃、苹果、杏树、紫叶李、黄刺玫、玫瑰、榆叶梅、月季等	1. 剪除带卵小枝，或摘除卵块。 2. 剪除网幕，消灭初孵幼虫。 3. 幼虫分散危害期，喷洒1.2%烟参碱乳油1000倍液，或Bt乳剂500倍液，或4.5%高效氯氰菊酯乳油1500～2000倍液防治
桑褶翅尺蛾（桑刺尺蛾）	一年发生1代。成虫灰褐色至黑褐色，翅银灰色，有3条灰褐色带。腹部灰绿色，老熟时腹节背测突起最短，尾节背部有4根刺突。第一幼虫绿色刺突。幼虫开始孵化，取食叶片成缺刻状，或吃光，受惊后将头蜷缩于腹部，呈"?"形，5月中旬开始在人工作虫越冬	桑树、白蜡、槐树、刺槐、毛白杨、核桃、栾树、榆树、海棠、月季、金银木、金叶女贞等	1. 人工捕杀幼虫。 2. 3龄前幼虫期，喷洒20%灭幼脲1号悬浮剂8000倍液，或5%保富乳油2000～3000倍液。 3. 3龄后，喷洒1.2%烟参碱乳油1000～2000倍液，或溴氰菊酯乳油2000～4000倍液，或10%溴氰菊酯乳油2000～4000倍液，或Bt乳剂500倍液
国槐尺蛾（吊死鬼）	一年发生3～4代。春季幼虫粉绿色，秋时幼虫粉绿略显蓝色，背部散生黑点。1代幼虫4月下旬孵化危害，5月下旬、7月中旬、8月下旬危害9月上旬分别是各代幼虫严重危害期。幼虫吐丝迁移危害，被害叶片残缺不全，严重时叶片全部被吃光	国槐、龙爪槐、金枝槐、金叶槐、红花槐蝴蝶槐、刺槐、红花槐等	1. 成虫羽化期，灯光诱杀成虫。 2. 第一代幼虫为防治的重点，低龄幼虫期，抓住关键时期，及时喷施Bt乳剂500倍液，或20%灭幼脲1号胶悬剂1000倍液，或除虫脲8000～10000倍液防治。 3. 发生严重时，喷洒50%杀螟松乳油1500倍液，或20%杀虫净乳油1000倍液防治，杀灭幼虫

月份	4月		
病虫种类	形态及危害症状	危害植物	防治方法
枣尺蛾（枣步曲，顶门吃）	一年发生1代。成虫体灰褐色，密被灰色毛，3月下旬开始羽化。幼虫体色多变，1龄黑色，2龄绿色，3龄灰绿色，4龄浓黄色，5龄灰褐或青褐色。4月下旬枣树发芽时幼虫开始孵化危害，取食嫩芽，将叶片取食缺刻状。5月中旬危害最严重，可将叶片吃光。5月下旬幼虫开始下树人土结蛹越冬	枣树、苹果树、梨树	1. 成虫羽化前，在树干30cm处缠一宽10cm的塑料布，防止雌成虫上树交尾产卵 2. 卵期喷洒20%灭幼脲1号胶悬剂3000液，抑制卵孵化。 3. 枣嫩梢3cm长时，喷洒20%除虫脲10000倍液防治。 4. 枣嫩梢5～7cm长时，喷洒枣虫快杀1200倍液，或20%杀灭菊酯3000倍液，或75%辛硫磷1000倍液。 5. 大龄幼虫喷洒75%辛硫磷乳油3000倍液，或20%速灭杀丁乳油2000倍液
梨星毛虫（梨星毛虫）	一年发生1代。幼虫体纺锤形，淡黄色，老熟幼虫头黑色，两侧有10个近圆形黑斑。4月上旬越冬幼虫出蛰，取食芽、嫩叶、花蕾，下旬吐丝缀叶成"饺子"状，在其内取食叶肉。6月下旬、7月上旬幼虫孵化，在叶肉取食，卷叶危害，8月2～3龄幼虫转移越冬	梨、杜梨、山里红、海棠类、苹果	1. 人工摘除有虫叶片并杀死幼虫。 2. 幼虫危害时，喷施20%杀灭菊酯2000～3000倍液，或20%除虫脲6000～8000倍液，或50%杀螟松乳油1000倍液。每10d喷洒1次，连续2～3次
美国白蛾（网幕毛虫）	一年发生3代。成虫白色，4月下旬至6月下旬、7月中旬至8月下旬8月上旬为各代幼虫危害期。幼虫体背有1条黑色纵带，带内有黑色毛瘤。4龄前幼虫吐丝结网，在网幕内群居取食叶肉，留下叶脉呈透明状。4龄后幼虫分散食，严重时可将叶片吃光。11月中旬第3代幼虫化蛹越冬	悬铃木、毛白杨、白蜡、千头椿、柳树、桑树、杜仲、碧桃、榆树、苹果、海棠、樱花、杏树、紫叶李类、石榴、金银木、红端木、贴梗海棠、葡萄等	1. 人工捕捉成虫、摘卵片、剪除幼虫网幕并烧毁。 2. 老熟幼虫化蛹及化蛹盛期，释放白蛾周氏啮小蜂进行防治。放蜂前5天内停止喷药，避免伤害天敌。 3. 清除下树幼虫，集中消灭。 4. 每代盛卵期至4龄幼虫破网前，喷洒20%除虫脲1号6000～8000倍液，消灭3龄前幼虫。 5. 幼虫分散危害至老熟期，可喷洒20%菊杀乳油2000倍液，或0.35%苦参碱水剂1000倍液，或1.2%烟参碱乳油1000倍液

月份		4月		
病虫种类	形态及危害症状	危害植物	防治方法	
卫矛巢蛾	一年发生1代，以初孵幼虫在树皮缝隙中结茧越冬，新芽萌发时出蛰危害。危害期4—6月。2龄幼虫吐丝网叶数头在其中危害，3龄幼虫卷叶危害，6—7月上中旬至7月上旬成虫羽化，6—7月成虫产卵期，幼虫孵化后即越冬	卫矛、大叶黄杨、丝棉木、木槿等	1. 人工刮除在树干上越冬的白色丝茧，消灭越冬幼虫。2. 人工剪除吐丝结网危害的幼虫并烧毁。3. 幼虫发生时，喷洒0.36%百草一号水剂1000倍液，或20%菊杀乳油2000倍液，或1.2%烟参碱乳油1000倍液，或90%敌百虫1000倍液	
舞毒蛾（秋千毛虫）	一年发生1代。幼虫体青有11对毛瘤，前5对为蓝色，后6对为红色，均具黑毛。幼虫孵化，4—7月为幼虫危害期，幼虫白天潜伏，夜晚取食嫩枝、幼叶。常吐丝悬挂，借风力等迁移危害。雌成虫白色，精菊灰色，雄成虫翅褐色，前翅有4条锯齿状黑色横线，后翅深褐色、前翅有4条黑褐色波纹。7月下旬成虫羽化，产卵越冬	云杉、悬铃木、杨树、柳树、刺槐、柿树、樱花、黄栌、桃树、杏树、李树、苹果树、梨树、石榴、山里红、紫薇、紫藤、葡萄、月季、珍珠梅等	1. 利用幼虫昼伏夜出上、下树的习性，在树干1m处涂抹1：20阿维菌素机油药环。2. 幼虫初发期，喷洒20%除虫脲10000倍液。3. 3龄前幼虫，用65%敌百虫500～800倍液喷杀。苦烟乳油3000倍液喷杀，或1.2%烟参碱乳油1000倍液。4. 大龄幼虫喷洒50%辛硫磷乳油1000倍液，或1.2%烟参碱乳油1000倍液喷杀幼虫	
榆毒蛾	一年发生2代。成虫体翅白色，触角黑色，7月上旬、8月下旬分别为成虫羽化期。4月越冬幼虫开始活动，9月中旬2代幼虫孵化，4—9月均可见幼虫危害。老熟幼虫浅黄色，腹部各节具有黑色毛瘤，第一、二节最为明显。幼虫啃食叶肉成孔洞，严重时仅留下叶柄	榆树、月季、野蔷薇等	喷洒Bt乳剂600倍液，或1.2%烟参碱乳油1000倍液，或10%多来宝悬浮剂1000倍液喷杀幼虫，	

续表

月份			4月	
病虫种类	形态及危害症状	危害植物	防治方法	
柳毒蛾（柳雪毒蛾）	一年发生2代，以幼虫在树皮缝、枯枝落叶内越冬。老熟幼虫体黑褐色，头黄褐色，背线浅黑色，各节前缘上簇生黄褐色短毛。4月上旬越冬幼虫开始危害，取食叶片，7—9月危害严重时，将叶片咬成网状或洞或嗜食叶片，甚至把叶片吃光	毛白杨、银白杨、柳树、榆树、白桦	1. 安装黑光灯诱杀成虫。 2. 幼虫发生期，喷洒1.2%烟参碱乳油1000倍液，或高效Bt乳剂3000倍液，或80%敌百虫乳油1000倍液。喷药应在傍晚时进行。 3. 在树干上喷洒或涂抹20倍液的80%敌敌畏，阻击上下树幼虫。25%西维因粉剂，30cm宽药环	
角斑古毒蛾（赤纹毒蛾、杨白纹蛾）	一年发生2代。幼虫黑色线纹，黄褐色线纹，前胸背部、第八腹节背部各有1对黑色丛生毛，第1～4腹节背部中央各有灰黄色短毛刷一束。4月越冬幼虫开始取食嫩芽，幼叶。6月成虫羽化。4—10月为幼虫危害期，幼虫群集叶片取食成缺刻、网状	杨树、柳树、玉兰、梨树、苹果类、樱花、海棠类、樱桃、杏树、紫叶李、山里红、月季、野蔷薇、玫瑰、白三叶等	1. 幼虫发生时，喷洒50%辛硫磷乳油1500～2000倍液，或20%米满孔油1500～2000倍液，或20%除虫脲悬浮剂8000～10000倍液。 2. 危害严重时，喷20%菊杀乳油2000倍液	
桃潜叶蛾	一年发生4～6代。成虫头扁而小，体银白色。幼虫小而扁，淡绿色。老熟幼虫体长筒形，淡绿色。4月下旬第一代幼虫孵化，潜叶危害，在叶肉内钻蛀串食，造成叶片形成不规则弯曲则破裂，导致早期落叶。危害重叠，世代重叠。危害期至9月	桃树、碧桃、山桃、紫叶李、李树、杏树、山里红、苹果、梨树、樱桃、樱花、桃、菊花、鸡冠花等	1. 落花后，喷洒25%灭幼脲1500～2000倍+助杀1000倍液。每月1次，连续3～4次，全年可控制危害。也可喷洒1.2%烟参碱乳油1000倍液，兼治芽虫。 2. 潜叶危害时，喷洒45%荣锐5000倍液，或硕丹2000倍+助杀1000倍液，可杀死叶内幼虫，兼治卷叶蛾	

续表

月份		4月	
病虫种类	形态及危害症状	危害植物	防治方法
六星黑点豹蠹蛾	一年发生1代。越冬幼虫4月上旬至5月上旬危害。6月上旬至中下旬成虫羽化。体灰白色，翅上有许多蓝黑色斑点。6月下旬幼虫孵化，初孵幼虫黑褐色，后腹紫红色，前胸背板及腹末尾板有黑亮大斑。每节黑毛瘤上有1～2根细毛。幼虫蛀入枝条向枝端蛀食危害，蛀孔排出大量虫粪，被蛀枝条先端枯萎，严重时造成小枝、黄梢大量死亡。10月幼虫蛀入一、二年生枝内越冬。	杨树、柳树、榆树、槭树、栾树、白蜡树、悬铃木、金叶女贞、金银木、玉兰、紫薇、黄杨、紫叶李、紫藤、小檗、丁香，及苹果树、梨树、石榴等种果树等	1. 安装黑光灯诱杀成虫。 2. 6月中下旬至7月中旬，幼虫初孵期喷洒2%灭杀星乳油1000倍液，或1.2%烟参碱乳油1000倍液，成虫灭及10%吡虫啉2000倍液，每7～10d喷一次，杀灭初孵及初蛀幼虫。 3. 及时剪除枯萎虫枝，消灭蛀道内钻蛀幼虫。 4. 对危害较严重植株，用"树虫净"针剂进行钻孔注射，以"果树宝"灌根。胸径6～11cm，注射"树虫净"1支，12～16cm使用2支，18～22cm用3支。
青杨天牛	一年发生1代。成虫黑色，密被金黄色绒毛，4月中下旬羽化，羽化后圆形，成虫取食至幼虫乳白色至浅黄色，头小，黄褐色，5月下旬幼虫开始孵化，孵化后自皮下蛀入危害，在2年生枝条上形成纺锤形虫瘿，被害枝易干枯、风折，或造成树干畸形。10月中旬幼虫虫在虫瘿内越冬	杨树、柳树、椴树、榆树、栎树等	1. 清除受害严重植株，剪除枝条虫瘿，及时烧毁。 2. 成虫羽化时，树干和大枝喷施8%绿色威雷200倍液。 3. 幼虫未钻蛀木质部前，向虫粪孔注入50%敌敌畏乳油50倍液，用泥封堵熏杀。 4. 6～9月释放肿腿蜂进行防治
臭椿沟眶象、沟眶象	一年发生1代，以成虫或以幼虫在树干和土内越冬。臭椿沟眶象主要危害树干及大枝，成虫黑色，鞘翅坚硬，翅基部白色。头部及前胸背板近白色。地下越冬成虫4月中旬及5月中旬出土危害，5～6月幼虫出现，以幼虫在树干越冬的，次年6～8月成虫羽化，以幼虫在树干越冬，幼虫取食嫩根、叶片，产卵孔常有白	臭椿、千头椿、红叶椿	1. 成虫出土前，树基部20cm处缠一圈塑料布，其上涂抹黄油，防止成虫上树取食、产卵。 2. 人工捕杀成虫。 3. 成虫盛发期，树干喷洒8%绿色威雷200～300倍液，每月1次。 4. 成虫羽化期，幼虫孵化期，树干喷洒30%氯胺磷乳油20倍液，用薄膜糊干。 5. 幼虫孵化期，用注射器向树干新排粪孔、流胶孔注

续表

月份	4月			
病虫种类	形态及危害症状	危害植物	防治方法	
臭椿沟眶象、沟眶象	色胶液流出。8月下旬幼虫孵化向皮层向木质部钻蛀危害，4~10月均可见成虫，羽化孔圆形。沟眶象主要危害根际和根部。4~7月、10月可见成虫，成虫胸背、前翅基部密被白色杂有黄色鳞片。幼虫乳白色，圆形。幼虫取食皮层，钻入木质部危害，严重时树干布满蛀孔，树势衰弱甚至死亡	臭椿、千头椿、红叶椿	射50%杀螟松乳油40倍液，或50%辛硫磷乳油40倍液，用泥封堵蛀孔，或用薄膜缠干，熏杀皮层内初孵幼虫，1周后撤除。6.幼虫危害期，用50%辛硫磷乳油1000倍液灌根，或在被害部涂煤油氰菊酯混合液（煤油1份，2.5%溴氰菊酯乳油原液1份），毒杀干皮内幼虫。7.树干流胶孔处，用钢丝刺杀皮层内幼虫	
杨干象	一年发生1代，以卵及初孵幼虫越冬。成虫长椭圆形，全身灰褐色，黑褐色鳞片。喙弯曲。褐色鳞片上散布着白色鳞片，胴部弯曲。幼虫乳白色，头部黄褐色，胴部弯曲。4月中旬活动危害，幼虫环树干钻蛀圆形隧道，并有树液流出，后期羽化圆丝状物。成虫6~7月羽化，取食嫩叶、嫩枝，易风折。在树干上刻一深达形成层的圆形刀蛀直，7月中下旬产卵，产卵孔圆形且可见粉末状物	杨、柳	1.该虫是国家林业局公布的检疫性有害生物，是杨、柳树的毁灭性害虫。须加强检疫并及时清除受害严重的枝干。2.早春幼虫尚未活动前，在树干1.5~2.5m高处，涂抹宽8~10cm的50%辛硫磷乳油原液药环。3.对进入木质部的低龄幼虫，用50%辛硫磷乳油30倍液注入排粪孔，用泥封堵，毒杀幼虫。4.成虫羽化期，树干喷洒8%绿雷300倍液防治	
楸蠹野螟	一年发生2代。成虫灰白色，前翅中部有一长方形黑色大斑。下唇具2条黑褐色波状横线。5月上旬、7月中旬成虫羽化期。第一代幼虫5月中旬，多在顶梢7月下旬羽化。第二代幼虫7月下旬孵化，在5~15cm处钻蛀髓心及木质部危害，蛀孔有粪便和木屑，受害部位呈现瘤状虫瘿，造成枯梢、风折。10月中下旬老熟幼虫越冬	楸树、金丝楸、光叶楸、梓树、金叶梓树等	1.发芽前，剪除虫瘿枝梢，杀灭其内老熟幼虫，是全年防除该虫的关键。2.成虫羽化期，安装黑光灯诱杀成虫。3.每代幼虫孵化期为防治关键时期，可喷洒20%杀灭菊酯乳油5000倍液，或5%吡虫啉乳油500倍液与50%马拉硫磷乳油800倍液混合喷雾，间隔10~15d再喷1次，连喷2次	

| 月份 | 4月 | | |
病虫种类	形态及危害症状	危害植物	防治方法
日本双齿小蠹（双齿长蠹）	一年发生1代，以成虫在枝干蛀道内越冬。成虫体黑褐色，筒形，前胸背板发达似帽状，鞘翅密布刻点，翅后端有2个刺状突起，交尾产卵在枝干韧皮部内。幼虫乳白色，略弯曲。5～6月成虫飞出，蛀食。6月下旬至8月上旬成虫飞出，8月中、下旬进入蛀道危害，10下旬开始越冬。成虫蛀入2～3cm粗新枝，在蛀道内越冬。受害枝干枯易风折	栾树、白蜡树、君迁子、槐树、刺槐、合欢、紫薇、紫荆等	1. 成虫羽化前，及时剪除带虫枝，检拾风折枝并烧毁。 2. 成虫外出活动期，交配期喷施20%杀灭菊酯乳油3000倍液，或0.36%苦参碱1000倍液，或2.5%溴氰菊酯3000～4000倍液防治 3. 被害严重植株用"树虫净"针剂进行钻孔注射
柏肤小蠹	一年发生1代，4月上中旬越冬成虫陆续飞出，钻蛀皮下交尾产卵。4月中旬幼虫孵化，在韧皮部和木质部之间呈放射状蛀食危害。6月上、中旬成虫羽化危害小枝，羽化孔圆形。9月下旬成虫潜入皮下越冬。成虫在枝内补充营养期，钻蛀枝受害枝梢、受害枝条干枯。进入繁殖期的成虫钻蛀树干、大枝，导致大枝枯死，严重时整株死亡。5月前后，9月前后为危害高峰期	桧柏、河南桧、侧柏、龙柏、千头柏等	1. 3月下旬，清除受害严重植株并烧毁。 2. 在蛀穴外围有吸收根的四角，挖15～20cm深穴，施入呋喃丹20～25g/株，埋土后灌水。 3. 在蛀孔流取处，用钢丝钩杀幼虫。 4. 成虫羽化期，树冠喷洒20%菊杀乳油1500倍液，或80%敌敌畏乳油200倍液，或树干喷洒8%绿色威雷200～300倍液，灭杀成虫。 5. 被害严重植株，注射"树虫净"
斑衣蜡蝉	一年发生1代，初孵若虫全黑色，老龄若虫体背淡红色，有数个黑、白色斑点。成虫、若虫常群集于树干或叶背，伤口流出汁液，常诱发煤污病。6月中旬出现成虫，成虫前翅前翅2/3浅红褐或浅褐色，上有多个黑斑，翅下端1/3灰黑色。后翅	臭椿、千头椿、香椿、白蜡、柳树、槐树、榆树、梧桐、合欢、女贞、樱花、紫叶李、杏树、桃树、花椒、海棠类、葡萄、五叶地锦等	1. 刮除树卵块，消灭虫源。 2. 人工捕杀成、若虫。 3. 成虫发生严重时，喷洒1.2%烟参碱乳油1000倍液 4. 若虫初孵期，喷10%吡虫啉可湿性粉剂2000倍液，或5%氯氰菊酯乳油5000倍液

续表

月份	4月		
病虫种类	形态及危害症状	危害植物	防治方法
斑衣蜡蝉	蛹形，基部红色，翅端黑色。翅呈三角形，白色圆形，排列成块状，卵长圆形。8月产卵于阳面枝干上，成虫10月下旬逐渐死亡	臭椿、香椿、槐树、千头椿、白蜡、柳树、榆树、梧桐、合欢、女贞、樱花、紫叶李、杏树、桃树、花椒、海棠类、葡萄、五叶地锦等	1. 刮除树干卵块，消灭虫源。 2. 人工捕杀成、若虫。 3. 成虫发生严重时，喷洒1.2%烟参碱乳油1000倍液防治。 4. 若虫初孵期，喷10%吡虫啉可湿性粉剂2000倍液，或5%氯氰菊酯乳油5000倍液
玫瑰茎蜂	一年发生1代。4月下旬越冬幼虫活动危害，4月下旬至5月上旬成虫羽化。5月上旬初孵幼虫从嫩梢蛀空，木髓填满虫道。受害枝梢萎蔫，变黑，枯死，以5月危害严重。6月上旬开始化蛹越冬	月季、玫瑰、蔷薇、木香等野	1. 自蛀孔以下，剪除萎蔫虫枝并烧毁，消灭蛀孔幼虫。 2. 幼虫孵化期，蛀入初期，喷施1.2%烟参碱乳油1000倍液，或10%吡虫啉可湿性粉剂2000倍液，或0.3%印楝素乳油500~600倍液防治
同型巴蜗牛	一年发生1代。螺壳呈扁球形，黄褐色，头部、体浅灰黑，触角2对，体小。成虫形似成虫，4月上旬和初夏危害，叶片成缺刻或孔洞。成虫4~5月产卵，7~8月为幼虫危害盛期。4~9月均有发生。阴暗、潮湿、栽植过密的丛生地被植物发生较严重	苹果、梨、海棠类、牡丹、芍药、紫薇、紫荆、月季、菊花、美人蕉、大丽花、白三叶、景天、萱草等	1. 人工捕杀成虫和幼虫。 2. 发生期喷洒90%晶体敌百虫乳油1000倍液，或50%辛硫磷乳油1200倍液杀。3.5%密达杀螺颗粒剂500~600g/亩，或8%灭蜗灵颗粒剂，或10%多聚乙醛（蜗牛敌）颗粒剂1~2kg/亩，混入细沙，于晴天傍晚均匀撒施于草坪上，或宿根地被植物根茎处集中捕杀
蛴螬	一年发生1代，以幼虫在土中越冬。蛴螬幼虫体乳白色，圆筒状，常弯曲呈"C"字形，体肥多皱褶。4月下旬开始活动危害，一般在清晨和黄昏啃食草根、根茎，导致植株枯萎死亡，易诱发根腐病。5月，8~9月为活动高峰期，以春季、夏末秋初危害最重	禾草、三叶草、牡丹、菊花、马蔺等	1. 使用经过充分腐熟的有机肥。 2. 发生面积较大时，用90%晶体敌百虫10倍液，与炒麦麸、谷壳、豆饼各50g，混合掺拌制成毒饵，傍晚撒在草根周围进行诱杀。 3. 严重时，用50%辛硫磷乳油800倍液，或90%晶体敌百虫500倍液灌根，深达根部，毒杀幼虫。同隔10~15d1次，连续3次。 4. 成虫期，用黑光灯诱杀成虫

续表

月份	4月		
病虫种类	形态及危害症状	危害植物	防治方法
小地老虎（地蚕）	小地老虎一年发生3代。幼虫暗褐色，表面较粗糙，各节外侧有小黑粒点。各代分别发生在4月下旬到6月、8月、9～10月，夜间活动，主要危害根、茎，造成植株大量死亡，以第一代幼虫危害严重	草坪草、蜀葵、菊花、百日草等多种草本植物	1. 黑光灯诱杀成虫。 2. 2～3龄幼虫期是药剂防治最佳时期，以90%敌百虫1000倍液喷洒，也可灌根，或以50%辛硫磷800～1000倍液灌根防治。 3. 毒饵诱杀，将90%敌百虫800倍液，加入少量糖醋和切碎的新鲜草叶，混合均匀，于傍晚撒施，毒杀取食幼虫
华北蝼蛄（拉拉蛄）	三年发生1代。以成虫或若虫在地下越冬，4～5月、9～10月初为猖獗危害期。成虫体土黄色，7月若虫孵化，黄褐色，形似成虫。在地表申行，边吃边前移动，进出数条虚土隧道，切断根茎造成草坪缺苗断垄，严重时成片死亡	草坪草	1. 黑光灯诱杀成虫。 2. 受害严重时，用50%辛硫磷乳油800倍液灌洞或灌根，杀灭害虫。 3. 5%辛硫磷1kg/亩，撒施后灌水，湿润至根部。 4. 在新拱起土末端用大量水泼灌，将跑出害虫杀死。 5. 毒饵诱杀，将新鲜草屑、谷物、马粪与90%晶体敌百虫10倍液混合，堆放在浅沟中或撒于苗床、草坪，可兼治蟋蟀、地老虎
杜仲角斑病	土壤透气性差，积水及树势衰弱易发病。4月下旬至5月上旬开始发病，初期叶片中部出现不规则的暗褐色病斑，叶片背面处色稍浅，后期病斑上长出灰黑色霉状物，病叶变黑，干枯脱落。7～8月发病严重	杜仲	1. 及时扫除病落叶，集中烧毁。 2. 发病初期，喷洒70%甲基托布津可湿性粉剂1000倍液，或70%代森锰锌可湿性粉剂800～1000倍液，或100倍石灰等量式波尔多液喷防治
紫荆角斑病	多从下部叶片开始侵染，逐渐向上蔓延扩展。发病初期，叶片出现褐色小点，后逐渐扩展至黑褐色多角形斑，严重时病斑密布，病叶枯黄提前落叶。4～10月均可发病，6～8月间发病较重	紫荆、紫藤等	1. 清除病枝、枯叶，减少侵染源。 2. 发病初期喷施70%代森锰可湿性粉剂800～1000倍液，或50%多菌灵可湿性粉剂800～1000倍液，或70%甲基托布津可湿性粉剂1000倍液，几种药剂交替使用，10d喷一次，连续3～4次

续表

月份		4 月		
病虫种类	形态及危害症状	危害植物	防治方法	
红瑞木干腐病（黑杆病）	是一种土传病害，生长期均可发病，在盐碱、黏重土壤，栽培过湿条件下发病严重。土壤过湿多从剪口、伤口发病，在枝干下部出现云片状黑色斑块，流出黄色黏液。病斑扩展，病部变为黑色、腐烂，枝条甚至整株枯死	红瑞木	1. 发病初期，喷洒45%特克多悬浮剂1000～2000倍液，或果腐康100倍液。 2. 严重时，剪去发病部分，剪口涂抹杀菌剂保护，枝剪需进行消毒。 3. 发病时，土壤浇灌70%代森锰可湿性粉剂500倍液。 4. 在黏重土壤中栽植后，喷洒70%代森锌可湿性粉剂500倍液，或其他杀菌剂预防该病发生	
雪松灰霉病	主要危害当年生嫩梢和二年生小枝，一般不危害主干。嫩梢基部回缩处呈水渍状腐烂，后表皮干裂，湿度大时病部长出灰色霉状物，萎蔫、枯死。小枝以上侧枝、二年生交界处形成病斑。在枝梢和小枝上病斑变为深褐色，有少量树脂溢出，小枝枯死。4月上中旬开始发病，6月上中旬停止危害，秋季多雨也会发生。土壤透气性差，栽植过深、土壤过湿，易发病	雪松	1. 大雨后注意及时排水。 2. 及时剪除枯死枝梢并销毁，剪口涂抹杀菌剂保护。 3. 发病时喷洒65%代森锌可湿性粉剂500倍液，或45%代森水剂1000倍液，或50%未木特可湿性粉剂1000倍液，或70%甲基托布津可湿性粉剂1500倍液喷防治	
雪松枯梢病	危害嫩梢和茎，4月春梢染病后新生叶尖开始发黄，后整个簇生针叶收拢下垂，二年生针叶由叶尖向基部成段枯死，5月下旬发新病斑流出松脂，出现黄褐色干枯。在分枝处病斑流出松脂，当病斑环绕枝干一圈时，枝条腐烂，针叶枯死。茎基有腐烂处病变黄，严重时整株枯死。该病4—9月均可发生	雪松	1. 土壤黏重地区新栽植的较大规格苗木、球和栽植六次喷洒杀菌剂，栽植前给土球和栽植穴每10d喷洒一次杀菌剂，连续2～3次，可有效减少该病发生。 2. 剪去枯梢，喷洒50%甲基托布津可湿性粉剂600倍液，或70%代森锌可湿性粉剂700倍液，间隔10～15d再喷一次，药剂交替使用。 3. 根茎处有腐烂现象时，用刀划破皮层圈住病斑，涂抹50%多菌灵可湿性粉剂500倍液，连续3～4次，病斑处用涂膜剂保护	

月份		4 月		
病虫种类	形态及危害症状	危害植物	防治方法	
雪松梢枯病	多发生于成年树的树梢，主侧枝梢。在春梢和秋梢生长期为侵染高峰。侵染后针叶失绿，当病斑环绕枝梢一周时，小枝枯死。针叶变成赤褐色，并迅速脱落，侵染点附近的针叶上可见黑色粒状物	雪松	春、秋季节，新梢开始萌动至抽生一半时，树冠喷洒70%甲基托布津可湿性粉剂800倍液，或75%百菌清可湿性粉剂600倍液，或100倍石灰等量式波尔多液预防该病发生。10d喷洒1次，连续2～3次	
雪松根腐病	多为新生根感病，病斑由浅褐色变为深褐色至黑褐色，皮层组织水渍状腐烂。病株生长缓不萌发新梢，严重时导致干腐，树干无伤口，剪口，但多处溢出树脂，枝及树干干枯，叶黄脱落，严重时导致整株死亡。4～10月均可发病，6～8月为发病严重。土壤透气性差，栽植过深，土壤过湿易发病	雪松	1. 新植苗宜浅栽5cm，黏重土壤需掺山皮沙或草炭土，增加土壤透气性。2. 大雨后，开穴放水，防止穴内积水。3. 该病发生后，用根腐清250倍液，或25%敌克松可湿性粉剂500倍液，或25%瑞毒霉可湿性粉剂1000倍液，或90%乙磷铝可湿性粉剂1000倍与70%敌克松500倍液按2:1混合后灌根。6～8月每月灌根1次	
草坪白粉病	越冬菌丝体产生分生孢子，借气流传播，初夏宜发病。4～9月均可发病。草叶初现小病斑，病斑扩大并出现白色絮状物，絮状物由白变为灰白，灰褐色，后期出现霉层，严重时，叶两面覆盖灰白色粉状物，被害植株迅速扩展成片，导致茎叶枯黄，死亡	草坪草	1. 病害发生时，厚刈病区草坪，剪草后应及时对剪草机刀片进行消毒，防止病害蔓延。2. 剪草后，草坪应及时喷洒杀菌剂，可有效降低发病率。3. 发病初期，喷施15%粉锈宁可湿性粉剂1500倍液，或70%甲基托布津可湿性粉剂1000倍液，以上药剂交替使用。7～10d喷洒1次，连续2～3次	
防治参考		防治内容		
3 月	棉蚜、槐蚜、桃蚜、山楂叶螨、麦岩螨、卫矛失尖盾蚧、草履蚧、朝鲜球坚蚧、沙里院褐蚧、黄杨绢野螟、双条杉天牛、桑天牛、流胶病、杨柳腐烂病、海棠腐烂病、杨树溃疡病、苹果锈病			

续表

月份		5 月	
病虫种类	形态及危害症状	危害植物	防治方法
白星花金龟	一年发生 1 代。5 月中旬出现成虫，6—8 月上旬大量发生。成虫体背黑紫铜色，鞘翅上有多个白色斑纹，常数头群集，取食幼芽、嫩叶、花器、树皮。喜食多种果实和伤流汁液，7 月转至果实危害，造成落花、落果。成虫在树干上将皮层咬成近圆形的产卵槽	杨树、柳树、榆树、白蜡、臭椿、槐树、元宝枫、女贞、樱花、碧桃、苹果树、梨树、李树、葡萄、月季、菊花、美人蕉、蜀葵、万寿菊等	1. 黑光灯诱杀成虫，人工捕杀成虫。2. 成虫发生期，喷洒 90% 晶体敌百虫 1000 倍液，或 50% 马拉硫磷乳油 1000 倍液，或 1.2% 烟参碱乳油 1000 倍液防治。3. 产卵期用小锤敲击刻槽，杀灭虫卵
松六齿小蠹	一年发生 1 代。成虫短圆柱形，赤褐至黑褐色，有光泽，翅盘两侧各有 3 齿，第 3 齿最大。5—8 月越冬成虫从边材或蛀道内飞出，侵入皮层交配产卵，以 6 月上旬、7 月中旬为入侵高峰，数条蛀道内布满红褐色木屑。幼虫乳白色，头部黄褐色。5—8 月可见各种虫态。9 月成虫在蛀道内越冬	油松、红松、黑松、云杉、冷杉、樟子松、华山松等	1. 及时清理枯死株，蛀食严重植株，集中烧毁。2. 4 月底、5 月初树干涂白，防止成虫产卵。3. 6 月上旬至 7 月中旬成虫活动盛期，树干喷洒 80% 敌敌畏乳油 1000 倍液。4. 被害严重植株用"树虫净"针剂进行钻孔注射
月季白轮盾蚧	一年发生 2 代。有壳点 2 个，深褐色。雄成虫介壳长形，白色，若虫长椭圆形，扁平，初龄时橙红色，其上分泌白色蜡丝。5—6 月，8—9 月为若虫孵化盛期，若虫固定在枝条上刺吸危害，严重时枝上布满紫色若虫和蜡丝，受害枝条易干枯，死亡	月季、野蔷薇、黄刺玫、玫瑰、白玉兰等	1. 刮除枝干上虫体。2. 若虫孵化期，喷洒 10% 吡虫啉可湿性粉剂 3000 倍液，或 48% 乐斯本乳油 1500 倍液，或 40% 速扑杀乳油（速蚧克）2000 倍液防治

续表

月份	5 月		
病虫种类	形态及危害症状	危害植物	防治方法
槐羽舟蛾（槐天社蛾）	一年发生2～3代。成虫黄褐色，前翅灰黄色，中、下部有两条红褐色齿状波纹。成虫发生期5～6月，7～8月。5～10月为幼虫危害期，老熟幼虫扁圆形，光滑，腹部绿色，背部粉绿色。蚕食叶片，发生严重时可将叶片吃光	国槐、龙爪槐、蝴蝶槐、刺槐、海棠类、紫藤、紫薇等	1. 利用黑光灯诱杀成虫。 2. 幼虫期喷洒Bt乳剂500倍液，或喷洒20%除虫脲10000倍液，或1.2%烟参碱乳油1000倍液防治
杨扇舟蛾（杨天社蛾）	一年发生3～4代。成虫灰褐色，前翅扇形，翅面有4条灰白色波状纹，翅端有一灰褐色大斑。5月上旬幼虫孵化，老熟幼虫头部黑褐色，腹背两侧有灰褐色宽带，每节有橙红色大瘤，第2、8腹节背面中央有红黑色大瘤。初孵幼虫群聚嫩梢取食，2龄后吐丝将嫩梢及叶片粘连在一起，啃食叶肉成网状，10月结茧化蛹越冬	杨树、柳树	1. 安装黑光灯诱杀成虫。 2. 及时剪去群集危害的有虫枝，摘除虫苞，消灭幼虫。 3. 初孵幼虫喷施1.2%烟参碱乳油1000倍液，或20%除虫脲10000倍液，或烟Bt乳剂800倍液。 4. 大龄时喷10%除尽悬浮剂1500～2000倍液。 5. 发生严重时，喷施5%来福灵乳油4000倍液，防止害虫成灾
国槐小卷蛾（槐叶柄小蛾）	一年发生2代，5月上旬、7月上旬、8月上旬至第9月分别为1、2代幼虫危害期。初孵幼虫自叶柄基部钻入危害，蛀孔内有黑褐色小虫。被害部有黑褐色粪沫，造成枝叶干枯、脱落，严重时嫩梢干枯。10月幼虫在枝条、树皮缝、荚果种子里越冬	国槐、金枝槐、龙爪槐、蝴蝶槐等	1. 冬季或春季发芽前，剪除荚果，幼虫危害期及时剪去虫枝，杀灭幼虫。 2. 成虫羽化期，悬挂诱捕器，7月上旬和8月中旬，更换诱芯。 3. 幼虫孵化期喷洒20%杀灭菊酯乳油2000～3000倍液，10d1次，连喷2次。 4. 喷施70%艾美乐水分散粒剂6000倍液，兼治蚜虫、螨类

月份	5月		
病虫种类	形态及危害症状	危害植物	防治方法
绿尾大蚕蛾	一年发生2代。成虫翅粉绿色，前翅前缘紫褐色，翅中央有一眼状斑纹，后翅尾状突起。幼虫2龄前黑褐色，3龄橘黄色，4龄嫩绿色，老龄黄绿色，体节有瘤状突起，变近上长有褐色毛。第1代成虫于5月下旬，7月中旬孵化危害，9月中下旬化蛹越冬，稍大后取食仅残留叶柄	杨树、柳树、槐树、樱花、紫薇、苹果、核桃等多种果树	1. 人工捕捉成虫，大龄幼虫。2. 在3龄前抓紧喷施50%杀螟松乳油800倍液，或90%晶体敌百虫1000倍液，或80%敌敌畏乳油1000倍液，或2.5%溴氰菊酯乳油3000液喷防治
银杏大蚕蛾（核桃楸大蚕蛾、白毛虫）	一年发生1代。成虫前翅暗褐色，中部暗褐色，横线间为银灰色，一新月形透明斑，外侧具紫红、暗褐色轮纹，翅顶角有一半月形黑色斑。后绿色，翌年5月上旬孵化危害，3龄前数条排列于叶背取食，3龄后分散取食。6月中旬至7月上旬缀叶结茧化蛹，8月中旬成虫羽化产卵，幼虫孵化取食危害	银杏、核桃、枫杨、柳树、榆树、柏木、蒙古栎、盐肤木、樱桃、杏梅、李、朴树、苹果树、梨树、紫薇等	1. 幼虫孵化前，树干涂白。2. 初孵幼虫，喷洒20%菊杀乳油1500倍液，或50%敌敌畏乳油1500～2000倍液，或25%杀虫双500倍液，或10%氯氰菊酯乳油3000倍液，7d后再喷一次。3. 人工摘茧，捕杀幼虫。4. 8月中下旬成虫羽化期，利用灯光诱杀
大袋蛾（大蓑蛾）	一年发生1代。老熟幼虫体粗，棕褐色，前胸黄褐色斑纹，以老熟幼虫在袋囊里越冬，以袋的碎叶片及散丝越冬。5月下旬至6月上旬化蛹，6月上旬至7月上旬幼虫孵化。幼虫吐丝缀叶营造护囊，幼虫藏在护囊内倒悬在枝条上，背负护囊在枝条上移动取食。取食时头及胸部伸出，取食叶片成孔洞与缺刻，严重时将树叶吃光。10月老熟幼虫吐丝囊囊固定在枝上封闭囊口越冬	雪松、法桐、泡桐、核桃、元宝枫、苹果海棠类、石榴、梨树、桃树、樱花、玉兰、紫薇、葡萄、紫藤、紫叶李、紫荆、金银花、牡丹等	1. 在成虫羽化前，幼虫期随时摘除虫囊，并杀死幼虫。2. 幼虫发生时，于傍晚幼虫取食活动时，喷施50%杀螟松乳油800倍液毒杀，或90%晶体敌百虫1000倍液，或1.2%烟参碱乳油1000倍液，或25%灭幼脲悬浮剂1500～2000倍液，或10%吡虫啉可湿性粉剂2000倍液

续表

| 月份 | 5月 | | |
病虫种类	形态及危害症状	危害植物	防治方法
石榴巾夜蛾	一年发生2代。成虫体褐色或灰褐色，翅中部有1条渐窄的灰白色宽带，翅端有1深褐色斑，4月下旬石榴展叶时成虫羽化。5～10月为幼虫危害期。幼虫灰褐色，与梨树皮颜色近似，不易被发现，头顶部有2块黄白斑。第一腹节背部有黑斑一对，幼虫爬行时常弯曲成弓形。取食叶片成刻缺状或全部吃光。	石榴、梨树、月季、玫瑰、野蔷薇、紫荆、紫薇等	1. 成虫羽化期，黑光灯诱杀成虫。2. 幼虫发生期，喷洒1.2%烟参碱乳油1000倍液，或90%敌百虫1000倍液，或2.5%溴氰菊酯乳油2000～2500倍液，或50%杀螟松乳油1000倍液防治
丝棉木金星尺蛾	一年发生3代。成虫翅白色，黄褐色斑纹和一对近圆形斑。5月下旬幼虫孵化，老熟幼虫黑色，前胸背板黄色，上有黑斑5个。腹部有4条青白色纵线，气门线与腹线黄色。幼虫取食叶片，吐丝坠地转移，严重时将叶食光。各代幼虫危害期分别在5月下旬至6月中旬、7月中旬至8月上旬、8月中旬至10月	丝棉木、杨树、柳树、槐树、榆树、栾树、女贞、大叶黄杨、胶东卫矛等	1. 低龄幼虫期，喷洒20%除虫脲10000倍液，或西维因可湿性粉剂500倍液，或Bt乳剂800倍液，或4.5%高效氯氰菊酯1500～2000倍液防治。2.3龄后喷施Bt乳剂500～800倍液，或80%敌敌畏乳油1500～2000倍液
小线角木蠹蛾（小褐木蠹蛾）	二年发生1代。以幼虫在木质部内越冬。成虫灰褐色，5月下旬至7月陆续羽化。幼虫7月上旬孵化，初孵幼虫粉红色，老熟时淡红色，前胸背板有一深色"B"形斑。幼虫群集在形成层取食，后深入木质部危害，严重时树干、大枝折断，蛀孔外形成球形虫类。5～10月为幼虫危害期。	银杏、白蜡、白桦、悬铃木、槐树、榆树、柳树、栾树、构树、元宝枫、山里红、苹果树、海棠、樱花、榆叶梅、紫薇、丁香等	1. 伐除受害严重植株。2. 5月下旬至6月上旬，悬挂性诱器诱杀雄成虫。3. 初孵幼虫尚未钻入木质部前，人工挖出皮层下幼虫。4. 5～9月，由排粪孔注射完膏夜蛾线虫水基液2万条/mL防治，或80%敌敌畏乳油50倍液，或5%吡虫啉乳油100倍液，用泥封堵，毒杀幼虫

续表

| 月份 | 5月 | | |
病虫种类	形态及危害症状	危害植物	防治方法
盗毒蛾	一年发生2代。4月下旬越冬幼虫活动危害，5～6月，7月，8～9月，分别为越冬幼虫、1代、2代幼虫危害期。幼虫头黑色，体橘红色，前胸两侧有红色簇毛1对，背线黄色，每节有1个红色斑点，体外侧每节各有黑色瘤，橘红色瘤各1个。幼虫群集叶背危害	柳树、榆树、枣树、构树、刺槐、悬铃木、核桃、紫叶李、海棠、樱花、碧桃、石榴等	1. 黑光灯诱杀成虫。2. 幼虫发生初期，喷洒25%灭幼脲3号1500倍液，或20%除虫脲6000～8000倍液，或高效Bt乳剂3000倍液。3. 3龄以上幼虫期，喷洒1.2%烟参碱乳油1000倍液，或90%敌百虫1000倍液
淡剑夜蛾	一年发生4～5代。老熟幼虫圆筒形，灰绿色，体背各节共有8对黑斑。各代幼虫分别为5月中旬、6月下旬、7月下旬、8月中旬、9月发生危害。危害叶片和嫩茎，常和黏虫混合发生	以草坪、白三叶及其他禾本科植物为主	1. 灯光诱杀成虫。2. 3龄前，喷洒25%灭幼脲3号2000倍液，或0.36%百草1号1000倍液防治。3. 虫龄较大时，喷洒1.2%烟参碱乳油1000倍液，或20%米满悬浮剂2000倍液，或高温时喷Bt乳剂500倍液
青桐木虱	一年发生2代。1、2代若虫分别于5月上旬、7月中旬开始孵化危害。幼虫长为方形，绿至黄绿色，绿至淡黄绿色，叶背和花序，分泌白色蜡丝状物，严重时污染地面，叶片干枯	梧桐	1. 若虫危害时，可用高压喷枪喷射清水冲洗絮状物和虫体。2. 若虫期，可喷洒10%吡虫啉可湿性粉剂2000倍液，或1.2%烟参碱1000倍液，或20%杀虫净乳油1000倍液
黏虫	一年发生2～3代。成虫黄褐色，前翅有1个圆形黄斑，始见于5月末至6月上旬，有趋光性，白天潜伏，夜晚活动。6月中旬1代幼虫孵化。7月危害严重。幼虫体绿、黑、褐色，体背有红、黄或白色纵纹。幼虫嗜食叶片成半透明小斑点，蚕刻状，4～6龄达暴食期，可将叶片吃光	喜食黑麦草、结缕草、早熟禾、高羊茅等、草坪草及其他禾本科植物	1. 诱杀成虫，将带中的稻草、杨树枝或麦秆扎成草把，用竹竿将其插在草坪上。1～2个/m²，诱其在草把上产卵。每隔4～5d将草把收回烧毁。2. 3龄前，及时喷洒Bt乳剂600倍液或50%辛硫磷乳油800倍液，或20%除虫脲10000倍液。3. 虫口密度大时，喷洒20%除虫脲10000倍液，或80%敌敌畏乳油1000倍液，或1.2%烟参碱乳油1000倍液

续表

月份 病虫种类	形态及危害症状	5 月 危害植物	防治方法
梨小食心虫（梨小）	一年发生3～4代，4月中下旬出现成虫，成虫灰褐色。5月、6月下旬，分别为各代幼虫危害期。5月、8月中旬至9月上旬，分别为第1、2代钻蛀嫩梢危害，导致枝梢萎蔫干枯。7月以后，3、4代钻蛀果实危害，蛀孔流出白色虫粪，果面变红，果实提前脱落	樱桃、樱花、木瓜、海棠类、柿树、苹果碧桃、桃树、苹果梨树、李树、杏树、枣树、山里红等	1. 剪除萎蔫枝梢，消灭钻蛀幼虫。 2. 摘、拾树上及落地虫果，集中深埋。 3. 成虫期，按5份糖、20份醋、80份水，配制成糖醋液挂在树上，诱杀成虫。 4. 7月上旬至7月中旬、8月中旬和8月下旬，是以药物防治的关键时期，抓紧喷施48%乐斯本1500倍液，或高效氯氰菊酯2000倍液，或48%乐斯本1200倍液，或25%灭幼脲1200倍液。每10日1次，连续2～3次
柿蒂虫（柿食心虫）	一年发生2代。5月上旬至下旬幼虫为成虫羽化期，幼虫头部黄褐色，胸背浅紫色，前胸背板、臀板均暗褐色。6月上旬至7月上旬，第1代幼虫多自果梗钻蛀幼果，形成"黑柿"，粪便排于蛀孔外，果实干枯。7月下旬至8月下旬，第2代幼虫孵化危害果实采摘。在柿蒂下危害果肉，变红、变软，脱落	柿树	1. 在第1代幼虫危害期，摘除树上的小"黑柿"，第2代幼虫危害期，摘除虫"烘柿"，摘除虫柿时必须连同柿蒂一起摘下，同时拾捡落地虫果，杀死蛀食幼虫。 2. 成虫羽化盛期，喷洒90%敌百虫1000倍液，或25%灭扫利2500倍液，或25%灭幼脲3号2000倍液防治。 3. 8月下旬，树干绑草绳诱杀脱果下树越冬幼虫，冬季将草绳解下烧毁。
桃小食心虫（桃小）	一年发生1～2代。5月下旬幼虫出土从越冬茧中钻出，6月中下旬进入出土盛期。幼虫桃红色，蛀入弯曲果内，蛀孔在表皮下向果心食入，初时果皮处有水珠状半透明果胶滴，蛀孔周围果皮略回陷，果内蛀道中充满红褐色虫粪，孔外有虫粪堆积。7月上旬至9月中旬第一代成虫羽化，8月上旬第二代幼虫蛀入果内，8月下旬幼虫脱果至10月	桃树、杏树、苹果树、石榴树、梨树、山里红、山楂等、枣果	1. 及时摘除虫果，捡拾落果并销毁。 2. 利用桃小性诱剂，诱杀成虫。 3. 5月下旬、6月上旬各喷1次25%桃小一次净1200倍液，6月中下旬，喷洒2.5%溴氰菊酯乳油2000～3000倍液，或48%乐斯本1200倍液，7～9d后再喷一次，消灭卵和初孵幼虫。 4. 利用桃小食心虫性引诱剂或糖醋液等诱杀成虫。 5. 盛害高峰期，枣树喷4.5%高效氯氰菊酯3000倍液，或40%乙酰甲胺磷1000倍液，或桃小灵2000倍液防治

续表

月份	病虫种类	形态及危害症状	危害植物	防治方法
5月	桃蛀螟	一年发生2代。5月下旬至6月上旬出现越冬成虫,成虫体黄色,翅上散布黑斑。6月中旬为幼虫孵化高峰期,幼虫体紫红色。蛀孔处堆有虫粪,流出的果汁排泄物黏在一起。7月下旬至8月上旬出现第一代成虫,8月主要危害银杏、苹果、板栗	桃树、杏树、李树、山里红、梨树、木瓜、石榴、银杏、板栗、向日葵等	1. 及时摘除虫果,深埋或烧毁。 2. 5月下旬及6月上旬,各喷洒1次48%锐煞1500倍液,或25%桃小一次净1200倍液,或48%乐斯本1200倍液防治,基本可控制危害。 3. 在成虫产卵前至第一代幼虫蛀果时,果面喷洒代森锰锌800倍液和25%灭幼脲3号2000倍液混合液,也可用50%杀螟松、50%辛硫磷1000倍液,做成药泥或药棉球堵塞石榴萼筒
	棉大卷叶螟	一年发生3代。成虫褐色,翅面有深褐色波浪纹,圆筒形。3代幼虫分别在6月上中旬至7月上旬、7月下旬、8月至9月上旬孵化危害,8~9月危害叶严重。初孵幼虫群集叶背取食叶肉,不卷叶,3龄后分散危害,卷叶或成筒状,取食叶片仅调叶脉	楸树、梧桐、法桐、女贞、杨树、大叶黄杨、榆树、海棠、蜀葵、木槿、秋葵、曼陀罗、绣球类等	1. 幼虫卷叶结苞时,摘除苞状叶片,消灭苞中幼虫。 2. 幼虫危害期,喷洒2.5%溴氰菊酯乳油1500倍液,或20%菊杀乳油2000倍液,或1.2%烟参碱1000倍液,或40%乐斯本1500倍液。 3. 幼虫卷叶后,应喷洒内吸性药剂,如5%吡虫啉500倍液等防治
	金毛虫	老熟幼虫头冠褐黄色,腹背有3条黄色纵纹,中间1条最宽,两侧每腹节各有1个突起的黑色瘤,侧瘤橘红色,向前凸起。长有稀疏毛丛。5月中旬成虫羽化,产卵于叶片上。5月下旬初孵幼虫集中取食嫩叶,成小缺刻状,3龄后分散取食叶片,花等。老熟幼虫10月下树,在草丛中化蛹越冬	杏树、紫薇、枸杞、金银花、丁香、荷花等	1. 人工捕捉大龄幼虫灭杀。 2. 幼虫发生时,喷洒90%晶体敌百虫1500倍液,或20%速灭杀丁乳油1500倍液,或20%灭扫利乳油1500倍液防治

续表

月份			5月	
病虫种类	形态及危害症状	危害植物	防治方法	
白蜡窄吉丁虫	一年发生1代。5月上旬至6月中旬，羽化孔扁圆形，越冬老熟幼虫蓝绿色羽化。成虫蓝绿色，具金属光泽。取食嫩枝、叶，1周后在树干上产卵。幼虫乳白色，头小、褐色，前胸较大、中，后胸较窄，体分节明显。6月下旬幼虫蛀形成层危害，危害严重时，整株死亡。9月老熟幼虫在蛀道内越冬	白蜡、枫杨等	1. 拔除受害严重的植株，及时烧毁。 2. 成虫羽化期是药剂防治的最佳时期，发现少量成虫羽化时，树干阴面及根际喷洒10%吡虫啉可湿性粉剂1000倍液，每7d喷洒1次，封杀出孔成虫。 3. 嫩枝、叶、片喷洒1.2%烟参碱乳油1000倍液，每7d喷洒1次，连续10d1次；或敌敌畏合剂1000倍液，每7d喷洒1次，连续2~3次。消灭补充营养的成虫。 4. 卵孵化期虫害发生严重的地区，树干喷淋或喷洒"秀剑"60倍液+"依它"70倍液，用薄膜囊严，7d后拆除封膜。 5. 老熟幼虫和蛹期释放管氏肿腿蜂。	
六星吉丁虫	一年发生1代。成虫紫褐色，两翅有6个近圆形浅凹小圆坑，5月下旬至7月成虫陆续羽化，羽化孔扁圆形。幼虫黄白色，6月下旬至7月上旬，初孵幼虫钻入韧皮部蛀食成不规则虫道，树干处无排粪孔，秋末幼虫越冬	悬铃木类、杨树、柳树、栎树、梨树、枣树、柿树、元宝枫、核桃、枫杨、海棠类等	1. 成虫羽化期，向树干喷洒8%绿色威雷200~300倍液，或1.2%烟参碱乳油1000倍液，每半月1次。 2. 幼虫孵化期，喷洒10%吡虫啉2000倍液	
光肩星天牛	一年发生1代。成虫体黑色，鞘翅上有数个大小不等的白色斑纹，排列不整齐的白色斑纹，被害叶片呈弧形残缺，嫩枝树皮残损。7月中旬至8月下旬为产卵期，7月上旬幼虫孵化，幼虫老熟时体白质色。啃食皮层和形成层，后蛀入木质部，蛀道弯曲无序，产卵孔有褐色粪便及木屑排出	杨树、柳树、榆树、刺槐、毛泡桐、合欢、栾树、枫、元宝枫、苹果树、海棠类、樱花、紫薇等	1. 成虫羽化期，人工捕捉成虫。 2. 5月下旬向树干喷洒8%300倍液的绿色威雷，防治成虫上树产卵。 3. 用排粪孔内注入50%辛硫磷乳油30倍液或50%敌敌畏乳油20倍液，加入3份水搅匀，将棉球放入药液中浸透，塞进孔内，用湿泥封严，熏杀蛀干幼虫。 4. 集中发生地，释放管氏肿腿蜂，或悬挂花绒坚天牛卵卡利释放成虫，取食消灭天牛幼虫。 5. 用2.5%溴氰菊酯与凡士林，按1:5比例混合，在树干1.5~2m处涂抹药环，毒杀成虫	

续表

月份		5 月	
病虫种类	形态及危害症状	危害植物	防治方法
桃红颈天牛	二年发生1代，以低龄幼虫和老龄幼虫在蛀道内越冬。老熟幼虫乳白色，长条形，前胸宽；成虫5月开始蛀食，形成不规则蛀道，由排粪孔排出大量红褐色虫粪和木屑。受害株易流胶，枝干枯萎死亡。成虫体黑色发亮，前胸红色或黑色，6~8月羽化，交尾产卵，卵期8~10d	苹果树、梨树、桃树、碧桃、山桃、杏树、樱花、樱桃、紫叶李、海棠类、梅花、榆叶梅等	1. 拔除危害严重的有虫株，及时烧毁。 2. 发生严重时，向树干内注射护树宝，杀死蛀道内幼虫。 3. 幼虫危害期，用钢丝从排粪孔钩杀幼虫。 4. 自排粪孔注入50%敌敌畏乳油200倍液，或50%杀螟松乳油200倍液，洞口用泥抹杀。 5. 成虫羽化前，树干涂白，防止产卵。 6. 成虫羽化期，释放管氏肿腿蜂，人工捕捉成虫或向树干喷施8%绿色威雷胶囊200~300倍液
云斑天牛（白条天牛）	二年发生1代。成虫黑色至黑褐色，密被灰褐色绒毛，翅上有白色或浅黄色斑纹。成虫5~6月羽化，取食嫩枝和叶片，在树干刻呈椭圆形产卵槽。老熟幼虫淡黄色，体多变，头深褐色，浅褐色。幼虫前胸背板较成方形。幼虫蛀食皮层，受害处变黑流出树液，黑粪排出，10月开始越冬	泡桐、悬铃木、枫杨、柳树、榆树、桑树、白蜡、核桃、女贞、苹果树、桃树、梨果树等	1. 产卵前，树干涂白防止产卵。 2. 成虫羽化期，人工捕捉成虫，向树干喷洒8%绿色威雷200~300倍液。 3. 由排粪孔处注射敌敌畏或1.2%烟参碱乳油50~100倍液，封泥毒杀幼虫。 4. 幼虫孵化期，喷洒10%吡虫啉2000倍液防治
白蜡哈氏茎蜂	一年发生1代。成虫体黑色，翅膜质、翅脉黄、翅透明、翅膀柱形、浅黄色基部蛀入。成虫4月中下旬羽化，5月中旬孵化幼虫由叶柄基部蛀入，在新生枝条内复叶危害。被害枝条上有1片或几片复叶干枯、枝条被蛀空，排泄物留在蛀道内，幼虫在蛀道内越冬	白蜡	1. 及时剪除羽化孔以下被害枝条，并杀死钻蛀幼虫。 2. 幼虫孵化期及初蛀入期，喷洒10%吡虫啉可湿性粉剂2000倍液防治

月份	病虫种类	形态及危害症状	5月 危害植物	防治方法
	白粉病	是一种真菌性病害。主要危害枝条、嫩梢、花蕾、叶片。病部覆盖一层白色粉状霉层，后变为灰色，嫩梢被害后变得扭曲畸形，一般5~6月降雨量多时发病早，6~9月为发病高峰期。栽植过密，高温、高湿发病严重	槐树、柳树、核桃、杨树、杜梨、梨树、果树、月季、黄蔷薇、野蔷薇、玫瑰、黄刺玫、枸杞、大叶黄杨、紫藤、紫薇、金银花、牡丹、芍药、蜀葵、荷兰菊、金鸡菊、金盏菊、菊、紫苑等	发病初期喷2%农抗120水剂100倍液，或70%甲基托布津1000倍液，或25%粉锈宁1000~1500倍液，或50%多菌灵可湿性粉剂500倍液，或80%代森锌可湿性粉剂800倍液。每10~15d喷1次，连喷3~4次，药剂交替使用
	月季黑斑病	病菌借雨水、灌水或风传播危害，5月下旬开始发病，7~9月为发病盛期。发病初期叶片出现褐色近圆形病点，边缘呈放射状，后期病斑扩大为黑褐色近圆形病斑，数日后扩大成黑色大型病斑，后期病斑中部灰白色，其上着生黑色小粒点，叶片变黄，易脱落	月季、野蔷薇、玫瑰、黄刺玫等	1. 及时摘除病叶并烧毁。 2. 发病初期，喷洒70%甲基托布津1000倍液，或80%代森锌可湿性粉剂500倍液，或50%多菌灵可湿性粉剂1000倍液，药剂交替使用，10d后再喷1次，连续3~4次
	牡丹炭疽病	5月开始，叶、茎、叶柄均可发病，7~8月发病较重。叶部病斑初为长圆形、近圆形，数日后扩大成不规则形，病斑红色或稍具轮纹，病斑表面出现粉红色发霉的孢子堆，严重时病叶下垂。病茎扭曲、下折，幼嫩枝条枯死	牡丹、芍药	1. 剪除病叶、病茎，集中烧毁，防止再次侵染。 2. 5~8月，全株喷洒1%石灰等量式波尔多液800倍液，连续5~6次，可预防该病发生和兼治灰霉病。 3. 发病初期，喷洒70%炭疽福美可湿性粉剂或65%代森福500倍液，或50%甲基托布津可湿性粉剂600倍液，7~10d喷洒1次，连续6~7次
	牡丹灰霉病	生长期均可发生，以后、花、初期叶、茎发病最为严重，雨季初期叶尖、叶缘出现近圆形褐色病斑，感病的花芽出现褐色变黑，花瓣呈软腐状下垂。遇潮湿天气，病枝茎变黑，病部产生灰褐色霉层，植株枯萎	牡丹、芍药	1. 雨后及时排水。 2. 发病期，喷洒75%百菌清800倍液，或1%石灰等量式波尔多液，或80%代森锌800倍液，或50%退菌特800倍液，或70%甲基托布津1000倍液喷雾防治，连续2~3次。锰锌500倍液，药剂交替防治，10~15d喷洒1次

续表

月份			5月	
病虫种类	形态及危害症状	危害植物	防治方法	
牡丹红斑病（叶霉病）	主要危害叶片、嫩茎等。5月上旬，下部叶片先受侵染，叶片、花瓣上出现紫红色圆形小斑，外缘逐步扩大为紫褐色不规则大斑，潮湿天气叶背出现多具浅褐色绒纹，病斑相连成片，叶焦枯易破裂，严重时焦枯似火烧	牡丹、芍药	1. 及时清除病叶并烧毁。2. 疏去过密枝叶，增加透气性。3. 开花前，喷洒200倍量式波尔多液，或65%代森锌600倍液。4. 发病初期喷洒50%多菌灵可湿性粉剂1000倍液，或65%代森锌500～600倍液，每7～10d喷洒1次，药剂交替使用，连续3～4次	
牡丹褐斑病	5月中下旬，植株下部先发病，叶片、嫩茎出现苍白色圆形小斑点，病斑中部逐渐变为暗褐色，数量不断增多，互连接成不规则大斑，严重时叶片变黑褐色焦枯，易破裂，通风不良、高温高湿、栽植过密，发病严重	牡丹、芍药	1. 及时摘除病叶并烧毁。2. 疏去过密枝叶，增加透气性。3. 喷洒75%百菌清800倍液，或70%代森锰锌800倍液，每10d喷洒1次，连续3～4次。叶两面需喷洒均匀	
葡萄褐斑病	5～6月，发病初期叶面出现黄绿色小斑点，逐渐扩大成圆形，病斑中间背面出现一层暗褐色霉层，病斑中间部分易破裂，待多个病斑连成大斑时，导致叶片提前脱落，多由下部叶片先发病，逐渐向上部蔓延	葡萄	1. 4月中下旬，每10d1次，连续2次，喷洒200倍石灰式波尔多液，预防该病发生。2. 病叶不多时，可摘除病叶并烧毁。3. 发病初期，喷洒50%多菌灵可湿性粉剂1000倍液，或50%退菌特600倍液防治	
疮痂病（黑星病）	整个生长期均可发生危害，主要危害新梢、叶片、果实。叶片出现暗褐绿色斑点，果上出现黑褐斑，严重时果面变黑，后期敌害部位长出黑色霉层，果实畸形，果实膨大时果实早落开裂枯死，该病的主要特征：5～6月是该病重点侵染期，7～8月发病严重	梨树、桃树、杏树、梅花、杏梅等	1. 因叶菌病菌感染后，60d左右才出现症状，故必须在侵染期喷药防治。待发现病果后再喷药已没有防治效果，5～6月喷洒70%品润800～1000倍液，或80%代森锌可湿性粉剂800～1000倍液，或80%必得利MZ-120、80%大盛600～800倍液，可预防该病和炭疽病的发生。2. 上旬梅花喷洒65%代森锌可湿性粉剂600倍液，或65%福美锌可湿性粉剂300～500倍液，每5～7d喷洒1次，连续2～3次。3. 及时摘除病果，深埋或烧毁	

月份			5 月	
病虫种类	形态及危害症状	危害植物	防治方法	
柿角斑病	该病5～6月侵染，危害柿叶及柿蒂。初期叶面出现黄绿色病斑，后病斑呈褐色多角形，其上密生黑色绒级至黑色小粒点。病斑不定，由常尖端向内扩展，产生黑色小粒点。严重时叶片早期脱落。柿树冠下部叶片及树势弱的树种发病严重，土壤透气性差易发病	柿树	1. 清除病枯叶，摘掉挂在树上的有病柿蒂，消灭污染源。 2. 柿树落花后20～30d，喷洒400倍石灰等量式波尔多液，或70%代森锰锌500～600倍液，或64%杀毒矾500倍液，每10d喷洒1次，连喷2次	
桃细菌性穿孔病	该病展叶期叶片开始侵染，5月下旬发病，7～8月发病严重。危害叶片和果实。叶片开始出现紫褐色圆点，后渐扩大成圆形，外缘有淡黄色晕点，病斑逐渐干枯脱落，形成孔洞，上形成暗褐色水渍状小疮痂块。枝梢成枯枝。果实发病后成水渍状病斑，病组织深入果肉变黑腐烂	樱花、榆叶梅、桃树、碧桃、紫叶李、杏树、稠李、美人梅、郁李、紫叶稠李、郁李等	1. 发芽前或落叶后，喷洒100倍石灰等量式波尔多液，或5波美度石硫合剂。 2. 发病初期，喷洒或1.5%立杀菌（菌立灭）800倍液，或40%福星乳油6000～8000倍+细菌霉素800倍液，或硫酸链霉素4000倍液防治。每10d喷洒1次，连续2～3次	
真菌性穿孔病	叶面初生针头状紫色斑点，后渐扩大成圆形褐色斑，病斑外缘不规则，无黄绿色晕圈，病斑干燥性收缩，破裂一般不脱落；苹果果实受干中心变黑	樱花、榆叶梅、桃树、碧桃、紫叶李、稠李、杏树、梅花、美人梅等	1. 发病时，喷洒50%苯来特可湿性粉剂1000～2000倍液，或70%代森锌600～800液，或70%甲基托布津1000倍液，或50%多菌灵可湿性粉剂800倍液。 2. 桃、杏、李树类，喷洒70%品润1000倍液，或1.5%立杀菌（菌立灭）800倍液，10d喷洒1次，连续2～3次	
玉兰叶枯病	受干旱影响造成叶缘干枯，土壤过干潮湿易干枯。叶缘处初为褐绿色黄斑、水渍状，多个病斑连接成片，呈圆面向外扩展，病健边缘黑褐色，后期在潮湿环境下出现黑色粒状物	玉兰、杂交玉兰、山玉兰、二乔玉兰等	1. 加强养护，避免生理性病害发生。 2. 发病初期，喷洒70%甲基托布津可湿性粉剂800～1000倍液，或75%百菌清可湿性粉剂800倍液，以上药剂交替使用，10d喷洒1次，连续2～3次	

续表

月份	5月			
病虫种类	危害植物	形态及危害症状		防治方法
石榴干腐病（烂石榴病）	果石榴、花石榴	主要危害果实、枝干、花器等。花期开始侵入，花瓣受害变为褐色，萼筒周围出现浅褐色圆形病斑，病斑扩大，直到整个果实腐烂。7~8月紧贴叶片下果实易发病，病果少脱落，失水变成褐色僵果。枝干受害处树皮变深褐色干枯，病皮开裂翘起，叶片变黄，病斑绕干一圈后，整株枯死		1. 发芽前，喷洒3~5波度石硫合剂。 2. 及时刮除病斑，用10%双效灵水剂10倍液涂抹伤口。 3. 剪去病枝，摘去紧贴果实上的叶片。随时摘除病花、病果。 4. 5—8月，病株交替喷施200倍石灰等量式波尔多液，或50%多菌灵可湿性粉剂1000倍液。半月1次，连喷4~5次。 5. 果实喷洒杀虫、杀菌剂后套袋
合欢枯萎病	合欢	病原菌由伤口侵入，剪口、伤口等。首先根部发病，皮层菌丝。5月有一两个枝表现病状，枝条叶片萎蔫、变黄脱落，枝条枯死。枝干部出现萎蔫叶块状或条状水渍状坏死斑，后期出现黑色小粒点，病斑扩大枯死回稠，并有腐生菌生出，严重时整株死亡。6—8月为该病高发期，低洼、盐碱、土壤透气性差及新移植苗木发病严重		1. 该病是危害合欢的一种毁灭性病害，应及时剪去病枝，拔除病死株并烧毁。 2. 栽植前，树穴土壤和根部喷洒50倍硫酸铜液，或65%代森锌可湿性粉剂500倍液，或50%多菌灵可湿性粉剂500倍液杀菌消毒。 3. 入夏前，逐一开穴浇灌70%甲基托布津800倍液，或50%代森铵400倍液，或50%多菌灵600倍液。交替用药，每月1次，连续3~4次。 4. 新植苗木，白灰消毒入5%硫磺粉树干涂白
紫荆枯萎病	紫荆	病菌通过土壤、地下害虫、灌水等从根部侵入，蔓延至植株顶端。一般先是个别枝条表现症状，病枝顶端叶片变黄、脱落，病枝条萎蔫，干枯，后期整株萎蔫、枯死。病枝木质部有黄褐色轮纹状坏死斑。6—7月发病严重		1. 及时剪除病枝，挖除病株，集中烧毁。用40%五氯硝基苯粉剂1000倍液，或3%硫酸亚铁进行土壤消毒。 2. 初染病时，用70%土菌消（恶霉灵）300~400倍液，或抗霉菌素120水剂100×10^{-6}药液，或50%福美双可湿性粉剂200倍液，或50%多菌灵可湿性粉剂400倍液灌根。 3. 拔除病死株，给土壤消毒后再行补植

续表

月份	5 月		
病虫种类	形态及危害症状	危害植物	防治方法
大叶黄杨茎腐病	该病为土传菌，是盐碱土、黏重土壤中大叶黄杨的一种毁灭性病害，生长季节均可发病，一、二年生枝受害最重。初期受害茎部失水、失绿，叶片失绿但不脱落，后期枝条皮层收缩，内皮组织腐烂，病菌侵入木质部，导致整株枯死	大叶黄杨	1. 生长季节，每半个月喷洒 1 次 200 倍石灰等量式波尔多液。4 月下旬开始，剪枝后立即喷洒杀菌剂。 2. 大量发生时，喷洒 50% 退菌特可湿性粉 600 倍液，或 200 倍石灰等量式波尔多液，7d 喷洒 1 次，连续 3 ～ 4 次，同时以杀菌剂灌根。 3. 及时拔除病死株，土壤喷施杀菌剂消毒，给补植苗木根部喷洒杀菌剂后再行栽植
日灼病	耐阴植物在高温、干旱、强光条件下，多日阴雨初晴烈日曝晒及不适宜的栽植环境下，树干皮层及叶片质较薄的植物易发病。表现为主干西南向一侧韧皮部与木质部剥离，开裂后向同边萎缩坏死，内侧木质部外露。被灼伤处常诱发溃疡病斑，叶侧末，叶缘变褐色焦焦	马挂木、白桦、三角枫、红枫、娜梅、玉兰、芍药、美人蕉、芭蕉、八仙花、常春藤等	1. 干皮较薄、易受灼伤的树种，特别是作行道树栽植的乔木树种，树干应涂白或草绳行至健康处。对已被轻度灼伤的，可将坏死部分切至健康处，用黄泥掺入 100mg/L 生根药液，涂在灼伤部位，外面用薄膜包裹。 2. 高温季节中面喷洒 0.1% 硫酸铜溶液。 3. 对易被灼伤的植物，干旱高温天气可喷洒保湿剂
草坪锈病	该病主要发生在低温高湿的春、秋季节，5 月开始发病，5 月—9 月为严重发病期。主要危害叶片，发生初期，叶和茎上出现浅黄色斑点，逐渐发展成条形或条形黄褐色斑，茎、叶表皮破裂后，散出黄色、橘黄色粉状物，严重时草叶变黄、枯死	黑麦草、高羊茅、草地早熟禾、结缕草、麦冬等	1. 5 月初，草坪普遍喷一次 0.1 ～ 0.5 波美度石硫合剂。 2. 发病后立即喷药，及时喷施 25% 粉锈宁可湿性粉剂 2000 倍液，或 12.5% 力克菌可湿性粉剂 4000 倍液，或 70% 甲基托布津可湿性粉剂 1000 倍。7 ～ 10d 喷洒 1 次，连喷 2 ～ 3 次，混合或交替使用。 3. 严禁雨后或有露水时剪草，剪草后及时将剪下的草清清除干净，喷 1 遍杀菌剂，修剪病区草坪刀片消毒

续表

月份	病虫种类	形态及危害症状	危害植物	防治方法
5月	菟丝子	是一种寄生植物，茎为线形。中华菟丝子茎细，黄白色至微红色。日本菟丝子茎粗壮，黄白色或带紫红色，叶退化为鳞片状。5月，菟丝子种子开始萌发，茎不断伸长缠绕植物，吸取植物体内养分。其扩展速度快，不好根除，常导致被害植物长势衰弱甚至死亡。8月开花，种子成熟后越冬。5—10月均为危害期	海棠类、月季、丁香、紫叶李、红瑞木，金叶女贞、小菊、白三叶草等	1. 种子萌发时，地面喷洒1.5%扑草净，同隔3～5d喷洒1次，连续3～4次。 2. 开始缠绕植物时，及时彻底拔除。 3. 菟丝子侵染初期及时使用生物农药鲁保1号菌剂，500～800g/亩，加水100kg，洗衣粉50～100g，混合均匀后喷雾5～7d喷施1次，连续2～3次。也可用48%甲草胺乳油250mL/亩，兑水25kg喷杀。喷药前应先损伤菟丝子，施药效果更佳。
防治参考			防治内容	
3月			棉蚜、槐蚜、桃蚜、山楂叶螨、麦岩螨、草履蚧、卫矛尖盾蚧、朝鲜球坚蚧、沙里院褐球蚧、黄杨绢野螟、双条杉天牛、桑天牛、流胶病、海棠腐烂病、杨柳腐烂病、杨树溃疡病、苹果锈病	
4月			青杨天牛、柑肤小蠹、日本双齿小蠹、杨干象、臭椿沟眶象、沟眶象、柏小爪螨、紫薇绒蚧、柿绒粉蚧、桑白盾蚧、绣线菊蚜、月季长管蚜、菊小长管蚜、柿绒蚧、紫薇长斑蚜、橄榄野螟、冠网椿、国槐尺蠖、舞毒蛾、榆毒蛾、桑褐翅尺蠖、梨冠网蛾、梨叶斑蛾、梨星毛虫、美国白蛾、六星黑点豹蠹蛾、盗毒蛾、黄褐天幕毛虫、桃潜叶蛾、角斑古毒蛾、小地老虎、卫矛巢蛾、卫矛矢尖蚧、斑衣蜡蝉、同型巴蜗牛、华北蝼蛄、坪前粉病、雪松枯病、雪松枯枝病、玫瑰茎蜂、杜仲角斑病、紫荆角斑病、草坪白粉病、红瑞木干腐病、雪松灰霉病、雪松根腐病	

续表

月份	6月		
病虫种类	形态及危害症状	危害植物	防治方法
日本龟蜡蚧	一年发生1代。雌成虫扁椭圆形，白色蜡层表面有龟状纹，有白色蜡层，呈星芒状。6月下旬至7月下旬孵化，被害处叶片变黄，枝条干枯死亡。雌成虫9月上旬陆续越冬	枣树、法桐、蜡梅、梅花、蜡桃、玫瑰、月季、石榴、紫薇、紫藤、黄杨类、桂香荆、栾树等、柳	1. 人工刮除越冬虫体。 2. 若虫初孵期，喷洒1.2%烟参碱乳油1000倍液，或200倍液蚧螨灵。 3. 若虫结蜡初期，喷洒100倍液蚧螨灵，或10%吡虫啉可湿性粉剂2000倍液
葡萄天蛾	一年发生2代。成虫黄褐色至棕褐色，翅黄褐色，翅中间有1条灰白色纵线，翅中部有2条茶褐色横带，6月上旬成虫开始羽化。幼虫体粗，老熟时绿色，背部有横条近平行的黄白色纵线。6月中下旬、8月中旬2代幼虫孵化，取食嫩梢和幼叶，造成孔洞，严重时仅剩孔叶柄。9月下旬老熟幼虫化蛹越冬	葡萄、爬山虎、五叶地锦等	1. 安装黑光灯诱杀成虫。 2. 数量不多时，可人工捕捉幼虫。 3. 幼虫发生期，喷洒5%高效氯氰菊酯乳油1500倍液，或50%辛硫磷乳油1000倍液，或20%杀灭菊酯乳油1500倍液，或90%晶体敌百虫1000~1500倍液
葡萄虎蛾	一年发生2代。5月中下旬成虫羽化，成虫头胸紫棕色，前翅灰黄色，中央各有1个肾形纹和环形纹，后翅端杏黄色，翅端为紫褐色宽带。幼虫头大橘黄色，体蓝褐色，头及各节具大小黑色斑块。6月中旬至7月中旬、8月中旬至9月中旬，分别为2代幼虫危害期，幼虫取食嫩芽、幼叶，造成缺刻或孔洞，严重时仅留叶柄	葡萄、爬山虎、五叶地锦、紫藤、野蔷薇等	1. 安装黑光灯诱杀成虫。 2. 人工捕捉幼虫。 3. 幼虫危害期，喷洒90%敌百虫1000倍液，或20%除虫脲8000倍液，或1.2%烟参碱乳油1000倍液，或50%杀螟松乳油1000倍液

续表

月份		6月	
病虫种类	形态及危害症状	危害植物	防治方法
梨剑纹夜蛾	一年发生2代。成虫灰棕色，翅上有黑色波纹状及环形线纹，老熟幼虫褐色，灰褐色波状及环形线纹，背具大理石纹。其中央斑点橘红色，各节毛瘤上簇生褐色长毛。6—7月，8—9月分别为2代幼虫危害期。初孵幼虫群集叶背取食危害，10月老熟幼虫入土化蛹越冬	杨树、柳树、碧桃、杏树、蜡梅、山里红、石榴、苹果树、梨树、丁香、木槿、月季、玫瑰等	1. 安装黑光灯，糖醋液诱杀成虫。2. 幼虫危害时，可喷洒1.2%烟参碱乳油1000倍液防治，或Bt乳剂500倍液，或20%除虫脲8000倍液防治
斜纹夜蛾	一年发生3～4代，前翅黄褐色，外缘有灰白色波状纹。幼虫圆筒形，体色多变化，常见有黄绿色或黑褐色。各代幼虫分别于6—7月，8月，9月活动危害。6—7月高温干旱，该代幼虫较多发。幼虫取食叶片残留表皮，3龄后吮吸叶肉，3龄后咬成缺刻甚至将叶吃光	白三叶、剪股颖、黑麦草、高羊茅、菊花、大丽花、蜀葵、美人蕉、木槿等	1. 用黑光灯，或糖醋液加少量敌百虫胃毒剂诱集杀成虫。2. 3龄前幼虫，可在早上6：00以后喷施50%辛硫磷乳油1000倍，或2.5%溴氰菊酯乳油3000倍液，或装虫净乳剂1500倍液。3. 虫龄大时，喷洒10%除尽悬浮剂1500倍液。根际附近地面也必须喷遮，以防漏治残落地面的幼虫
樟蚕蛾	一年发生2代，成虫中部各有1个形白斑，近中部前有白粉纵带，5月羽化。6—7月，9—10月分别为幼虫危害期。老熟幼虫体粗大，青绿色，各节黑色斑点。大龄幼虫将叶食成孔洞或成缺刻，严重时仅剩叶柄	银杏、臭椿、刺槐、枫杨、毛泡桐、梧桐、樱花、柳树、石榴、核桃、梨树、丝棉木、木槿等	1. 人工捕捉或黑光灯诱杀成虫。2. 人工剪除挂在枝干上的越冬蛹茧，并烧毁。3. 幼虫危害时，可喷洒1.2%烟参碱乳油1000倍液，或90%敌百虫1500倍液
豆天蛾	一年发生1代，以老熟幼虫在土壤中越冬。成虫6月中下旬羽化，翅黄褐色，前翅有横波纹，中部上边缘有半圆形斑。6月下旬至8月下旬为幼虫发生期。老熟幼虫体深绿色，两侧有黄白色斜纹，每节近腹部有1黑绿色斑点，尾角黄绿色，幼虫取食叶片，叶缘成缺刻状，严重时仅留叶柄	槐树、刺槐、柳树、榆树、泡桐、紫藤、女贞等	1. 喷洒1.2%烟参碱1000倍液，或90%敌百虫1000～1500倍液。2. 严重时喷洒50%辛硫磷乳油1000～1500倍液

续表

月份		6月	
病虫种类	形态及危害症状	危害植物	防治方法
霜天蛾	一年发生1～2代。以蛹在土壤中越冬，5月下旬成虫羽化。老熟幼虫绿色，较粗大，体侧有白色或绿幼虫斜纹。尾角绿色或褐色。幼虫以6—7月为害严重。蚕食叶片呈缺刻或孔洞，严重时仅留叶柄。10月幼虫入土化蛹越冬	柳树、白蜡、悬铃木、梧桐、泡桐、梓树、楸树、女贞、楝树、玉兰、金银木、丁香、凌霄等	1. 成虫羽化期，安装黑光灯诱杀成虫。 2. 危害不严重时，人工捕捉幼虫。 3. 危害严重时，喷洒20%杀灭菊酯乳油1500倍液，或50%辛硫磷乳油1000倍液，或10%溴氰菊酯2000倍液，或1.2%烟参碱乳油1000～1500倍液，或20%除虫脲8000倍液防治
黄刺蛾（洋辣子、八角子）	一年发生2代。成虫6月上旬羽化，体橙黄色，前翅内半部黄色，外半部黄褐色，有2条暗褐色斜纹。1代幼虫6月下旬至7月下旬危害，2代幼虫8月上旬至9月下旬危害。幼虫黄绿色，呈长方形，体长一般，体背有一紫褐色哑铃形大斑。头较小、淡黄绿色。体两侧上方枝剌上有黄绿色毒毛。以亚背线第3、4、10、12节枝剌最大。幼虫取食叶肉，缺刻网状，严重时仅留叶脉及主脉	悬铃木、枣树、榆树、柳树、桑树、柿树、核桃、苹果、海棠类、山里红、石榴、樱花、月季、野蔷薇、黄杨、玫瑰、珍珠梅、紫叶李、紫薇、紫荆、牡丹等	1. 人工摘除或拍碎树体上的越冬虫茧，彻底消灭虫源。 2. 成虫发生期，安装黑光灯诱杀成虫。 3. 低龄幼虫期，喷施20%菊杀乳油4000倍液，或90%晶体敌百虫1000倍液，1.2%烟参碱乳油1000倍液，或50%辛硫磷乳油1000倍液，或2.5%溴氰菊酯乳油4000倍液，或20%杀灭菊酯乳油4000倍液防治
双齿绿刺蛾	一年发生2代。成虫头胸绿色，腹部黄色，前翅绿色，翅外缘为棕色宽带，成虫5月下旬开始羽化，6月中旬至8月上旬，8月中旬至9月分别为1、2代幼虫危害期。幼虫体粉绿色，背中线为天蓝色，两侧有杏黄色宽带，各体节有刺瘤，着生刺毛。在叶背取食叶片成缺刻和孔洞，严重时仅食叶片仅剩叶脉	杨树、白蜡、樱花、元宝枫、核桃、碧桃、桃树、苹果树、杏树、海棠类、紫叶李、珍珠梅、紫荆等	1. 人工摘除树干上的硬茧，消灭越冬虫蛹。 2. 幼虫危害严重时，喷施1.2%烟参碱乳油1000倍液，或Bt乳剂500倍液防治

月份 病虫种类	形态及危害症状	危害植物	6月 防治方法
桑褐刺蛾（褐刺蛾、红绿刺蛾）	一年发生1代。5~6月成虫羽化，虫体褐色，由前翅中部向翅基延伸一似"八"字形褐色环带。亚背线黄色。每体节有4个黑点，第3胸节和腹部第1、5、8、9节的刺沿特长，体侧为红色或橘黄色宽带。幼虫6~7月取食叶肉，大龄幼虫蚕食叶片	臭椿、杨树、柳树、榆树、枣树、悬铃木、银杏、石榴、碧桃、核桃、樱花、玉兰、柿树、寒树、梨树、紫薇、紫荆、紫藤、紫叶李、壮丹、芍药等	1. 安装黑光灯诱杀成虫。2. 幼虫发生严重时，喷施Bt乳剂500倍液，或Bt粉剂2500倍液，或1.2%烟参碱乳油1000倍液
棉铃虫	一年发生2~3代。6月上旬幼虫孵化危害，幼虫体色变化较大，有绿色、灰绿、灰褐、浅褐、灰黑色等。老熟幼虫有明显的黄褐色网状纹。初孵幼虫钻蛀花蕾形成孔洞，取食花蕊、花瓣、嫩叶，造成缺刻。7~9月危害严重时，叶片仅剩叶脉。10月老熟幼虫化蛹越冬	泡桐、月季、木槿、构杞、金银花、蔓陀罗、向日葵、大丽花、蜀葵、秋葵、百日红、花、白三叶、百日菊、美人蕉、一串红、天人菊、万寿菊等	1. 成虫羽化期，安装黑光灯诱杀成虫。2. 发生量不大时，人工捕捉幼虫，剪除有虫花蕾及果实，杀死其内幼虫。3. 大面积发生时，喷洒1.2%烟参碱乳油1000倍液，或6%吡虫啉2000倍液，或50%辛硫磷乳油1000~1500倍液，或2.5%溴氰菊酯乳油1500~2000倍液，或20%菊杀乳油1000~1500倍液，以上药剂交替使用
草地螟	一年发生3~4代。成虫体小，翅灰褐色，前翅有暗褐色斑，翅中部黄白色条纹，翅外缘有白斑、前胸盾板黑色、老熟幼虫头黑色，有3条黄色纵纹。6月中旬，7月下旬，9月上旬为各代幼虫孵化始期，幼虫取食成网状、孔洞或剩叶片取食，暴食期将叶片吃光	草坪草、杂草、向日葵等	1. 成虫尚未产卵前，悬挂黑光灯诱杀成虫。2. 幼虫2~3龄前，喷洒Bt可湿性粉剂500~700倍液，或1.2%苦烟乳油800~1000倍液，或25%灭幼脲1500~2000倍液，或50%辛硫磷乳油1500倍液，或高效氯氰菊酯2500倍液。3. 大量发生时，喷洒4.5%高效氯氰菊酯1500倍液，或2.5%溴氰菊酯乳油2500倍液

月份		6月	
病虫种类	形态及危害症状	危害植物	防治方法
玫瑰三节叶蜂（月季叶蜂）	一年发生2代。成虫翅黑色，有金属光泽，头与臀板黄褐色，体背多行黑毛。幼虫体黄绿色，5月开始羽化。6—10月上旬，幼虫取食叶片边缘成圆形或椭圆形缺口，严重时仅留叶柄。	野蔷薇、玫瑰、月季、黄刺玫等	幼虫危害期，喷洒1.2%烟参碱乳油1000倍液，或90%晶体敌百虫1000倍液，或50%杀螟松乳油1000倍液，或20%菊杀乳油2000倍液，或2.5%溴氰菊酯乳油2000倍液防治
榆三节叶蜂	一年发生2代。成虫头部蓝黑色，胸橘红色，翅烟褐色，幼虫浅黄绿色肉质，头、两侧各节具1个褐色肉瘤。1、2代幼虫于6月、7下旬至8月下旬孵化危害，严重时叶片被吃光。	白榆、金叶榆、大叶垂榆等	幼虫危害期，喷洒1.2%烟参碱乳剂1000倍液，或Bt乳剂500倍液防治
星天牛	一年发生1代。成虫漆黑色，有光泽，前翅有5行横列的不规则白斑。老熟幼虫乳白色，圆筒形，前胸背板宽大，中央有黄褐色凸形斑纹。6—7月为羽化盛期，成虫产卵刻槽为"T"形或"人"形。7月下旬幼虫孵化后蛀入皮下，后蛀入木质部，11月越冬。危害盛期常有新鲜木屑和虫粪排出，被害枝条易折断，严重时整株死亡。	杨树、柳树、榆树、刺槐、悬铃木、桑树、核桃、樱花、海棠类、枫、五角枫、木瓜、紫薇等	1. 成虫羽化后，清晨或晴天正午时，人工捕杀成虫。 2. 幼虫蛀入木质部时，掏出排粪孔处的粪屑，将蘸透80%敌敌畏乳油或1.2%烟参碱乳油100倍液的棉球塞入虫道内，用泥封堵熏杀。 3. 片林适时释放管氏肿腿蜂或悬挂花绒寄甲卵卡等防治。
双斑锦天牛	一年发生1代。成虫栗褐色，头、前胸密被棕色纳毛，鞘翅上端有2个深褐色斑，6月上旬成虫开始羽化，取食嫩茎皮层。幼虫圆筒形，浅黄白色，头褐色，老熟幼虫前胸背板有浓黄色斑纹。2龄幼虫由皮层蛀入木质部，主要危害基部至干。	桑树、榆树、大叶黄杨、卫矛等	1. 成虫羽化期，向树冠、枝干喷洒50%杀螟松乳油200倍液，或基干部喷洒8%绿色威雷200～300倍液。 2. 晴天中午，排捉在间阴面树干交配的成虫。 3. 幼虫孵化期，喷洒10%吡虫啉2000～3000倍液或其他内吸剂。 4. 向排粪孔注射50%杀螟松乳油50倍液，或50%马拉硫磷乳油30倍液。

月份		6月		
病虫种类	形态及危害症状		危害植物	防治方法
合欢吉丁虫	一年发生1代，幼虫在树干内越冬。成虫铜绿色，有光泽。6月上旬开始羽化。取食叶片。幼虫白色，头极小，黑褐色，胸部宽大，虫体似竹子形。初孵幼虫成串食成不规则虫道，排泄物一般不向外排出，但蛀孔处有褐色胶液流出，11月幼虫在虫道内越冬		合欢	1. 成虫羽化前，进行树干涂白，防止产卵。 2. 成虫危害期，嫩枝、叶片喷洒1.2%烟参碱乳油1000倍液，10d喷洒1次，连喷2次。 3. 初孵幼虫期，树干用25%阿克泰等强内吸剂3000倍液，毒杀初孵幼虫，严重时，可用高压注射器向树内注射护树保等防治。 4. 用钢丝自流胶处钩杀蛀道内幼虫
银杏叶枯病	土壤透气性差及积水处易发病，与松树、水杉栽植过近时发病严重。6月发病至落叶止。初期，叶片变黄，发病部位逐渐变褐至基部蔓延，病斑由叶缘向叶片基部干枯。病健交界明显，病斑边缘呈深褐色波纹状，后期全叶变灰褐色，焦枯脱落		银杏	1. 及时扫除落地病叶，集中烧毁。 2. 去年已发病林，在发病前喷洒70%甲基布津1000倍液，或90%疫霜灵1000倍液，连续4～5次
大叶黄杨炭疽病	病菌从气孔及伤口侵入，叶片病部初现水渍状黄褐色小斑点，病斑渐扩大变枯黄，后期叶片出现轮纹状小黑点，叶片枯黄脱落。一般栽植过密，过多施用氮肥，易发病。夏、秋季节该病发生严重		大叶黄杨	1. 注意防治蚜虫。 2. 进入夏季，每半月喷洒1次200石灰等量式波尔多液，预防该病发生。 3. 发病初期，喷洒80%炭疽福美可湿性粉剂600倍液，或200倍石灰等量式波尔多液，或50%退菌特800倍液，或70%甲基托布津1000倍液，每10d喷洒1次，连续3～4次
柿炭疽病	主要危害果实和新梢。6月下旬至7月上旬为侵染期，新梢染病出现黑色小圆斑，其下木质部腐烂，病梢易折断或枯死。果实初为浅褐或黑色斑点，渐扩大成圆形病斑，病斑凹陷，其表面密生排列的灰色至黑色小粒点，后变成黑色硬度，病果脱前脱落		柿树	1. 摘除、捡拾有病枝、叶及果实，集中烧毁。 2. 6月上中旬发病初期，喷洒发病苗美800倍液，或1：5：400波尔多液。连续7～10d喷洒1次，连续2～3次。 3. 7～8月，喷洒65%代森锌可湿性粉剂500～600倍液，或56%菌清1500倍液，或1：3：300波尔小多液，连续2～3次

续表

月份			6月	
病虫种类	形态及危害症状		危害植物	防治方法
柿圆斑病	危害叶片、柿蒂。6月中下旬至7月上旬开始侵染，侵染后潜伏期至8月下旬，至9月上旬开始表现病症。在叶片、柿蒂变红过程中，病斑初初为圆形小斑点，呈绿色晕环，10月发病严重时，病叶5～7d变红脱落，接着柿果变红，相继大量脱落		柿树	1. 清除病枯叶并烧毁，减少污染源。 2. 6月上旬，叶片表现病症前喷洒65%代森锌可湿性粉剂500～600倍液，或1：5：400～600波尔多液保护，半个月后再喷1次。 3. 发病初期，喷洒64%杀毒矾可湿性粉剂500倍液，或80%炭疽福美800倍液，或50%多菌灵600倍液
金叶女贞褐斑病	病菌从气孔和伤口侵入，高温、高湿，栽植密度大时该病易发生。8月中下旬为高发期。发病初期叶片出现褐色小斑点，周围有紫红色晕圈，病斑上可见黑色霉状物，后数个病斑融连，叶片焦枯，严重时引发大面积病叶		金叶女贞	同上。进入雨季应减少修剪，修剪后马上喷施杀菌剂。同时控制灌水。 2. 6月下旬至9月上旬，可喷洒50%代森锌可湿性粉剂500倍液，或50%多菌灵可湿性粉剂1000倍液，或70%甲基布津可湿性粉剂1000倍液，以上药剂交替使用
大叶黄杨白粉病	病菌借风雨、修剪工具等传播。栽植过密易发病。6月下旬开始发病，7月、9～10月为发病较重。嫩叶、叶面初为白色小圆斑，后扩大块大块白色粉斑，严重时嫩梢和叶片整个做白色粉状物覆盖，叶片皱缩，提前落叶		大叶黄杨、胶东卫矛等	1. 及时修剪嫩梢，修剪后喷洒杀菌剂，控制病菌侵染和蔓延。 2. 生长期，每半个月喷该药1次可减少甚至抑制该病发生。 3. 发病初期，喷洒15%粉锈宁1500倍液，或50%退菌特可湿性粉剂800倍液，几种杀菌剂交替使用7～10d后再喷1次
紫薇白粉病	栽植过密、高温、高湿时该病发生。侵害嫩梢、叶片、花蕾、花芽，受害叶片开始出现黄色斑点，后覆盖一层白色粉状霉层，严重时嫩梢扭曲，枯萎，叶片变小，出现玻璃状扭曲，干枯脱落，花序畸形。6月下旬至10月为发病期		紫薇	1. 发芽前喷洒5波美度石硫合剂。 2. 发病时，喷洒25%粉锈宁800倍液，或10%保丽可湿性粉剂2000～3000倍液，或70%甲基托布津可湿性粉剂1000倍液，或80%代森锌可湿性粉剂500倍液，以上几种药液交替喷施

月份	病虫种类	6月		
		形态及危害症状	危害植物	防治方法
	煤污病	病原菌在病叶、病枝上越冬，受蚜虫、蚧虫危害而诱发产生。密植、通透性差、阴湿时该病易发生。6～10月为发生期。开始时叶片及嫩枝布满黑色煤粉粒点，后期叶片布满黑色煤粉层，树势衰弱，叶片变黄，提前脱落	白蜡树、槐树、杨树、柳树、合欢、梧桐、大叶黄杨、紫薇、月季、野蔷薇、金银花、桃树、核桃、木槿等	1. 发芽前或落叶后喷洒3～5波美度石硫合剂，消灭越冬病源。 2. 及时防治蚜虫、蚧虫、粉虱。 3. 发病时，喷洒70%甲基托布津可湿性粉剂1000倍液，或退菌特、75%百菌清可湿性粉剂800倍液，或退菌特、75%百菌清交替使用。 4. 杀虫、杀菌剂交替使用
	草坪腐霉枯萎病	该病是一种毁灭性病害，高温、高湿、高氮肥及生长稠密草坪易发病。6月下旬至9月上旬为主要危害期。造成根、茎、叶水渍状腐烂，清晨湿度大时，发病处可见大量白色絮状菌丝。造成烂芽、苗腐、碎倒，叶片枯萎，草坪呈现直径10～50cm环形黄褐色枯草斑	高羊茅、黑麦草等冷季型草坪草、早熟禾草坪草	腐霉菌是一种土壤习居菌，拔除病枯草，喷洒64%杀毒矾可湿性粉剂1000倍液，或25%瑞毒霉可湿性粉剂1000～1500倍液，或58%甲霜灵·锰锌可湿性粉剂500倍液，或70%代森锰锌可湿性粉剂400倍液，或70%甲基托布津可湿性粉剂1000倍液。以上药剂交替使用，7～10d喷洒1次，连续3次。 2. 枯草层厚度超过1.5cm时，应及时清除。 3. 避免剪夜湿草，以防止病菌传播
	草坪褐斑病	6月中旬开始发病，被侵染叶片及叶鞘出现水渍状病斑，受病叶片由绿变为褐色，最后出现干枯。出现大小不等的近圆形枯草斑，病斑中央为绿色，呈蛙眼状，草圈边缘枯黄色，病株恢复较快，12～24h前可闻到霉味。该病严重发生，6～9月危害严重	草坪草，尤以剪股颖和早熟禾发病为重	1. 清除枯草层，自6月上旬开始剪草后及时喷施杀菌剂，控制病害发生和减少病菌侵染和蔓延。 2. 病害发生时，喷洒12.5%力克菌可湿性粉剂2500倍液，或75%百菌清可湿性粉剂700倍液，或50%多菌灵可湿性粉剂600倍液防治。7～10d喷洒1次，连续2～3次
防治参考		防治内容		
3月	棉蚜、槐蚜、桃蚜、山楂叶螨、麦岩螨、朝鲜球坚蚧、沙里院褐球蚧、卫矛尖盾蚧、黄杨绢野螟、双条杉天牛、桑天牛、杨柳、杨柳腐烂病、流胶病、杨树溃疡病、海棠腐烂病、苹果桧锈病			

续表

月份	病虫种类	危害植物	形态及危害症状	防治方法
4月			月季白轮盾蚧、白星花金龟、梨小食心虫、金毛虫、棉蚜、丝棉木金星尺蛾、紫荆枯萎病、石榴干腐病、葡萄褐斑病、玉兰叶枯病、牡丹红斑病、牡丹灰霉病	柏肤小蠹、日本双齿小蠹、柏小爪螨、青杨天牛、卫矛巢蛾、黄杨绢野螟、梭鬟蠹野螟、角蜡蚧、黄褐天幕毛虫、臭椿沟眶象、玫瑰茎蜂、雪松梢枯病、杜仲角斑病、紫荆角斑病、雪松枯梢病
5月			青桐木虱、白星花金龟、金毛虫、棉蚜、梨小食心虫、粘虫、国槐小卷蛾、国槐尺蛾、淡剑夜蛾、斜纹夜蛾、桃细菌性穿孔病、桃红颈天牛、松细齿小蠹、小线角木蠹蛾、大叶黄杨叶斑病、白粉病、草坪锈病、草坪白绢病、月季黑斑病、牡丹灰霉病、牡丹红斑病、玉兰叶枯病	月季白轮盾蚧、桃红颈天牛、云斑天牛、光肩星天牛、杨扇舟蛾、杨小舟蛾、槐羽舟蛾、真菌性穿孔病、牡丹茎腐病、银杏大蚕蛾、绿尾大蚕蛾、合欢吉丁虫、白蜡吉丁虫、六星吉丁虫、桃小食心虫、大袋蛾、合欢枯萎病

6月（危害植物及防治方法）：柳毒蛾、杨干象、紫薇长斑蚜、绣线菊蚜、柿绵粉蚧、柿绵蚧、枸杞负泥虫、美国白蛾、六星吉丁虫、月季长管蚜、菊小长管蚜、松梢螟、盗毒蛾、舞毒蛾、榆毒蛾、紫薇绒蚧、桑白盾蚧、小地老虎、雪松灰霉病、雪松根腐病、红蜘蛛、草坪白粉病、白粉病、日灼病、菟丝子

月份	病虫种类	危害植物	形态及危害症状	防治方法
7月	榆掌舟蛾（榆毛虫）	榆树、杨树、梨树、桃树、樱花、樱桃等	一年发生1代。成虫体灰褐色，前翅顶端有1个浅黄褐色掌形大斑，前翅角处有1黑色黑斑纹，7月成虫羽化。老熟幼虫黄褐色，体背有数条红褐色横纹和白色纵条。不取食时，支部朝一个方向排列，尾部翘起形似小舟，取食时呈透明网状，叶片吃光后迁移危害，以8～9月危害严重	1. 安装黑光灯诱杀成虫。 2. 喷施 Bt 乳剂 600 倍液，或 20% 除虫脲悬浮剂 8000 倍液，或 1.2% 苦参碱乳油 1000 倍液，或 90% 敌百虫 800 倍液

月份	病虫种类	形态及危害症状	危害植物	防治方法
7月	合欢巢蛾	一年发生2代。初孵幼虫黄绿色，后变为褐色，休眠节有5条黄绿色纵线，腹背节中有黑毛点，7月上旬至9月上旬为幼虫危害期。先取食叶片及小枝连在一起作巢，啃大叶型丝绕叶片及小枝连在一起作巢，群集于巢中危害，严重时将叶片吃光枯黄	合欢、皂荚等	1. 剪除虫巢，消灭其内幼虫。2. 喷洒1.2%烟参碱1000倍液，或10%吡虫啉可湿性粉剂2000～3000倍液，或20%菊杀乳油2000倍液，或0.36%百草一号水剂1000倍液防治

防治参考

月份	防治内容
3月	棉蚜、槐蚜、山楂叶螨、麦岩螨、朝鲜球坚蚧、沙里院褐球蚧、卫矛尖盾蚧、黄杨绢野螟、双条杉天牛、桑天牛、流胶病、杨柳腐烂病、杨树溃疡病、海棠腐烂病、苹果锈病
4月	紫薇长斑蚜、栎多态毛蚜、菊小管长蚜、紫薇绒蚧、柿绵粉蚧、柿绒粉蚧、日本松干蚧、桑白盾蚧、臭椿沟眶象、沟眶象、松梢斑螟、樗蚕野螟、国槐尺蠖、桃缩叶病、梨叶斑病、舞毒蛾、榆毒蛾、柳毒蛾、美国白蛾、六星吉丁虫、日本双尾小蠹、杨厉象、青杨天牛、梨冠网蝽、柏小爪螨、斑衣蜡蝉、六星黑点豹蠹蛾、雪松枯梢病、雪松赤枯病、红端木干腐病、杜仲角斑病、紫荆角斑病
5月	月季白轮盾蚧、白星花金龟、国槐木虱、青桐木虱、丝棉木星尺蠖、槐羽舟蛾、杨舟蛾、绿尾大蚕蛾、银杏大蚕蛾、淡剑切夜蛾、石榴巾夜蛾、大袋蛾、柿蒂虫、梨小食心虫、桃小食心虫、金毛虫、松六齿小蠹、云斑天牛、光肩星天牛、桃红颈天牛、六星吉丁、小线角木蠹蛾、白蜡哈氏茎蜂、白蜡窄吉丁、桃细蛾、桃细菌性穿孔病、黄菌性穿孔病、合欢枯萎病、石榴干腐病、紫荆枯萎病、玉兰叶枯病、柿褐斑病、大叶黄杨茎腐病、牡丹红斑病、牡丹褐斑病、牡丹灰霉病、日灼病、兔丝子
6月	稻绿蝽、日本龟蜡蚧、星天牛、双斑锦天牛、合欢吉丁虫、黄刺蛾、双痂绿刺蛾、桑褐刺蛾、梨剑纹夜蛾、霜天蛾、豆天蛾、葡萄虎蛾、葡萄天蛾、精蚕蛾、玫瑰三节叶蜂、斜纹夜蛾、榆三节叶蜂、桔六节叶蜂、草地螟、梨卷叶斑螟、银杏叶斑病、紫薇白粉病、大叶黄杨白粉病、煤污病、柿圆斑病、柿炭疽病、大叶黄杨褐斑病、金叶女贞褐斑病、草坪褐色焦枯病、草坪腐霉枯萎病、褐斑病

续表

月份	病虫种类	形态及危害症状	危害植物	防治方法
8月	苹掌舟蛾（舟形毛虫）	一年发生1代。幼虫枣红色，体侧有黄色纵线，大龄幼虫呈黑色，着生黄白色软长毛。幼虫有吐丝下垂习性，停栖时头尾向上翘起，形似小舟。8月上旬幼虫孵化群居危害，将叶片蚕食成透明网状，大龄时啃食叶片仅留叶柄，甚至将叶吃光。9月上中旬入土化蛹	苹果、海棠类、桃树、柳树、榆树、李树、榆叶梅、樱花、樱桃、山里红	1. 低龄幼虫期，喷洒20%杀灭菊酯乳1500倍液，或50%杀螟松800倍液。3龄后喷松1.2%烟参碱乳油1000倍液。幼虫受惊时丝叶下垂，发生严重时摇动树枝震落幼虫灭杀之，或喷洒10%多来宝悬浮剂2000倍液防治
防治参考		防治内容		
3月		卫矛尖头盾蚧、朝鲜球坚蚧、沙里院褐球蚧、海棠腐烂病、杨柳腐烂病	槐蚜、棉蚜、苹果松锈病、杨柳树溃疡病	山楂叶螨、麦蚕螨、黄杨绢野螟、双条杉天牛、桑天牛
4月		柿绵粉蚧、柿绵蚧、紫薇绒蚧、美国白蛾、六星黑点豹蠹蛾、斑衣蜡蝉、菊小筒长蛾、柏肤小蠹、日本双岔长小蠹、地老虎、雪松枯梢病、雪松根腐病	日本松干蚧、国槐尺蠖、梨冠网蝽、角斑古毒蛾、青杨天牛、日本双岔长小蠹、雪松梢枯病、紫松角斑病、杜仲角斑病	臭椿沟眶象、沟眶象、桃潜叶蛾、盗毒蛾、榆毒蛾、柳毒蛾、梨小食心虫、紫薇长斑蚜、栾多态毛蚜、柏长蠹、松墨天牛、同型巴蜗牛、红端木溃疡病、草坪白粉病
5月		月季白轮蚧、青桐木虱、青桐巾夜蛾、淡剑灰翅夜蛾、大蓑蛾、六星吉丁、石榴巾夜蛾、桃红颈天牛、云斑天牛、合欢枯萎病、合欢溃疡病、月季茎腐病、草坪锈病、大叶黄杨茎腐病、月季锈病、日灼病	国槐小卷蛾、小线角木蠹蛾、大蓑蛾、光肩星天牛、柿蒂虫、黏虫、松六岔小蠹、石榴干腐病、牡丹褐斑病、草坪锈病、日灼病、兔丝子	丝棉木金星尺蛾、梨小食心虫、桃小食心虫、金毛虫、白蜡哈氏茎蜂、桃细菌性穿孔病、牡丹红斑病、牡丹炭疽病、真
6月		日本龟蜡蚧、黄刺蛾、双齿绿刺蛾、双刺六点天牛、草地螟、棉铃虫、杨炭疽病、大叶黄杨白粉病、紫薇白粉病、大叶黄杨炭疽病	梨网蝽、斜纹夜蛾、玫瑰三节叶蜂、榆三节叶蜂、榆炭疽病、柿炭疽病、玉兰叶枯病、柿圆斑病	豆天蛾、霜天蛾、葡萄天蛾、葡萄虎蛾、合欢吉丁虫、大叶丁黄、银杏叶枯病、金叶女贞褐斑病、煤污病、草坪腐霉枯萎病、草坪褐斑病
7月		合欢巢蛾、榆凤蛾（榆毛虫）		

续表

月份	防治内容
防治参考	9月
3月	棉蚜、槐蚜、山楂叶螨、麦岩螨、朝鲜球坚蚧、沙里院褐球蚧、日本松干蚧、卫矛失尖盾蚧、黄杨绢野螟、双条杉天牛、流胶病、杨柳腐烂病、海棠腐烂病、苹果锈病
4月	柿绵粉蚧、柿绒蚧、松帽哈氏茎蜂、紫薇绒蚧、橄榄野螟、日本龟蜡蚧、桃潜叶蛾、盗毒蛾、小地老虎、华北蝼蛄、蛴螬、桑白盾蚧、青杨天牛、臭椿沟眶象、沟眶象、柏肤小蠹、柏小爪螨、日本双齿小蠹、松梢斑螟、绣线菊蚜、菊小管蚜、月季长管蚜、紫薇长斑蚜、美国白蛾、六星黑点豹蠹蛾、斑衣蜡蝉、同型巴蜗牛、雪松枯梢病、杜仲角斑病、紫荆角斑病、红端木干腐病、草坪白粉病
5月	月季白轮盾蚧、松六齿小蠹、青桐木虱、丝棉木金星尺蛾、桃红颈天牛、小线角木蠹蛾、白蜡哈氏茎蜂、桃蛀螟、柏细菌性穿孔病、桃细菌性穿孔病、合欢枯萎病、石榴干腐病、柿角斑病、牡丹褐斑病、杨扇舟蛾、杨羽舟蛾、槐羽舟蛾、国槐小卷蛾、石榴巾夜蛾、淡剑夜蛾、云斑天牛、绿毛大蚕蛾、大袋蛾、桃大卷叶蛾、梨小食心虫、桃小食心虫、真菌性穿孔病、月季黑斑病、白粉病、梨剑纹夜蛾、草坪锈病、菟丝子
6月	星天牛、日本龟蜡蚧、紫薇绒蚧、玫瑰三节叶蜂、合欢吉丁虫、棉铃虫、紫薇白粉病、煤污病、草坪腐霉枯萎病、黄刺蛾、双齿绿刺蛾、霜天蛾、斜纹夜蛾、草地螟、金叶女贞褐斑病、银杏叶枯病、柿圆斑病、柿炭疽病、大叶黄杨炭疽病、大叶黄杨白粉病、葡萄天蛾、葡萄虎蛾、草坪褐斑病
7月	合欢巢蛾、榆凤蛾（榆毛虫）
8月	苹掌舟蛾（舟形毛虫）

月份	防治内容
防治参考	10月
3月	棉蚜、槐蚜、朝鲜球坚蚧、沙里院褐球蚧、麦岩螨、卫矛失尖盾蚧、日本失尖盾蚧、海棠腐烂病、杨柳腐烂病、杨树溃疡病、流胶病、苹果锈病

续表

月份	防治内容
防治参考	
4月	松梢斑螟、栾多态毛蚜、绣线菊蚜、菊小长管蚜、月季长管蚜、柏小爪螨、柿绵粉蚧、桑白盾蚧、日本双齿长蠹、美国白蛾、六星黑点豹蠹蛾、柳毒蛾、斑衣蜡蝉、梨冠网蝽、枸杞负泥虫、楸蠹野螟、臭椿沟眶象、沟眶象、华北蝼蛄、小地老虎、紫荆角斑病
5月	月季白轮盾蚧、丝棉木金星尺蛾、柿蒂虫、大袋蛾、棉大卷叶螟、石榴巾夜蛾、小线角木蠹蛾、槐羽舟蛾、桃小食心虫、金毛虫、同型巴蜗牛、月季黑斑病、柿圆斑病、国槐小卷蛾、兔丝子。摘除护囊、楸蠹野螟、玫瑰茎蜂等，结合冬季修剪，并集中处理
6月	大袋蛾、樟蚕蛾、玫瑰三节叶蜂、棉铃虫、草地螟、银杏叶枯病、柿炭疽病、柿圆斑病、大叶黄杨白粉病、紫薇白粉病、煤污病

月份	防治内容
越冬期病虫害防治	**11月、12月**
	1. 清除病虫株。对病虫受害严重且已失去观赏价值的病虫枯株，在冬季彻底拔除并销毁。
	2. 清除园内残体。病虫残体，一些病菌、害虫成虫及幼虫，常在枯草、落果及落叶上过冬（如褐斑病、灰斑病、炭疽病等），入冬后清除园内枯草、病虫残体、枯枝落叶，并集中销毁，消灭越冬病源及虫源。
	3. 剪病枝。结合苗木冬季修剪，剪除卵块及病虫害严重的枯死枝条，消灭在枝条内越冬的国槐小卷蛾、六星黑点豹蠹蛾、楸蠹野螟、玫瑰茎蜂等，并集中处理。
	4. 摘除护囊。结合冬季修剪，摘除枝干上大袋蛾、小袋蛾的越冬护囊，消灭越冬幼虫。
	5. 刷枝干。删除枝干上越冬卵及病菌，消灭越冬幼虫。
	6. 挖虫蛹。许多冬季以蛹（如美国白蛾、国槐尺蛾等）、老熟幼虫（如浓剑夜蛾等）在土壤中或建筑物、墙壁、砖缝等处越冬，应在冬季开展挖虫蛹工作，并集中消灭，以减少虫口密度，减轻次年危害。
	7. 树干刮皮。树木落叶后，及时清理树木粗糙干皮及缝隙干皮上越冬的病菌、虫卵等。刮皮深度，以粗皮、翘皮、病皮刮净、露出浅色皮层为宜。刮皮时，树下铺一塑料布，将刮下的树皮收集中烧毁。刮皮后及时给树干涂白。
	8. 树干涂白。在上涂前给树干涂白，以消灭在树干上越冬的病菌、虫卵、成螨、若螨等，减少来年病虫害发生。给易患叶斑病、黑斑病、角斑病、褐斑病、炭疽病、叶枯病、白粉病、煤污病、缩叶病、毛毡病、干腐病、溃疡病、细菌性穿孔病、锈病、卷瘤病等，和易受蚜虫、红蜘蛛危害的树种和草坪，喷洒石硫合剂。此项工作在11月中旬前完成。
	9. 喷洒石硫合剂。为有效防治越冬病原微生物和越冬成虫、若虫、成螨、卵等，可提升防治效果。流胶病应每10d喷洒1次，连续2次

园林绿化施工与养护手册（第二版）

附表 9

园林露地植物全年养护月、旬历

月份	旬	养护内容
1月	上旬	1. 修剪：①对耐寒的落叶乔灌木树种进行冬季整形修剪，但有伤流现象的核桃、元宝枫、枫杨等发芽前不作修剪。保护好剪枝，截冠的剪口，截口。②修剪宿根草本花卉，观赏草等地上枯萎部分，并将现场清理干净。 2. 巡视：加强绿地巡视，检查防寒设施和支撑的完好。发现风障破损的需及时修补，支撑倒伏或吊桩的，应及时加固
	中旬	1. 修剪：继续对耐寒落叶乔灌木树种进行冬季整形修剪。 2. 破冰：为防止湖面结冰后挤压湖壁，对水面较大的人造湖，应沿湖壁破冰
	下旬	1. 除雪：大雪过后，及时做好常绿树及防寒棚顶的扫雪工作。并将雪堆积在绿地及树干周围，严禁融盐积雪进入人绿地、树穴、花坛，发现绿地有融雪剂堆积时，应及时全部清除。 2. 修剪：继续进行树木的冬季修剪。 3. 灌水：冬季土壤干旱是造成草坪死亡的重要原因，因此当天气过于干旱时，应选温暖天气的中午对10月新播冷季型草坪，草坪辅栽过晚及土壤表层干土层达到5cm的草坪地，适时补灌1次水。 4. 草坪地保护：草坪地已冻结，严禁过分践踏
	病虫防治	修剪病虫枯枝，摘除枝干上茧蛾袋囊，刮掉树干上的卵块、虫茧。清扫绿地中的落叶，集中清运并烧毁
2月	上旬	1. 修剪：①对耐寒性强的树种进行修剪，耐寒性稍差的紫薇、石榴等暂不修剪。②对长势衰弱、开花量稀少的老枝，长期失剪的紫薇等，进行返老还童的更新和回缩修剪，不整齐的丛生灌木类；开花部位上移，下部严重秃裸的紫薇类植物，如碧桃、紫薇等，进行适当重短截。 2. 灌水：对土壤干草坪1月未补灌冻水的，应抓紧浇灌1次冻水，这对去年播种和辅栽较晚的冷季型草坪返青尤为重要。 3. 破冰：为保护湖堤岸，水面较大的人造湖，应沿湖壁进行结冰点破冰，防止湖面结冰后挤压湖壁
	中旬	1. 加强巡视：冬季多大风天气，应组织人员加强巡视，检查防寒设施的完好程度。发现破损或倒伏的，应及时加固和修补 2. 除雪：大雪过后，做好绿地堆雪和草坪修剪的除雪工作。 3. 检修机械：检查草坪修剪机械，为草坪修剪做好准备。 4. 做好春植准备工作：根据春季施工和苗木补植时期，确定苗木品种、规格、数量，备好所需物资，以便保证春植工作适时、顺利进行

续表

月份	旬	养护内容
2月	下旬	1. 整形修剪：继续进行休眠期苗木的整形修剪和冬植物的花后修剪工作。①在小环境条件下栽植的花后栽植的花后应进行短截。②结梅花后花枝应进行短截。 2. 做好浇灌返青水准备工作：对已开始返青的草坪进行1次低修剪，修剪后将草屑将枯草、检查和维修灌溉设施，为春季浇灌返青水做好准备。 3. 施肥：草坪撒施腐熟有机肥或尿素，肥要撒均匀，施肥后浇灌返青水。 4. 浇灌返青水：草坪修剪后，及时浇灌返青水。
	病虫防治	①清理树木粗糙干皮缝隙和伤处的越冬虫卵，树下铺一塑料布，将刮下的树皮集中烧毁。刮皮深度以粗皮、病皮刮净，露出浅褐色皮层为宜。刮皮后将树干涂白。②上中旬草履蚧的越冬卵应陆续上树危害。在树干基部涂抹粘虫胶或将粗裂干皮刮平后缠宽塑料条，阻隔草履蚧的若虫上树危害。③剪除六星黑点豹蠹蛾越冬幼虫危害的枝条。④清除病死植株及病枯枝，普遍打1遍石硫合剂，以利消灭越冬虫卵、幼虫及病源等。减少污染源。⑤草坪返青前，普遍打1遍石硫合剂，以利消灭越冬虫卵、幼虫及病源。
3月	上旬	1. 修剪：①草坪开始全面返青，对草坪进行1次修剪，用耙把搂除地内草屑，枯死草根及枯草层。②继续进行乔灌木休眠期木植物的整形修剪工作。 2. 做好乔灌木的补植准备工作：①对踩踏严重的地段进行打孔、挖好树穴、撒沙。②全面检查草坪土壤不平整状况及地下水补墒能力，适时扒开培土，对表面凹凸不平的地块，适当撒入细沙或戏土进行平整。 3. 草坪地整修：①草坪踩踏严重的地段进行打孔、挖好树穴、撒沙。②草坪土壤消毒，做好土壤消毒，苗木的调运和春植的组织工作。 4. 修筑灌水围堰：根据天气、和土壤水分状况及宿根花卉类，施好萌动肥和花前肥，修好灌水围堰，准备浇灌返青水。 5. 施肥：春季观花树种，果树类及宿根花卉类，施好萌动肥和花前肥，普遍撒施1次腐熟粉碎的堆肥。必须浇结合灌足透水。以土壤湿润15～20cm为宜。 6. 浇灌返青水：草坪开始返青，此水必须灌足透水。 7. 病虫防治：①做好病虫害防治计划，备好药剂。②草坪进入旺盛生长前，维修和配置好打药机械。②草坪生长前，普遍喷洒1次波尔多液或石硫合剂。③草履蚧的若虫、双条杉天牛越冬成虫出蛰活动危害，抓紧防治。④对易患干腐病、腐烂病等观花树种，普遍喷洒1次3～5波美度石硫合剂，起防护和杀菌作用，可减少本春季病虫害发生
	中旬	1. 撤除防寒设施：根据植物的抗寒能力和天气情况，开始陆续适时撤除防寒设施。冬季所覆盖地块，在南侧打孔，以后每周增加打孔次数。 2. 苗木栽植：①春植开始，应组织好春季植树和绿地苗木的补植工作，严格把好选苗、装卸、运输、修剪、栽植等工序的质量，做到苗木随挖、随运、随栽植。②栽好新植苗木灌透水、支撑等防护工作。③对耐寒性生相差的新栽植树种，如石榴、紫薇、梧桐等，树干必须灌足灌透，树干要干保护。

续表

月份	旬	养护内容
3月	中旬	3. 浇灌返青水：乔灌木、宿根地被花卉类，3月中、下旬开始浇灌返青水，此水必须灌足灌透，以缓解春旱现象。草坪灌水深度以15~20cm为宜，乔木类60cm，灌木类40cm，宿根地被植物类20cm。 4. 施肥：①结合浇灌返青水，施好观花、观果类植物的花前肥，竹类的育笋肥。②草坪普遍施1次以氮肥为主的返青肥。 5. 病虫害防治重点：①对易患白粉病、锈病、腐烂病、溃疡病、蚧叶病的新植苗木，喷洒石硫合剂或广绿安，可预防多种病害发生。②在桃、杏、李树二年生枝基部越冬的绿鳞蚧二龄若虫，开始分散活动，此时是防治的有效时期。③结合修剪，将受六星黑点叶蜂、玫瑰茎蜂、白蜡哈氏茎蜂、国槐小卷蛾、槐蠹蛾、青杨天牛等害虫钻蛀危害的枝条，及蚜蝉产卵枝等，剪至无虫蛀孔处。④剪除槐树及其变种上的宿存荚果，消灭在荚果中越冬的国槐小卷蛾幼虫。
	下旬	1. 苗木栽植：①继续树木的春植和死亡补植工作。②对宿根地被植物，观赏草等进行更新分株。 2. 修剪：①对耐寒性较差的苗木如紫荆、紫薇等进行修剪，休眠期的修剪工作应在月底前全部结束。②去壤下旬或4月上旬扒去牡丹、芍药二年生以上苗木基部越冬覆土。选留一定数量的粗壮萌蘖枝培养成主枝。多余的从根颈部剪掉。牡丹逐年更新修剪15年以上老枝。 3. 灌水：①尚未浇返青水的，继续浇返青水。②草坪活时灌水。 4. 喷水：①继续春植和春木栽植和育木栽植后的养护管理工作。①春季多风地区，注意给新栽植常绿针叶树种如雪松等喷水。②土壤及盐量较高，沿海及临近滩涂徐地区，干旱大风天气，应及时对喷水清洗常绿针叶树树冠和草坪。 5. 苗木更新：①清除林内6~7年以上老竹，枯死株，挖除枯死的竹类。②对长势逐渐衰弱的宿根地被花卉，水植物，适时进行分栽更新。如堆心菊宜每年进行1次，鸢尾、马蔺、黑心菊、宿根天人菊、婆婆纳、假龙头、羽扇豆、火炬花等宜2~3年，落新妇、铃兰、玉簪等，华北蓝刺头、大花美人蕉、松果菊、大花金鸡菊等宜3~4年，萱草、玉簪、宿根福禄考、八宝景天、红花酢浆草等宜5~6年。 6. 做好草坪补播、扑栽的准备工作。 7. 病虫害防治重点：①抹除树干及枝条上的斑衣蜡蝉卵块，刮去白粉蚧的白色卵囊，摘除刺槐类越冬蚜虫和大蓑蛾、茶袋蛾的袋囊，消灭其蛹及越冬幼虫。②注意防治腐烂病、干腐病等

续表

月份	旬	养护内容
4月	上旬	1. 铺地保墒：①对牡丹、芍药栽植穴外侧进行铺地松土，松土深度一般8~10cm。操作时注意不可损伤嫩芽及根系。②土壤黏重地区，新植重重地区，从地面5cm处平茬，促使萌发更多新枝。②果树类如杏树、梨树、山里红等，大部分已现蕾或开花，抓紧时间进行疏花、疏蕾。若植果树类及小规格苗木，应疏去大部分花蕾，尽量减少开花量或不使其开花，以达到缓苗和壮苗的目的。 3. 施肥：①观赏花木施好花前肥，如牡丹、芍药于花蕾含苞时，施入以氮、磷、钾复合肥为主。掺入适量腐熟麻酱渣的肥料，可促进植株旺盛生长，有利于花蕾生长。②果树类树种进入开花期，适时进行追肥。掺入适量腐熟麻酱渣，可提高坐果率。 4. 灌水：①清明前后，对去年秋植的大规格苗木再灌1遍水，以达到壮植株的大规格苗木须及时灌1遍生长水。②在土壤含盐碱地区，此时正值返盐季节，绿地植物除日常灌水外，小雨过后须及时灌1遍水，以水压碱，防止返碱对植物造成伤害。 5. 拆除防寒设施：①所需防寒设施，将防寒材料分类打捆扩藏，以备冬季防寒使用。②清明风口处栽植的耐寒性较差的树种，如含羞草、绿篱、月季等，防寒风障全部撤除。将防寒设施应拆除，将植苗木需干包裹等。 6. 播种：①开始一、二年生草本花卉的播种和养护工作。②做好春播草坪种植的各项准备工作，并做好绿地植物的养护管理。 7. 栽植：在苗木发芽前完成落叶树种及宿根花卉的春植工作，并做好绿地植物的养护管理。 9. 病虫害防治重点：①树干涂白，预防冻害（藏冬）、柳毒蛾、杨柳小卷螟幼虫的晨性危害，如清除杂草、杀菌、灭虫、灌水、施肥、深翻、平整场地、测定草种发芽率等。②此时越冬成虫上树产卵。②此时也应防治桃球蚧的若虫，桑刺尾蚧和桑刺毛虫、草履蚧的越冬卵孵化的盛孵期，是全年预防桃粉蚜防治的最有效的时期，一次用药（水量要大、淋洗式），可控制全年危害。①越冬桃粉蚜虫从地面飞出，抓紧喷洒绿色威雷灭杀。
	中旬	1. 苗木修剪： (1) 摘心：对春植和春季播种的一、二年生草本花卉，宿根地被类植物进行摘心，促使分生侧枝和控制植株高度，如波斯菊、景天类、小菊类、千屈菜等。 (2) 疏花、疏蕾、疏果：①对春花植物如牡丹、芍药，进行疏花。②苹果树现蕾至花落前进行疏蕾。③杏树、杏落花后10d开始进行定果，半个月后再行一次定果。 (3) 草坪修剪：待草坪草长至6~10cm时，开始对草坪进行修剪，每半月修剪一次。 2. 播种：①开始冷季型草坪的播种和建植，补播及养护工作。②波斯菊、天人菊、蛇目菊、红蓼、美女樱等春花花卉，适时进行露地播种，宿根花卉的播种。 3. 灌水：做好春植苗木和草坪，宿根花卉的灌水工作。

续表

月份	旬	养护内容
4月	中旬	4. 清除杂草：草坪中蒲公英、车前草等双子叶杂草，开始萌芽生长，应连根清除。本月人工拔草应进行2次。 5. 病虫害防治重点：①正值柳粉蚧大量孵化期，是防治佳期。②正逢美国白蛾羽化成虫，防治1次可全年控制危害。③人工捕捉美国白蛾幼虫，杀灭成虫。④注意防治柏小爪螨、麦岩螨、山楂叶螨、腐烂病、溃疡病等树干流胶病。⑤继续防治干腐病、溃疡病等
	下旬	1. 花卉栽植、摆放：打扫绿地及园内卫生，整理园容，做好迎"五一"时令花卉的摆放和花坛、花境花卉的栽植工作。 2. 苗木栽植：①做好反季节苗木的栽植和养护。②继续冷季型草坪春播工作，播后应加强草坪的养护管理。 3. 整形修剪： （1）摘心：对冬春观赏花木，如榆叶梅、美人梅、樱花、蜡梅等春梢进行摘心。宿根花卉如天类、宿根福禄考，桔梗进行摘心。 （2）疏枝：①疏去山里红枝干下部侧芽萌发的枝条。②此时是玉兰修剪的最佳时期，疏枝时连同幼果一并疏除。③樱花在本句进行整形修剪防疏流最少，修剪时一般不行短截和重剪，否则会造成树势衰弱，且易流胶和腐烂，剪口处应抹涂伤杀膜剂 （3）疏花：苹果树现蕾至落花前进行疏花。 （4）绿篱、色块的修剪：对生长较块状的绿篱、色块和整形树，宜在节前10d进行全年首次整剪。色块及绿篱植物首次修剪应适度重剪，以设计要求高度为准，以便降低植株整株高度。 4. 灌溉、灌水：对牡丹、芍药、月季的花前水，地被植物适时补水。 5. 清除杂草：杂草进入旺盛生长期，应及时拔除草。绿篱、花坛、花境、草坪、地被草坪，对杂草集中地段，可有针对性地喷施选择性除草剂，保证杂草除早、除小、除净。绿地内的杂草 6. 中耕锄草：花坛、花境本月松土1次，松土深度以3~5cm为宜。盐碱地及粘重土壤灌水或雨后，树穴应锄松土，防止土壤板结以碱，返碱。 7. 施肥：如牡丹施以碱、钾肥为主花前肥，花坛后施入尿素，以提高坐果率。如山里红、月见草，花后施磷、钾肥，促进花蕾膨大，延长花期，盗害螨，侧柏毒蛾。 8. 病虫害防治重点：①此时是杨树植物发病的高峰期，是最佳防治时期。②国槐尺蠖幼虫，应抓紧防治。③桃树流胶病应控制蟎螨的高峰期。④抓紧防治柏小爪螨、麦岩螨、杨叶叶螨和小植叶螨、杨树黑星病等的关键时期。立即喷洒杀螨剂，7d后再喷1次。⑤该句是防治黑星病、轮纹烂果病的关键时期

续表

月份	旬	养护内容
5月	上旬	1. 灌水：①草坪浇水宜见干见湿，灌则灌透。②竹笋已出土，注意灌好坐节水，早时适量灌水，灌水过勤、水量过大将导致花朵快速凋谢，缩短观赏期。 2. 修剪： （1）剪枝：①疏去大禾，灌木冠丛内及剪口处萌生的无用枝、徒长枝、色丛，如木槿、石榴等及大叶黄杨球，进行整形修剪。②对发芽晚或生长较慢的绿篱，如木槿、石榴、李树、宿根地被及一、二年生花卉等树干上的冗枝枝条等。 （2）摘心：①对观果树种如杏、碧桃，进行摘尖、摘心。②做好春播草木花卉，如白日草、一串红等的摘心和幼苗期养护工作。 （3）环剥：对已进入结果期，但尚未结果的旺长树，枣树等果树进行环剥、环剥，剥皮宽度应不超过被剥枝直径的1/10。 （4）疏果：对杏树、李树、苹果、杏桃等观果树种进行疏果，疏去生长过密、果形不正的果实，及虫果、病果、利非观赏类种果实，如玉兰等类果实等。 （5）修剪残花：做好早春观花植物花后修剪工作，剪去如鸢尾、地被水仙等宿根地被植物的残花花茎。 （6）草坪修剪：①草坪进入旺盛生长期，草高10～12cm时必须修剪，本月宜10～15d剪草1次。②早熟禾进入抽穗生长阶段，适时修剪，防止结籽。③新植草坪，待草高6～8cm时进行首次修剪。④面积较大的观赏草坪，可使用植物生长调节剂抑制草坪草高生长。 3. 清除杂草、根蘖、寄生藤：①兔丝子开始萌发缠绕植物，应及早除治，防止大量蔓延。②清除绿地中火炬树、毛白杨等的根蘖。③杂草旺盛生长期，人工拔除绿地杂草。 4. 追肥：①竹进入出笋、拔节生长期，应适时追施复合肥。②草坪追施磷酸二铵等氮肥，以促进草坪草旺盛生长和减少炭疽病发生。 5. 支撑：①对竹子、丛生类花木等，枝条较轻弱，易垂头的品种，开花前需立支柱，防止花朵折损或倒伏等。②检查新植苗木支撑牢固程度，及时进行修补和加固。 7. 栽植：继续冷季型草的栽植养护，混播草坪的播种和植后养护工作。 8. 病虫害防治重点：①国槐尺蠖（绿色威雷）防治，正值卫矛大言蚜、白蜡绵粉蚧等虫初孵期的最好时期。②人工捕捉沟眶象、臭椿沟眶象等蛀干害虫成虫，抓紧最佳时期防治。④注意防治美国白蛾成虫、幼虫、红蜘蛛、棉铃虫、蚜虫（桃粉蚜）、柳蚜、棉蚜、绣线菊蚜、秋四脉绵蚜、草坪锈病、穿孔病、青桐木虱、国槐木虱等。⑤果树套袋至麦收前完成
	中旬	1. 修剪： （1）疏果：①对早春观花的晚熟观果树种，如苹果树、山里红、木瓜等进行疏果，提高观赏性。②果实稀需高疏除子房瘦小，状似喇叭的退化花蕾和花。②玉兰等类的果实一律摘除。③玉兰等类的果实一律摘除。

313

续表

月份	旬	养护内容
5月	中旬	（2）摘心：①果树类如山里红、苹果树保留的背上枝，中间待长至6～7片叶时进行摘心。促进分枝。 （3）抹芽、去蘖：①对观果类去蘖芽，嫁接砧木上蘖芽，乔木树干上蘖芽，疏除乔木根际萌蘖。 2.追肥：①对观果类树种施追肥，石榴初果期中面追施尿素等二氢钾，可提高坐果率。②草坪追施尿素等。 3.灌水：①天气干旱时，绿地植物需适当进行灌水。②牡丹、芍药花期注意适当控水。③气温开始升高，土壤黏重地区，可草坪内栽植的内毛白场。 4.清除根蘖：及时清除绿地内毛白场、构树、火炬树、海州常山、刺槐、枣树、凌霄等树种的根蘖。自然播种的榆树、臭椿、柳树等幼苗，应及时铲除。 5.草坪播种：天津及周边地区冷季型草种春播工作，宜在本月20日前完成。暖季型草种自本月20日，可以开始播种。 6.病虫害防治重点：①此时是桃、杏树桃缩病（又称黑星病）的重点侵染期。②椿粉蚧等虫孵化期，休青尚未分泌保护物，是防治的最佳时期。③正值国槐小卷蛾羽化期，安装诱捕器诱杀国槐小卷蛾雄成虫。④白蜡窄吉丁、桃树、梨树、苹果、李树、石榴、枣树等出蛰出孔成虫。⑤正值桃小食心虫越冬幼虫出土期，控制土壤冬幼虫发生的苹糖精液，诱杀桃小食心虫成虫。⑥绿地放置赤眼蜂，防治李树、梨、石榴、四纹丽金龟、小青花金龟，四纹丽金龟等成虫。⑦剪除白蜡氏茎蜂，控制上年有该虫发生的苹果、玫瑰茎蜂幼虫钻蛀虫枝，消灭蛀虫幼虫。⑧抓紧防治各种蚜虫、蚧虫，棉铃虫、臭椿沟眶象、沟眶象、卷叶蛾、螨类、卷叶螟、潜叶蛾、尺蛾、地老虎等。⑨梨冠网蝽1代害虫是全年防治的关键时期。
	下旬	1.修剪： （1）修剪残花：①剪去丁香残花，勿药花后及时剪去丁香残花，不使其结实。此时为丁香最佳修剪期，下部严重秃裸的可行短截。②牡丹、芍药的枝水，以利于形成大量花芽。 （2）摘心：①对小菊类、景天类、宿根福禄考等宿根花并进行摘心。 （3）开花：对树势过强且结果少的枣树，可在盛花期适时开甲，宽度3～5mm。 （4）疏花、疏果：对石榴进行疏花、疏果。对桃树、苹果、梨树等进行疏果。对少留双果、病果、虫果、发育不良的果实，进行人工摘除销毁。 （5）剪草：适时修剪，野牛草坪、竹类的技水，勿药的花水。留茬高度4～6cm。 2.灌水：①灌牡丹、芍药的花水。②梅花芽分化前，应当控水或暂缓灌水，以利干形成大量花芽，提高观赏性。

月份	旬	养护内容
5月	下旬	3. 追肥：施好果树类花后肥和壮果肥。牡丹、芍药花后追肥，叶面喷施0.2%～0.5%磷酸二氢钾。 4. 做好雨季排水准备工作：检查排污井是否畅通，清除内里杂物，做好雨季排水的准备工作。 5. 清除杂草、缠绕植物：①兔丝子是一种不易根除的寄生杂草，绿篱植物、地被植物应喷药防治或拔除，如五叶地锦、凌霄、葎草、山药麦、打碗碗花等。②及时清除禾灌木。③每月清除杂草3次，直至清除干净。 6. 病虫害防治重点：①主要天牛、青杨虎天牛、光肩星天牛、云斑天牛、六星天牛、白蜡窄吉丁、白蜡脊吉丁等成虫羽化期，人工捕捉杀灭成虫。绿地释放放线绒甲成虫，防治光肩天牛、云斑白天牛、锈色粒肩天牛、黄斑星天牛、松褐天牛等。②释放管氏肿腿蜂，防治双条杉天牛幼虫。③悬挂诱捕器，诱杀小线角木蠹蛾成虫。④安装黑光灯，诱杀大袋蛾、大窒蛾、大嘴蛾成虫。⑤5月下旬是防治美国白蛾、桃球坚蚧的最佳时期。⑥桃果开始套袋
6月	上旬	1. 中耕锄草：大雨及灌水后的晴天或初雨天，在土壤不过分潮湿时，适时中耕锄草。松土深度宜在5～10cm，切勿伤及根系和平皮。易板结的土壤，夏季须每月松土1～2次。 2. 修剪： (1) 剪枝：①修剪折损枝、病虫枝。②花季花后短截病枝。 (2) 摘心：应停止摘心。②对新梢进行摘心，如偃戈矢、石榴、婆婆纳等进行摘心，增加花量。③石榴第一花谢后，对新梢进行摘心。④促进分枝，增加花量。 (3) 疏果：对柿树、石榴、梨树等进行疏果，选取无病虫害的健壮幼果。病虫危害果实。 (4) 草坪修剪：①草坪进入夏季养护管理阶段，应10d左右修剪季1次。日本月起，及树木、花坛内的乱草，及时割草修剪，使用月牙铲。②自本月开始，对长出路缘、花坛外线修剪使用。流畅、美观。 喷洒杀菌剂，预防病害发生，杀菌剂交替使用。保持草坪外线条清晰，加强苗期病虫防治和杂草清除工作。 或薄膜平板铲进行切边。保持草坪平整，美观。 3. 播种：本月可继续暖季型草坪的播种工作，天气干旱时要适时灌水。 4. 灌水：进入高温天，天气干早时宜灌水，如郁金香、风信子、花毛茛等。欧洲水仙、风信子、花毛茛等，待地上部分枯黄时，将鳞茎挖出。清洗泥土。阴干后贮藏于凉爽、通风的室内。 5. 种球贮藏：球根、块根进地被花卉，阴干后贮藏于凉爽、通风的室内。 6. 病虫害防治重点：①本旬正值美国白蛾化蛹期，剪除网幕，杀死其内被食的，对破网分散取食的，要喷药防治。②小线角木蠹蛾1代幼虫，抓住时机进行防治。③可见黄刺蛾、褐边绿刺蛾、双齿绿刺蛾、黄刺蛾、桑褐刺蛾、白眉刺蛾等幼虫，安装黑光灯诱杀。⑤抓紧防治穿孔病、山楂叶螨、山楂红蜘蛛。⑥6月为蚧虫害高峰季节，要抓紧防治介壳虫，毛虫护冠喷施杀菌剂，同时用杀菌剂灌根，防止立枯病。⑦自本月至8月，对白粉病、毛虫护冠喷施杀菌剂，防止黄叶病和叶枯病的发生，每月1次。

月份	旬	养护内容
6月	中旬	1. 整形修剪： （1）绿篱、色块的整剪：①对生长较快的大叶黄杨、金叶女贞等色块、绿篱植物再次进行整形修剪，修剪高度可较前一次提高1cm，修剪后应及时喷施杀菌剂。②作花篱栽植的夏季观花灌木，如木槿、花石榴等，待盛花后再剪。 （2）修剪残花：月季、金山绣线菊等宿根花卉，花后及时修剪残花。如婆婆纳等去残花后，30d左右可再次开花。 （3）疏蕾、疏花。美人蕉等花蕾后自花茎下端剪去，并清理株丛下部枯黄残叶。 （4）摘心：对宿根花卉如维心菊继续进行摘心。 （5）果树修剪：对杏树、杏梅、苹果树等果树类进行夏季修剪，一般中旬以后长出的花蕾应全部摘除。清除内膛的徒长枝、徒长枝、背上枝、无用枝，保持冠丛内通风透光良好。 （6）枝条整理：对枝条丛生，枝端易生不定根的，垂枝连篱等，需多次用棍棒挑动着地枝条，以免生根后影响植株丛美整齐、美观。 2. 施肥：草坪进入夏季养护期，一般情况下尽量不施用氮肥，施以伸长期为主的复合肥，施肥量10~15g/m²。 3. 灌溉：保证草坪水分供应。灌水应避开高温时间。 4. 病害虫防治重点：①美国白蛾幼虫进入暴食期。②白蜡脊丁虫。③红蜘蛛、桃红颈天牛、薄翅天牛、双斑锦天牛、光肩星天牛、星天牛成虫羽化期。人工捕捉成虫、截形叶螨、山楂叶螨盛发期，注意背面重点喷药。④抓紧药防治都虫1代幼虫、蚜虫、蚧类、卷叶蛾、甘蓝夜蛾、蟪蝉、炭疽病、穿孔病、枯枝病、腐烂病、枯叶焦边病、梧桐木虱、合欢木虱、固槐尺蠖等。
	下旬	1. 栽植：①继续反季节苗木的栽植。对生长势较弱、土球散坨较严重的，可采取吊瓶输营养液、喷水、遮阴、浇灌生根粉等补救性措施，以利于提高栽植成活率。②进行王带草分栽。 2. 修剪： （1）摘心：①杏叶菊进行摘心。②白蜡新梢进行1次摘心，以促发分枝，增加明年开花量。②对银叶树种（如刺槐、香花槐）的枝条进行短截，严重偏冠树种。及对长势过旺或危害严重的老株。对可能对人造成伤害的大树，对干风折或树木倒伏、严重偏冠树种及浅根性树种（如刺槐、香花槐）的枝条。 （2）剪枝：①雨季来临，抢剪偏高、刨除枯死树、防止下部秃裸。高接三南槐、苹桃等树冠内及有生长空间的徒长枝、背上枝、无用枝。③对枝干有危害严重的老株，高接杏树、石榴、苹果等进行行截。费菜进行短截，王带草留茬高度10~15cm，有利于促进植株健壮生长。 （3）修剪残花：月季、珍珠梅及二次或多次开花的宿根花卉，如萱草、大花金鸡菊，及时剪去残花，可延长花期，再次开花。

续表

月份	旬	养护内容
6月	下旬	（4）疏果：果石榴应注意疏除6月中旬以后坐的果实，以利于提高果实品质。 3. 灌水：对草坪、地被植物和各类草花加强管理，适时灌水。 4. 施肥：①长势较弱、失色的草坪，可结合灌水追施速效性氮肥，如硫铵等，15d追施1次，连续2～3次。②杏树于下旬进行追肥，叶面喷施尿素200～300倍液或2%磷酸二氢钾。 5. 加固支撑：逐株检查树支撑是否牢固，并及时加固，防止汛期苗木倒伏。 6. 排水：已进入雨季，大雨过后，及时做好绿地的排涝工作。 7. 病虫害防治重点：①光肩星天牛，臭椿沟眶象、沟眶象等成虫羽化期，人工捕捉成虫，同时喷洒"绿色威雷"防治。②国槐尺蠖二代幼虫2～3龄期，黏虫3龄期，抓紧防治。③释放周氏啮小蜂，防治美国白蛾。④果石榴坐果后20d左右，进行套袋，套袋前喷1次杀虫剂，此项工作于月底结束。⑤黄刺蛾1代幼虫，棉大卷叶螟、黄杨绢野螟、大蓑蛾、梨叶斑蛾，小青蛾幼虫危害盛期，抓紧喷药防治。
7月	上旬	1. 修剪： （1）剪枝：①风雨过后，及时修剪折损枝。②八仙花花后截残枝。③大丽花后每花枝仅保留基部2对叶片，促使新生侧枝继续开花。④常夏石竹生长过密的地块，应进行1次修剪。 （2）摘心：①无花果嫩梢行摘心。②对地被菊作行最后1次摘心。 （3）修剪花序及残花：①对花进行花后修剪，如给月季、珍珠梅等摘去残花。②及时修剪残花。③剪去宿根地被花开残花。 2. 追肥：①大丽花自本月至9月，每月追施1次腐熟稀薄有机液肥（豆饼30kg，硫酸亚铁1.5kg，水150kg配制）。②樱桃浇灌矾肥水，每10d喷洒1次，连喷2～3次。③李树喷洒磷酸二氢钾，连喷2～3次。④苹果树追施磷钾肥。⑤6～8月为美人梅花芽分化期，应施以磷、钾为主的复合肥。 3. 灌水：①土壤过于干旱时，应适时灌水。15～20d内要适当控水。②杏梅新梢停止生长，华山松、油松等适当控水。③高温天气，应给反季节新植的苗木喷水。 4. 栽植：①应给绿地植物补水。②继续乔灌木反季节栽植。 5. 播种：本月可继续暖季型草坪的播种工作。 6. 加强防汛抢险工作：①暴风雨过后，及时做好绿地的排涝工作。及时组织力量对树干折断、树身严重倾斜及倒伏状的进行抢救，支撑松动的，应立即加固。 7. 清除杂草：夏季是杂草大量发生的季节，要适时中耕除草，及时拔除坪内杂草，防止杂草大量蔓延。 8. 病虫害防治重点：①释放周氏啮小蜂，防治美国白蛾第二代幼虫，防止桑褶尺蛾、木蠹蛾、白蜡哈虫，仍可释放周氏肿腿蜂防治。光肩星天牛、云斑天牛、双条杉天牛，松梢螟幼虫危害期，采用药剂灌注或根埋药剂防治。

月份	旬	养护内容
	上旬	牛成虫羽化期，仍可喷施"绿色威雷"防治。③重点防治第三代梨小食心虫，臭椿沟匪象，流胶病，草坪锈病，褐斑病，腐霉枯萎病等。④国槐小卷蛾一代成虫期，小线角木蠹蛾成虫羽化盛期，应悬挂诱捕器，诱杀成虫。⑤注意防治山楂叶螨，截形叶螨，兔丝子等。
7月	中旬	1. 栽植：继续反季节苗木栽植，移植常绿树。 2. 播种：①继续暖季型草坪的播种工作。 3. 修剪： （1）摘心：①待杏树二次枝长至20cm以上时，行第二次摘心。②对早小菊作最后一次摘心。③蜡梅二次枝延长枝的摘心。苹果树新梢长至20cm时，自基部4~5cm处再次摘心。和蛇目菊等播种苗的摘心及苗期养护工作。④做好鼠尾草，千屈菜等剪梢工作在全部结束。 （2）修剪残花：花后及时修剪月季，珍珠梅，以及一、二年生草花及宿根花卉开残花。对生长过高的夏秋观花植物进行短截，防止倒伏。 （3）草坪适时修剪。剪草后及时喷洒杀菌剂。野牛草剪二次修剪。 （4）及时摘，各石榴，桃，李，梨等病虫果。深埋或集中销毁。 4. 浇水：①天气干旱时，绿地植物应及时补水。②竹类进入育笋期，应保证充分的水分供应。 5. 施肥：①夏季天气炎热潮湿，是各草和病害发生的最严重季节，应注意加强冷季型草坪的养护工作。适当控水控肥。对长势弱的草坪施一次磷酸二氢钾，但最好不施用氮肥。②加强新植苗木的养护管理，对缓苗后生长势较弱的大规格苗木，可结合灌水施1次追肥。③果实速速膨大期，对果树梨类种如苹果树，枣树等，应及时追施复合肥。 6. 排涝：大雨过后，及时排除树穴及绿地内积水。 7. 除杂草：拔除坪地内杂草，防止杂草大量蔓延。 8. 病虫害防治重点：①国槐小卷蛾第二次羽化高峰期，要提前更换性诱剂内诱芯和粘胶。②合欢巢蛾幼虫粘叶危害期，红蜘蛛，蚜虫，柿绿盲蝽危害严重期，需抓紧防治。③注意防治美国白蛾，第三代梨小食心虫，黑斑病等危害，草坪褐斑病，锈病，腐霉枯萎病等
	下旬	1. 整形修剪： ①对色块，绿篱进行整形修剪，剪后及时喷洒杀菌剂，控制病害发生和蔓延。②桩景树的整剪，做到剪修不失剪，及时修剪新梢，保持原有造型。③修剪残花，夏秋多次开花的花灌木及草本花卉，花后及时修剪残花。

续表

月份	旬	养护内容
7月	下旬	2. 追肥：观花灌木及果树类增施1次追肥，有利于促进果实生长，提高果实品质。如枣树叶面喷1000倍液促丰产，山里红花芽分化前，施尿素、过磷酸钙。 3. 播种：暖季型草坪播种工作应在月底前完成。 4. 病虫害防治重点：①对美国白蛾紧抓药剂防治，剪除网幕，扑杀成虫。②草坪继续喷洒杀菌剂，控制褐斑病、锈病、白粉病、黑粉病，腐霉枯萎病等的发生与蔓延。③及时摘除"黑斑""烘柿"，消灭果实钻蛀幼虫。④棉大卷叶螟、国槐小卷叶蛾、国槐尺蛾，美国白蛾幼虫危害期，注意及时防治。⑤石榴果实膨大期，在萼筒处，贴上用10～30mg/L赤霉素溶液浸泡的胶布条，可防止石榴果实开裂
8月	上旬	1. 修剪：①乔灌木树种进行夏季修剪。②清理草本花卉，如苔藓类、王簪类、大丽花、美人蕉等基部的黄叶、病叶及枯残叶片。花后应及时剪掉枯萎花茎。③草坪病害多发期，修剪病害发生区草坪后，必须给剪草机刀片消毒，及时给草坪喷洒杀菌剂。 2. 追肥：①乔灌木类不宜再施用速效肥。②乔灌木类再施再施用速效肥。果面喷布0.5%的磷能钙或0.3%的高能钙或硼素，连喷3次，防止石榴果实开裂 3. 摘心：立秋前后，对菊花行最后一次摘心，避免枝条徒长。 4. 草坪补植：继续播种草坪或草坪补植工作。对生长过盛的草坪，可进行打孔，疏草作业。 5. 病虫害防治：①第三代国槐小卷叶蛾幼化期，合欢巢蛾结网，寒配作业。双挂绿刺蛾严重危害期，抓紧喷药防治。②注意防治美国白蛾、合欢木虱、白粉虱、细菌性芽孔病、煤污病、梨冠网蟆（军配虫）、草坪腐霉病、灰霉病、褐斑病、兔丝子，小地老虎及天蛾类幼虫等
8月	中旬	1. 剪花： （1）剪枝：①常绿针叶树种进入加粗旺盛生长期（8～9月），应避免剪大枝，小枝修剪后，剪口必须涂抹保护剂，防止流胶。②观果类树种进行夏季修剪。③紫薇开花一次期内，可剪至盛花下芽处，促使"十一"开花。 （2）灌水、排涝：①杏树当年生嫩枝长至20cm，进行最后一次摘心，以利于枝条中部芽发育健壮。 2. 灌水、排涝：①久旱不雨时，应做好树木、草本花卉。过于干旱时，草坪的抗旱灌水，只可灌小水。③大雨过后注意及时排涝。 3. 施肥：①竹类育笋期，苹果实膨大期，并加强苗期养护，需追施氮、磷、钾复合肥。②生长季节草最后一次追施氮肥，应在月底前结束。④对上月连栽草莓、月季等扦插苗适时灌水，并加强苗期养护。

月份	旬	养护内容
8月	中旬	4. 播种：本月20日前后，可以开始冷季型草种及二月兰的秋播工作。 5. 中耕除草：①大雨过后及时进行中耕除草，拔除绿地、花坛及草坪地内的杂草，防止杂草蔓延。②牡丹、芍药夏季翻地松土宜浅锄，深度以2～3cm为宜。 6. 病虫害防治要点：①继续防治美国白蛾、大蓑蛾、六星黑点豹蠹蛾、小线角木蠹蛾、浓绿彩蛾、干腐病、腐烂病等。②第四代杨小食心虫幼虫、杨二尾舟蛾第二代幼虫，合欢巢蛾第二代幼虫危害期，要抓紧防治。③国槐大小卷叶蛾羽化高峰期，采用化药剂喷杀，同时喷施缧剂防杀。④兔丝子即将开花结实，应抓紧防治彻底清除
8月	下旬	1. 修剪：①敬使"十一"鲜花盛开，可对荷兰菊、一串红等花卉作最后一次摘心。②对常夏石竹，进行全年最后一次修剪。 2. 草坪养护：本月气温高，多降雨，故应加强对草坪地的养护管理，及时清除草坪地内杂草，适时修剪和灌水。 3. 栽植：继续冷季型草坪草播种。 4. 病虫害防治要点：草履蚧雌虫下树产卵，可在树木发芽或硫磺粉涂抹伤口。①人工剪除六星黑点豹蠹蛾、杨扇舟蛾、咖啡木蠹蛾、虾蟆木蠹蛾有虫枝条，消灭钻蛀幼虫。②合欢巢蛾第二代幼虫危害，可采用人工和药剂防治小食心虫、棉大卷叶螟、兔丝子等
9月（白露、秋分）	上旬	1. 栽植：开始分栽芍药。 2. 施肥：樱花深翻树盘，结合施基肥。每株施入腐熟有机肥30～50kg，深度以40～50cm为宜。 3. 修剪：天气开始转凉，修剪宜在15d左右一次。野生草坪作全年最后一次修剪。 4. 播种：①进行翌春观赏绿地植物的牵牛、三色堇等观赏草播种及冷季型草种的秋季播种工作，加强苗期养护管理。②播种冷季型草种。 5. 灌水：①本月应逐渐减少绿地植物的灌水量，三色堇果实发生。②枣树果熟期，石榴果实成熟前半个月，应保持土壤干燥，防止裂果发生。③桂花开花期，促进枝条木质化，提高苗木抗寒能力，以免提前落花。 6. 病虫害防治要点：①大蓑蛾危害后期，浓剑彩蛾第四代幼虫危害期，美国白蛾、杨扇舟蛾三代幼虫危害期，应抓紧防治。管理工作应以防治地块的病虫害为主。②此时是草坪虫害大量发生期，杨扇舟蛾地老虎、地老虎、草地螟等9～10月幼虫锤幼虫、勺药栽植的病虫害。③是注射防治小线角木蠹蛾的有利时机。④注意防治棉大卷叶螟、黄杨绢野螟幼虫，黄杨绢野螟、叶斑病、穿孔病、黄杨栽植病、月季黑斑病、草坪褐斑病等
9月（白露、秋分）	中旬	1. 修剪： (1) 剪草：对长出草坪边缘的乱草，进行最后一次切边。 (2) 剪枝：做好绿篱、色块及整形树作全年最后一次修剪工作。 (3) 摘心：苹果树生长枝行最后一次摘心。

续表

月份	旬	养护内容
9月（白露、秋分）	中旬	2. 施肥：①暖季型草全年最后一次施肥，二铵、尿素混合施用，施肥后应立即灌水。②前一年栽植的常夏石竹追施一次复合肥或有机肥，以保证冬季植株常绿和翌年开花旺盛。 3. 灌水：①桂花花芽开始萌动，应适量灌水，保持土壤湿润。②晚香玉在收球前25～30d停止灌水。③乔灌木类植物，秋季应尽量减少和控制灌水量。 4. 清除杂草：拔除绿地内杂草，清理缠绕植物的藤本植物，并连根拔除。 5. 播种：①继续冷季型草种的秋播工作。②本月草坪病害基本不再蔓延，应抓紧对严重生长不良及斑秃无冷季型草坪地块进行清理和补播。 6. 病虫害防治重点：①淡剑夜蛾第四代幼虫，柳毒蛾第二代幼虫，美国白蛾第三～五龄期，杨扇舟蛾幼虫2～3龄期，是防治适宜时期。②野虫在本月中、下旬出现危害高峰，应及时防治。③继续防治美国白蛾、杨扇舟蛾、小线角木蠹蛾、双齿绿刺蛾、棉大卷叶蛾、白粉病、草坪腐霉病等
	下旬	1. 栽植：①做好秋植苗木的各项准备工作，使秋植工作顺利进行和花坛和花坛苗木栽植。③开始分栽牡丹，牡丹在5～6年分栽一次，分栽最适宜时间为秋分，或活而不旺，或容易"吊死"。栽后培土高度15cm。②抓紧各景点对令花卉的摆放和花坛苗，仿以涂抹草木灰或硫磺粉。 2. 修剪：①修剪牡丹、芍药，大理花木枝叶，夏秋花木的残花（海州常山除外）。②修剪水生植物黄叶片，如睡莲叶片干枯变黄，及时清除腐叶。 3. 整理园容：打扫园内卫生，水面及园内查叶，迎接"十一"国庆节。 4. 草坪铺种：黑麦草、早熟禾等冷季型草种的播种工作。②注意防治美国白蛾虫蛹、寄生美国白蛾虫蛹应在月底前基本完成。 5. 病虫害防治重点：①防可移放用氏啮小蜂，寄生美国白蛾虫蛹幼虫。②注意防治美国白蛾虫蛹、六星黑点豹蠹蛾、淡剑夜蛾、流胶病、黑斑病、锈病、黑痣病等。③抓紧防治柏纳蚧蛀蛾幼虫
10月	上旬	1. 灌水：草坪、时令花卉、宿根地被花卉适时灌水，其他绿地植物不旱灌水。 2. 施肥：①5日前冷季型草进行最后一次施肥，二铵、尿素混合施用。此次施肥对延长草坪绿色期、安全越冬及翌春返青极为有利。②石榴秋施基肥应在本月上旬结束。 3. 播种：冷季型草播种工作本月初应全部结束。 4. 修剪：本月草坪植物生长缓慢，可适当减少修剪次数，宜20d左右修剪1次。 5. 种子采收：抓紧剪实和种子的采收工作。 6. 病虫害防治重点：①双色绿刺蛾幼虫、美国白蛾三代幼虫、侧柏毒蛾、大叶黄杨、松大蚜、桃粉蚜、毛白杨蚜、柳黑毛蚜。②正值蚧虫2龄若虫转移月季长管蚜、槐蚜、紫薇长斑蚜、桃粉蚜危害期，抓紧防治，尽力低压当年生虫口密度。②正值蚧虫2龄若虫转移活动期，卫矛头目蚜成虫尚未越冬，是药剂防治的适宜时期。③新播草坪苗期施洒0.1%～0.2%硫酸亚铁，防止立枯病发生

续表

月份	旬	养护内容
10月	中旬	1. 修剪：①暖季型草坪作最后一次修剪。留茬高度适当提高，留茬在枯黄落叶，保持园内清洁卫生。②核桃果果后至落叶前，是最适宜修剪时期，可进行1次修剪。 3. 清扫落叶：及时清扫绿地内的枯黄落叶，保持园内清洁卫生。 3. 秋植：开始适宜秋植苗木的栽植。 4. 上盆：羽衣甘蓝播种苗上盆，在半阴处缓苗，缓苗后正常养护，一串红等8月露地播种苗，上盆移入温室养护越冬。 5. 病虫害防治重点：继续防治蚜虫，蛀夜蛾成虫。
	下旬	1. 修剪：冷季型草坪作最后一次修剪，留茬高度应当提高，可控制在6cm，以利于草坪安全越冬。 2. 灌水：本月气温不高，水分蒸发量减少，绿地植物应当控制灌水量，草坪灌水次数也应当减少，可20d浇灌1次。 3. 施肥：结合扩穴翻施有机肥。 4. 防寒：核桃果实采摘后至落叶前，需将绿化移入室内养护越冬。 5. 清扫落叶：温室花卉如三角梅等，应及时清除绿地和水面的枯枝落叶，移栽至露地苗床假植越冬，深度50～100cm，保持园内清洁卫生。 6. 苗木假植：①秋播黄金菊、三色堇等春花苗木，移至露地苗床假植越冬，挖掘假植沟，为耐寒性稍差的幼苗，如紫薇、石榴等果等，深埋或烧毁。②剪除受六星黑点豹蠹蛾危害的 7. 病虫害防治重点：①彻底清理树上，树下病虫残果，及双防病长蛀危害虫的白蜡，金银木、木槿、连翘、碧桃等害虫的白蜡、国槐、栾树等虫枝，清灭钻蛀害虫。②选择背风向阳地点，挖掘
11月	上旬	1. 灌水：结合施肥，浇好好的越冬水。 2. 秋植：开始适宜苗木的秋植和养护工作，抓紧铺栽草块、草卷。 3. 检查输水管道：为绿地植物浇灌封冻水做好水准备，制订绿地植物冬季防寒计划
	中旬	1. 秋植：①树木开始大量落叶，应抓紧适宜树种的秋植工作，并加强养护管理。②可栽植翌春观赏品种郁金香、风信子等。 2. 草坪铺栽：10日前仍可铺栽草块、草卷，一般可以根越冬。 3. 修剪：剪除宿根花卉及早本地被植物，如鸢尾、大花萱草、玉带草、花叶芦竹、大花秋葵、千屈菜地上枯萎部分，并将枯枝，叶清理干净。 4. 施肥：①结合灌水给花灌木、果树类及生长势较弱树种施肥，以利于安全越冬。②播种较晚的草坪，应喷施一次0.5%磷酸二氢钾

续表

月份	旬	养护内容
11月	中旬	5. 浇灌封冻水：开始陆续对绿地植物浇灌封冻水。此水应灌足灌透，待水渗后将根穴封堰踩实。 6. 防寒：①睛地内前寒性稍差苗木，移入假植沟内假植越冬。②块根、球茎类花卉及观叶植物，如美人蕉、大花葱、芭蕉等，茎叶枯萎后掘出，保留基干15cm，晾晒带潮气的沙土贮存越冬。 7. 做好冬季苗木防寒物资采购和风障、防寒棚骨架搭建工作。
	下旬	1. 苗木间伐：去除6～7年生以上老竹。 2. 秋植：①树木的秋植工作，应在土壤封冻前完成。②土壤封冻前，完成春花类球根花卉郁香、地栽水仙等植物的栽植。 3. 支撑加固：对苗木支撑进行一次全面检查，及时加固和维补。 4. 浇灌封冻水：乔灌木、宿根花卉类、冻水浇灌应在土壤封冻前全部浇完。 5. 防寒：①给当年栽植的前寒性稍差的苗木防寒。风障、防寒棚骨架搭建达标的，开始上棚布。②定植时间不足3年的雪松、桂花、大叶黄杨等，仍需搭设风障或防寒棚越冬。③葡萄下架，修剪后培土埋压，背风处种植的，可用草帘覆盖。④盆、缸栽植的水生植物，如风眼莲、荷花、梭鱼草等，移入冷窖越冬。 6. 将水池、水系内的水全部放空，防止水池冻裂。
	病虫防治	①落叶后清理树木粗糙干皮及缝隙和伤疤处的越冬虫卵。②树木落叶后，刮皮后给树干涂白，刮皮后剪除病虫皮条、病源。③结合各季修剪，剪除病虫枝条、槲树果荚等，普遍喷布3～5波美度石硫合剂，减少来年病虫害发生。
12月	上旬	1. 清扫落叶：绿地植物已全部落叶，彻底清除绿地内枯枝落叶，减少虫源、病源。 2. 防寒棚：11月底或12月初组织相关人员，对防寒工作进行全面检查，检查对苗木采取的防寒措施是否到位，以及防寒棚、风障骨架搭建是否合理、牢固，对不符合标准要求的，检查补救措施。 3. 浇灌封冻水：草坪封冻水一般在5日前后完成，检查封冻水是否浇透。 4. 做好绿地植物生长状况调查工作，对病虫害发生严重，及死亡苗木，及观赏价值不高，缺失苗木进行统计，制订明年的苗木补植计划。
	中旬	1. 坪地保护：地面已冻结，草坪内严禁游人进入践踏。 2. 秋植：油松、云杉等耐寒常绿针叶类，最晚在15日前完成栽植。 3. 机械维护：绿地植物养护工作进入尾声，需对各种园林机械设备进行保养维修，入库封存，待明年使用。 4. 加强巡视：对破损风障、吊框、折断、缺损的支撑料及时进行加固和维补。 5. 除雪：大雪过后，及时扫除积雪和将落到常绿针叶树枝叶上的积雪抖落。及时，彻底清除绿地内融雪盐积雪。

续表

月份	旬	养护内容
12月	下旬	1. 加强绿地巡视：土壤封冻后，草坪地内严禁进人踩踏。 2. 除雪：大雪过后，做好树穴堆雪和常绿树种及风障棚顶的除雪工作。严禁将盐融雪堆人绿地、树穴和花坛内。 3. 修剪：开始耐寒树木的冬季修剪工作。
	病虫防治	①结合冬季修剪，剪除病虫枝，消灭钻蛀越冬幼虫，如国槐小卷蛾、咖啡木蠹蛾、玫瑰茎蜂、六星黑点豹蠹蛾等。②继续刮治腐烂病斑、843原液、成果腐康、果腐净、腐必清等涂治。刮治要彻底，涂药需到位。③刮除枝干上的斑衣蜡蝉、刺蛾等卵块、虫茧等。④草坪在12月初，喷洒辛硫磷、石硫越冬虫卵，杀灭越冬合剂，杀灭越冬虫卵

参考文献

[1] 陈有民. 园林树木学 [M]. 北京：中国农业出版社，1997.

[2] 王岁英. 园林绿化高级技师培训教材 [M]. 北京：中国建筑工业出版社，2008.

[3] 张东林，王泽民. 园林绿化工程施工技术 [M]. 北京：中国建筑工业出版社，2009.

[4] 徐公天. 园林植物病虫害防治原色图谱 [M]. 北京：中国农业出版社，2003.

[5] 张连生. 常见病虫害防治手册 [M]. 北京：中国林业出版社，2007.

[6] 邸济民. 林果花药病虫害防治 [M]. 石家庄：河北人民出版社，2005.

[7] 王久兴. 花卉虫害防治 [M]. 天津：天津科技出版社，2005.

[8] 费砚良，张金政. 宿根花卉 [M]. 北京：中国林业出版社，1999.

[9] 韦三立. 水生植物 [M]. 北京：中国农业出版社，2004.

[10] 天津市城市园林绿化服务中心，天津市园林建设工程监理有限公司. 天津市城市绿化工程施工技术规程：DB/T 29-68—2022[S]. 2004.

[11] 天津市风景园林会. 天津市园林绿化养护管理技术规程：DB/T 29-67-2015[S]. 2004.

[12] 天津市建设管理委员会. 天津市草坪建植与养护管理技术规

程：DB/T 29-37-2009[S]. 2009.

[13] 北京市质量技术监督局. 园林绿化工程施工及验收规范：DB11/T 212-2009[S]. 2009.

[14] 曹素贞. 家庭四季养花 [M]. 北京：中央编译出版社，2002.

[15] 邹秀文，邢全，黄国根. 水生花卉 [M]. 北京：金盾出版社，1999.

[16] 贺振. 草本花卉 [M]. 北京：中国林业出版社，2000.

[17] 傅新生. 庭院观花植物病害防治 [M]. 天津：天津科学技术出版社，2005.

[18] 陈志明. 草坪建植与养护 [M]. 北京：中国林业出版社，2002.

[19] 李铁成，等. 春花烂漫：北京植物园春季主要观花植物 [M]. 北京：北京出版集团公司，北京出版社，2010.

[20] 张穆舒. 新潮观赏花卉 [M]. 北京：中国林业出版社，2000.

[21] 刘守明，储农. 家庭种花养生 [M]. 上海：上海科学技术文献出版社，2000.

[22] 贺振. 宿根球根花卉 [M]. 北京：中国林业出版社，2000.

[23] 蔡建华. 池塘植物及其栽培 [M]. 长沙：湖南科学技术出版社，2003.